高等职业教育"十三五"规划教材

计算机应用基础
项目式教程

（Windows7+Office2010）

主　编　张　毅　叶惠卿

副主编　刘永明　吴婧宇　肖新凤　王贵玲

中国轻工业出版社

图书在版编目（CIP）数据

计算机应用基础项目式教程：Windows7+Office2010 / 张毅，叶惠卿主编. —北京：中国轻工业出版社，2019.1

高等职业教育"十三五"规划教材

ISBN 978-7-5184-0999-0

Ⅰ.① 计… Ⅱ.① 张… ② 叶… Ⅲ.① Windows操作系统—高等职业教育—教材 ② 办公自动化—应用软件—高等职业教育—教材 Ⅳ.① TP316.7 ② TP317.1

中国版本图书馆CIP数据核字（2016）第193162号

责任编辑：张文佳　　责任终审：劳国强　　封面设计：锋尚设计
责任校对：晋　洁　责任监印：张　可

出版发行：中国轻工业出版社（北京东长安街6号，邮编：100740）

印　　刷：三河市万龙印装有限公司

经　　销：各地新华书店

版　　次：2019年1月第1版第4次印刷

开　　本：787×1092　1/16　印张：15.25

字　　数：380千字

书　　号：ISBN 978-7-5184-0999-0　定价：38.00元

邮购电话：010-65241695

发行电话：010-85119835　传真：85113293

网　　址：http://www.chlip.com.cn

Email：club@chlip.com.cn

如发现图书残缺请与我社邮购联系调换

190107J2C104ZBW

在三十年前，要是会使用计算机那就是人才，而在现今社会，会使用计算机是一项基本技能，不会计算机的人注定会被社会所淘汰。计算机作为基本工具在我们的生活、工作和学习中被广泛使用，在大学里开设计算机应用基础课程正是培养学生基本的计算机操作技能，提升学生的信息处理能力，培养学生基本的信息素养，为学生将来迈向信息化社会做好充足的准备。

项目式教材、项目式教学是高职院校近年来提倡的，将工作岗位分为典型任务，通过对任务的学习和训练达到掌握知识、提高技能的目的。本教材将计算机应用基础课程按计算机硬件系统，计算机软件系统，计算机网络基础，办公软件应用等分为五大模块，每个模块分别以实际项目来呈现，将项目再细分到具体的任务中，按项目的大小划分不同的任务数。本教材共包含5个模块，12个项目，32个任务，12个实践训练。该项目式教材有利于教师顺利开展项目式教学，也利于学生理解真实项目，利于学生对工作任务的学习。

在国家"十三五"建设规划中提出大力发展节能环保，本教材所有任务中的实例都选用环保、节能及其相关领域的案例作为任务实操案例，以期提高学生对该领域的关注，提高学生对专业数据图文的敏感性，为后期专业课的学习打下坚实的基础。

目前我国高校都在进行教改，高职院校人才培养目标是以市场为导向，为社会培养各个行业、各个岗位所需要的技术人才，本教材正是应教改而编写。配套了相应的精品资源平台，以便广大师生利用此课程平台开展教学改革。

本书主要有以下特点：

（1）目标针对性强：本书主要针对高职非计算机专业学生，特别适合环保行业、化工行业的院校选用，旨在培养学生的操作技能，提升学生的信息素养，为学生未来的学习和生活打下基础。

（2）内容适用性强：本书所选用的任务内容与时俱进，符合高职教学的需要，并且内容都与学生未来的学习、工作以及生活息息相关，采用项目式教程的形式编写，选取的内容适合划分具体的任务。

（3）教学操作性趣味性强：实践案例有难点讲解，也有步骤提示，易于教师讲授和学生自学，所选用的案例方便学生理解，容易实践，更能从中找到成就感，促进学生技能的形成。

（4）注重学生迁移能力的培养：教会学生使用软件只是应用层面的目标，本书编排时还考虑到学生在创新能力、迁移能力方面的培养和提高，教师在使用过程中注意案例本身也是学习内容。

本书总结了我们多年的计算机应用基础教学和实践经验，为了使本书更具可用性，我们对本书进行了试用和校改，感谢相关院校给予的支持，以及在成书过程中所提供的各种宝贵经验，本书的所有实践案例素材、课件及微课资源可以通过www.gdepc.cn下载，或联系编者（zhangyi0801@qq.com）索取。

由于计算机技术发展迅速，相应的软件更新也很及时，我们力求在适用和最新中去找到平衡，以使我们的教材能适合更多人的需要。由于我们的学习能力和水平有限，书中难免有些疏漏和不足之处，恳请各位同仁和广大读者给予批评和指正，并希望各位将实践过程中的经验和心得与我们交流。

编者
2016年6月
于桂丹西路98号

建议授课计划表

模 块	项 目	理论课时	实践课时
模块一　认识计算机	项目1　计算机的选购	2	1
	项目2　计算机组装与维护	1	2
	项目3　计算机软件系统应用	2	2
模块二　计算机网络应用基础	项目4　网络技术基础	1	0
	项目5　Internet的应用	2	1
模块三　Word2010软件应用	项目6　办公公文制作	4	5
	项目7　Word 2010高级应用	4	5
模块四　EXCEL 2010电子表格应用	项目8　认识Excel 2010	4	4
	项目9　数据运算	2	2
	项目10　分析管理数据表	2	2
模块五　PowerPoint 2010演示文稿设计与制作	项目11　幻灯片的制作	2	2
	项目12　幻灯片的修饰与播放	4	4
合　计		30	30

目录 | CONTENTS

模块一

认识计算机

模块介绍

随着科技的发展，人类社会从原始社会到工业社会，如今已经步入到信息社会的阶段，在信息时代，计算机已然成为人们工作、学习、娱乐必不可少的工具，对计算机的熟练使用已经成为现代人信息素养的一部分，本模块将带你进入计算机的世界，一起了解计算机的发展历史，认识计算机系统的组成，了解计算机的选购、组装及维护。

【知识目标】

1. 了解计算机系统的基本组成，能识别计算机部件及名称；

2. 掌握计算机组装选购、计算机维护常识及计算机病毒的防治知识。

【技能目标】

1. 通过学习计算机的选购，使学生深入了解计算机系统的基本组成，培养和加强学生自主学习探索学习计算机知识的意识，相互协作解决问题的意识，具有初步进行计算机硬件的选购、组装与简单维护的能力。

2. 通过学习计算机安全与维护，使学生深入理解计算机系统使用与维护常识及计算机病毒的防治知识，掌握计算机的维护与方法，具备自己独立维护计算机的能力。

【素质目标】

1. 培养学生认真负责的工作态度和严谨细致的工作作风；

2. 培养学生自主学习探索新知识的意识；

3. 培养学生的团队协作精神；

4. 培养学生的诚实守信意识和职业道德。

项目1 计算机的选购

项目背景

同学们步入大学的校门，电脑是学习、工作、生活都离不开的工具，大部分同学都会去配置一台台式电脑或笔记本电脑，那么，如何去配置一台适合自己的电脑呢？很多同学对电脑不了解，选购时无所适从，本项目帮助同学们学会如何选购适合自己的计算机，避免造成金钱和时间的浪费，也避免选购时上当受骗。

 知识储备

计算机的发展历程

1. 计算机的概念

计算机（Computer）俗称电脑，是一种能够按照程序运行，自动、高速处理海量数据的现代化智能电子设备。

1946年2月14日，世界上第一台通用数字电子计算机"埃尼阿克"ENIAC在美国宾夕法尼亚大学研制成功，宣告了人类从此进入电子计算机时代，如图1-1所示。

第二次世界大战期间，美国军方要求宾州大学莫奇来（Mauchly）博士和他的学生爱克特（Eckert）设计以真空管取代继电器的"电子化"电脑——ENIAC（Electronic Numerical Integrator and Calculator，电子数字积分器与计算器），目的是用来计算炮弹弹道。这部机器使用了18800个真空管，长50英尺，宽30英尺，占地1500平方英尺，重达30吨（大约是一间半的教室大，六只大象重）。它的计算速度快，每秒可从事5000次的加法运算，运作了九年之久。

但是，这种计算机的程序仍然是外加式的，存储容量也太小，尚未完全具备现代计算机的主要特征，重大突破是由数学家冯·诺伊曼领导的设计小组完成的。1945年3月他们发表了一个全新的存储程序式通用电子计算机方案——电子离散变量自动计算机（EDVAC），因此冯·诺伊曼被誉为"计算机之父"。在此之后的计算机发展经历了电子管、晶体管、集成电路和大规模、超大规模集成电器四个时代。

（1）电子管时代（1946—1957）。属于第一代计算机，采用电子管作为基本的电子元件、体积大、功耗大、价格昂贵，而且可靠性不高、维修复杂，运行速度为每秒执行加法运算1000次到10000次。程序设计使用机器语言和符号语言。

（2）晶体管时代（1958—1964）。属于第二代计算机，采用晶体管作为基本电子元件。机器的体积减小、功耗减少、可靠性增强、价格降低、运算速度加快，每秒可执行加法运算达10万次到100万次。程序设计主要使用高级语言。

图1-1 第一台通用数字计算机"埃尼阿克"ENIAC

（3）集成电路时代（1965—1970）。属于第三代计算机，采用中、小规模集成电路作为基本电子元件。集成电路是利用光刻技术将许多逻辑电路集中在体积很小的半导体芯片上，每块芯片上可容纳成千上万个晶体管。采用集成电路不仅大大缩短了电子线路，减小了体积和重量，而且大大减少了功耗，增强了可靠性，节约了信息传递的时间，提高了运算速度，达到每秒可执行加法运算100万次到1000万次，出现了操作系统，程序设计主要使用高级语言。

（4）大规模、超大规模集成电路时代（1971—至今）。属于第四代计算机，由于集成技术的发展，半导体芯片的集成度更高，每块芯片可容纳数万乃至数百万个晶体管，并且可以把运算器和控制器都集中在一个芯片上，从而出现了微处理器，并且可以用微处理器和大规模、超大规模集成电路组装成微型计算机，就是我们常说的微电脑或PC机。微型计算机体积小，使用方便，价格便宜，但它的功能和运算速度已经达到甚至超过了过去的大型计算机。另一方面，利用大规模、超大规模集成电路制造的各种逻辑芯片，已经制成了体积并不很大，但运算速度可达一亿甚至几十亿次的巨型计算机。

计算机发展阶段及其特征如表1-1所示。

表1-1　　　　　　　　　计算机发展阶段及其特征表

代次	起止年份	主要元件	运算速度（次/秒）	软件发展情况	主储存器与辅助存储器	特点及主要用途
第一代	1946—1957	电子管	8千~5万	机器语言	延迟线或磁鼓（磁带）	发展初级阶段，体积巨大、运算速度低、能耗大、存储容量小，主要用于科学计算
第二代	1958—1964	晶体管	几十万~几百万	汇编语言及高级语言出现	磁芯存储器（磁盘）	体积减小，耗电减少，运算速度有所提升。不仅用于科学计算还用于数据和事务处理以及工业控制
第三代	1965—1970	中、小规模集成电路	数百万~几千万	操作系统诞生，结构化程序设计、实时处理	半导体存储器（磁盘为主）	体积和能耗进一步减小，可靠性和速度进一步提高。应用领域扩展到文字处理、企业管理、自动控制
第四代	1970—至今	大规模、超大规模集成电路	上亿条指令	网络操作系统诞生，面向对象程序设计	集成度高的增导体（磁盘、光盘）	性能大幅提高，价格大幅降低，广泛应用于社会生活各个领域，进入了办公室和家庭。在办公自动化、电子编辑排版、数据库管理、图像识别、语音识别、专家系统等领域大显身手

2. 计算机的应用

计算机的应用范围已扩展到现代社会各个领域，从科研、生产、教育、卫生到家庭生活，几乎无所不在。计算机促进了生产率的大幅度提高，将社会生产力的发展推高到前所未有的水平，同时，计算机已经成为人脑的延伸，使社会信息化成为可能。目前，计算机的应用领域主要分为以下几个方面。

（1）科学计算。科学计算是计算机最早的应用领域，又称为数值计算，同人工计算相比，计算机不仅速度快，而且精度高，特别是对大量的重复计算，计算机不会感到疲劳和厌烦，主要解决科学研究中和工程技术中所提出的数学问题，如天气预报、地震预测、卫星轨道计算等。

（2）信息处理。信息处理即数据处理，是指对各种原始数据进行采集、整理、转换、加工、存储、传播以供检索、再生和利用。目前，计算机信息处理已经广泛应用于办公自动化、企业计算机辅助管理、文字处理、情报检索、电影电视动画设计、会计电算化、医疗诊断等各行各业。据统计，世界上的计算机80％以上主要用于信息处理，例如学生教务系统、会计系统、图书检索系统、人口统计系统等。

（3）计算机辅助工程。计算机辅助工程是指利用计算机协助设计人员进行计算机辅助设计（CAD）、辅助制造（CAM）、辅助测试（CAT）、辅助教学（CAI）等操作。目前在船舶设计、飞机设计、汽车设计和建筑工程设计等行业中均已采用了计算机辅助设计系统。在服装设计中也开发了各种服装CAD系统，例如，服装款式设计CAD系统能够帮助设计师构思出新的服装款式。

（4）自动控制。在工业生产中用计算机控制机床，加工速度比普通机床快10倍以上。在现代军用飞机控制系统中，可用计算机在很短的时间内计算出敌机的各种飞机技术参数，进而采取相应的攻击方案。在汽车制造业中自动化生产线上，广泛使用自动控制系统（机器人）大大提高汽车的制造效率。

（5）人工智能。计算机是一种自动化的机器，但是它只能按照人们规定好的程序来工作。人工智能就是让计算机模拟人类的某些智能行为，如感知、思维、推理、学习、理解等。这样不仅能使计算机的功能更为强大，而且也会使计算机的使用变得十分简单。

人工智能一直是计算机研究的重要领域，例如：专家系统、机器翻译、模式识别（声音、图像、文字）和自然语言理解等都是人工智能的具体应用。目前在语音识别、文字识别等方面已经取得较大突破，在移动应用领域也已得到广泛使用，如各种手写输入法、语音识别系统Siri等。

（6）网络通信。计算机网络是将世界各地的计算机用通信线路连接起来，以实现计算机之间的数据通信和资源的共享。网络和通信的快速发展改变了传统的信息交流方式，加快了社会信息化的步伐。计算机和网络的紧密结合使人们能更有效地利用资源，实现"足不出户，畅游天下"的梦想。

（7）多媒体应用。多媒体计算机的出现提高了计算机的应用水平，扩大了计算机技术的应用领域，使计算机除了能够处理文字信息外，还能处理声音、视频、图像等多媒体信息。

（8）电子商务和电子政务。所谓电子商务（Electronic Commerce）是利用计算机技术、网络技术和远程通信技术，实现整个商务（买卖）过程中的电子化、数字化和网络化。人们不再是面对面的、看着实实在在的货物，靠纸介质单据（包括现金）进行交易，而是通过网络，通过网上琳琅满目的商品信息、完善的物流配送系统和方便安全的资金结算系统进行交易。21世纪初中国的互联网土壤孕育了阿里巴巴、淘宝、京东、苏宁易购等著名的电商巨头。

电子政务（Electronic Government）即运用计算机、网络和通信等现代信息技术手段，实现政府组织结构和工作流程的优化重组，超越时间、空间和部门分隔的限制，建成一个精简、高效、廉洁、公平的政府运作模式，以便全方位地向社会提供优质、规范、透明、符合国际水准的管理与服务。目前我国几乎所有政府服务部门都建立了电子政务网站提供在线服务。

3. 计算机的特点

计算机的主要特点表现在以下几个方面：

（1）运算速度快。运算速度是计算机的一个重要性能指标。计算机的运算速度通常用每秒钟执行指令的条数来衡量，即MIPS（每秒执行百万条指令）。运算速度快是计算机的一个突出特点。计算机的运算速度已由早期的每秒几千次（如ENIAC机每秒钟仅可完成5000次定点加法）发展到现在的最高可达每秒几千亿次乃至万亿次的高性能计算。

（2）计算精度高。在科学研究和工程设计中，对计算的结果精度有很高的要求。一般的计算工具只能达到几位有效数字（如过去常用的四位数学用表、八位数学用表等），而计算机对数据的结果精度可达到十几位、几十位有效数字，根据需要甚至可达到任意的精度。

（3）存储容量大。计算机的存储器可以存储大量数据，这使计算机具有了"记忆"功能。目前计算机的存储容量越来越大，已高达千兆数量级的容量。计算机具有"记忆"功能是与传统计算工具的一个重要区别。

（4）具有逻辑判断功能。计算机的运算器除了能够完成基本的算术运算外，还具有进行比较、判断等逻辑运算的功能。这种能力是计算机处理逻辑推理问题的前提。

（5）自动化程度高，通用性强。由于计算机的工作方式是将程序和数据先存放在机内，工作时按程序规定的操作，一步一步地自动完成，一般无须人工干预，因而自动化程度高。这一特点是一般计算工具所不具备的。计算机通用性的特点表现在几乎能求解自然科学和社会科学中一切类型的问题，能广泛地应用于各个领域。

4. 计算机的类型

计算机按用途可分为专用计算机和通用计算机。

专用计算机功能单一，针对某类问题能显示出最有效、最快速和最经济的特性，但它的适应性较差，不适于其他方面的应用。我们在导弹和火箭上使用的计算机很大部分就是专用计算机。这些东西就是再先进，你也不能用它来玩游戏。

通用计算机功能多样，适应性很强，应用面很广，但其运行效率、速度和经济性依据不同的应用对象会受到不同程度的影响。

通用计算机按其规模、速度和功能等又可分为巨型机、大型机、中型机、小型机、微型机及单片机。这些类型之间的基本区别通常在于其体积大小、结构复杂程度、功率消耗、性能指标、数据存储容量、指令系统和设备、软件配置等的不同。

一般来说，巨型计算机的运算速度很高，可达每秒执行几亿条指令，数据存储容量很大，规模大，结构复杂，价格昂贵，主要用于大型科学计算，它的研制水平标志着一个国家的科学技术和工业发展的程度，体现着国家经济发展的实力，如我国研制成功的"银河"计算机，就属于巨型计算机。一些发达国家正在投入大量资金和人力、物力，研

图1-2 巨型机"天河二号"

制运算速度达几百亿次的超级大型计算机。单片计算机则只由一片集成电路制成，其体积小，重量轻，结构十分简单，性能介于巨型机和单片机之间的就是大型机、中型机、小型机和微型机。它们的性能指标和结构规模则相应地依次递减。

2015年5月，"天河二号"上成功进行了3万亿粒子数中微子和暗物质的宇宙学N体数值模拟，揭示了宇宙大爆炸1600万年之后至今约137亿年的漫长演化进程，如图1-2所示。同时这是迄今为止世界上粒子数最多的N体数值模拟。2015年11月16日，全球超级计算机500强榜单在美国公布，"天河二号"超级计算机以每秒33.86千万亿次连续第六度称雄。

任务1 台式机的选购

品牌机与兼容机选哪种好？电脑的最佳购买时期？电脑选购需要注意什么策略？如何识别真假？这些问题是电脑购买者在选择电脑时问得最多的问题，首要要把这些问题理清楚才能选到适合自己的电脑。

一、品牌机与兼容机选哪种好

品牌机与兼容机是人们选购电脑中难以抉择的问题，两者之间到底谁是谁非一直是人们关心的话题，有人说品牌机质量好、可靠、售后服务有保障；有人说兼容机价格便宜，升级方便。但是我们选购电脑到底买哪种好呢？下面就说说它们各自的特点。

1. 选材

品牌机为了取得良好的社会信誉，一般在生产电脑时对于各个部件的质量要求非常严格，他们都有固定的合作伙伴，配件的来源固定，这样避免了各种假货、次品的出现。但是现在也有一些厂商为了暴利，时不时会有以次充好的现象发生。

兼容机在选材中比较随便，一般按照用户的想法随意配置，而且在购买过程中各部件的来源不定，这样避免不了出现质量的问题，但是，如果具有一定的硬件辨别能力，在挑选过程中多加小心，这种情况也是可以避免的。

2. 生产

品牌机在生产过程中，经过专家的严格测试、调试以及长时间的烤机，这样避免了机器兼容性的问题，在用户以后的使用过程中因兼容性而出现的问题将会少很多。

兼容机是按照用户的意愿临时进行组装的，虽然有时也会进行一定的测试，但毕竟没有专业的技术和检测工具，而且烤机的时间有限，以后出现问题的概率肯定要比品牌机高。

3. 价格

买电脑重要的一点就是价格问题了，由于品牌机在生产、销售、广告方面避免不了要花费很多的资金，因此它的价格肯定比兼容机的价格要高。兼容机由于少了上面的种种开支，价格就会便宜很多。

4. 售后服务

品牌机为了提高销售和知名度，都有自己良好的销售渠道和售后服务渠道，这样在用户以后出现问题时就会很快给予解决。由于兼容机购货渠道不固定，如果在一些小公司购买，在售后服务方面就得不到满意的服务和质保。

5. 升级

品牌机由于要考虑稳定性，一般它的配置固定，有的甚至不让用户随意改动，近期各大公司推出的低档机器中，大部分都采用了整合主板，这对于以后用户的升级非常不利。

兼容机的配置比较灵活，可以按用户的想法随意组合，所以以后升级将会方便一些。

知道了两者的特点，那么选购哪种机器就一目了然了。对于那些硬件知识不熟，机器出现问题不会解决但有一定资金的用户可考虑买品牌机；对于硬件知识丰富，有选购经验且会处理软硬件问题的用户可买兼容机。

二、电脑的购买时期

电脑市场大概是三个月有一次调价，如何把握恰当的购买时间对于那些资金有限的购买者来说非常重要，大体来说，一到三月份由于刚过了春节，各大代理商还没上班，市场缺货，价格较贵，四到五月开始降价，六月份是购买电脑的黄金时期，这时的电脑不但价格便宜，而且各个新推出的配件在半年的使用与改进中变得成熟，七月由于学生放假，电脑销售看好，价格开始回升，八月以后价格又会慢慢降低，九月份会有一定程度的反弹，十到十一月份还会慢慢回落，十二月份由于临近春节，各大厂商为了促销，价格会进一步降落。

三、电脑选购策略

经过和同学沟通，发现大家都想买台最先进的，保证在几年内不会落后，以后好升级，好维护，看着市场上形形色色的电脑，到底应该作何选择呢？

首先，你要清楚你买电脑是准备用来干什么，这就涉及两个电脑选购中的误区，一是买电脑是不是要买最先进的。有一句经常对欲购机者说的话，买电脑够用就行。电脑由十二个部件组成，每个部件又有不同档次的产品，如何灵活地组织这十二个部件，以求达到最高的性价比才是购买电脑的关键。如果你是图形设计工作者，买台性能好的电脑是理所应当的，如果只是学习办公、闲暇之时上上网，一般的处理器2.0GHz、内存2G、集成显卡就已经够用，但游戏发烧友及音乐发烧友就另当别论了。二是考不考虑升级的问题。可以说电脑是所有商品中发展最快的，去年最好最快的到了今年也许就成了淘汰品，一味地追求升级是一种毫无意义的举动。例如，去年你买台SOCKET 7架构的主板还是主流，到了今年已是最低配置，如果想升级，那从主板到CPU都得从换，如果还想换上4X AGP显卡、更大的硬盘，这不等于又买了一台新电脑吗？所以，买电脑讲究一条"够用就行"的原则。

四、辨别真假

电脑假货到底假在什么地方，对于非专业人士一般难以分辨，但经过多年的经验积累可以避免上当受骗，假货电脑和其他商品一样，有打磨、伪造、以次充好这几种情况，只要细心观察，多多比较，注意总结，善用检测工具等手段，一般是能够分辨出真假件的。我们需要对电脑硬件有全面的了解，下面就计算机的部件做一下介绍。

1. 主板

主板又叫主机板（mainboard）、系统板（systemboard）或母板（motherboard），它安装在机箱内，是电脑最基本的也是最重要的部件之一。主板一般为矩形电路板，上面安装了计算机的主要电路系统，一般有BIOS芯片、I/O控制芯片、键和面板控制开关接口、指示灯插接件、扩充插槽、主板及插卡的直流电源供电插接件和扩充插槽等元件。

一般来说，所谓假冒的主板是一些不法厂商以次充好，以假乱真，把差的说成好的。而正规厂商的主板有一些重要的特征，只要我们把握好这些特征，就不难分辨出主板的真假，正规厂商的主板有这样一些特征：

（1）各个部件用料非常讲究；

（2）在线路设计方面采用"S型绕线法"；

（3）主板做工精细，焊点圆滑，各种端口以及插座没有任何松动；

（4）有精美的外包装，包装盒内还应有主板说明书及一些必备的连线，很多还附带有程序软盘。

按照上面的这些特征，在购买时只要认真辨别，就不难分辨出真假。

2. CPU

中央处理器（CPU，Central Processing Unit）是一块超大规模的集成电路，是一台计算机的运算核心（Core）和控制核心（Control Unit）。它的功能主要是解释计算机指令以及处理计算机软件中的数据。

CPU的假冒无非就是一些公司把低频的CPU打磨（REMARK）成高频的，因为这些公司如果能够生产出CPU，那他们早就推出自己的品牌了。现在市面上，REMARK的CPU主要是INTEL的产品，而PENTIUM系列由于加工较难，现在还没有假的，AMD和CYRIX的CPU由于指标余量小，售价低，所以也很少有REMARK的。这些被打磨的CPU有一些特征，我们可以根据这些特征加以辨别。

（1）凡是打磨的，在CPU的正面标记会有一些摩擦留下的痕迹；

（2）用手摩擦字迹，涂改后的字迹会容易地被擦掉；

（3）上机检验，把CPU的频率调高一二个档次，如果出现死机、花屏等现象，那么质量就可能存在一定的问题。

另外，市面上出售的CPU一般有盒装的和散装的两种。一般说，盒装的保险系数要大一些，而散装的就不好说了，购买散装的CPU就要看购买者的鉴别水平了。

3. 内存

内存是计算机中重要的部件之一，它是与CPU进行沟通的桥梁。计算机中所有程序的运行都是在内存中进行的，因此内存的性能对计算机的影响非常大。内存（Memory）也被称为主存，其作用是用于暂时存放CPU中的运算数据，以及与硬盘等外部存储器交换的数据。只要计算机在运行中，CPU就会把需要运算的数据调到内存中进行运算，当运算完成后CPU再将结果传送出来，内存的运行也决定了计算机的稳定运行。内存是由内存芯片、电路板、金手指等部分组成的。

内存的假冒有几种：一是REMARK，把低速的涂改成高速的；二是将有坏位的芯片与好的混合使用；三是将不同厂商、不同速度的旧货芯片拆下来拼和；四是用差的内存仿冒名牌产品。

这些假冒的内存根据以上几种造价方法的特点也很容易进行鉴别，对于REMARK的内存，我们可以用手擦条上的芯片，如果擦过以后有褪色，就是假的。对于将旧芯片组合的，我们看内存条上的各芯片，如果是不同厂家、不同时间、不同速度的芯片就是假的。另外，正规厂商的产品在外观上看，它的用料考究，做工精细，芯片排列整齐，而劣质的内存条，材质较差，做工粗糙，线路板的边缘不整齐。

4. 显示器

显示器（display）通常也被称为监视器，是属于电脑的输入输出设备。它是一种将一定的电子文件通过特定的传输设备显示到屏幕上再反射到人眼的显示工具。根据制造材料的不同，可分为：阴极射线管显示器CRT，等离子显示器PDP，液晶显示器LCD等。

显示器在选购时最重要的是它的环保功能，是不是防辐射、节能、IPS屏幕。在挑选时最好连上主机试试，把屏幕调成纯白，看看有没有杂色，以及按照说明书把显示器的分辨率、刷新率、色彩调到最高，看看能不能达到。另外，一定不要贪图小便宜，买太便宜的显示器，因为，一是便宜的显示器没有环保功能，对视力有一定的损害；二是现在出现了一些翻新的显示器，外观崭新的，内部却是旧部件。

5. 机箱、电源

机箱作为电脑配件中的一部分，它起的主要作用是放置和固定各电脑配件，起到一个承托和保护作用。此外，电脑机箱具有屏蔽电磁辐射的重要作用。

电脑电源是把220V交流电，转换成直流电，并专门为电脑配件如主板、驱动器、显卡等供电的设备，是电脑各部件供电的枢纽，是电脑的重要组成部分。目前PC电源大都是开关型电源。

机箱在电脑中虽然价格占的比例不大，但是却起着非常重要的作用，机箱如果不好，那么对于机器的散热还是以后的扩展都很不好，一般劣质机箱普遍采用质量差的钢板外壳，机箱尺寸不合格，各种板卡的放置位置不佳，造成散热不好，各种指示灯、按键和连线不合格。其次电源的功率、质量和做工、散热不好。所以在挑选机箱时一定要小心谨慎，注意机箱的厚薄、大小，最要注意的是电源的做工、功率。

6. 光驱、硬盘

光驱是电脑用来读写光碟内容的机器，也是在台式机和笔记本便携式电脑里比较常见的一个部件。光驱可分为CD-ROM驱动器、DVD光驱（DVD-ROM）、康宝（COMBO）、蓝光光驱（BD-ROM）和刻录机等。

对于光驱来说，主要是检验做工质量，测试速度、稳定性、抗噪性、防尘性和读盘能力，买光驱时最好带张有划痕的光碟，试一试光驱的读碟能力。

硬盘是电脑主要的存储媒介之一，硬盘有固态硬盘（SSD盘，新式硬盘）、机械硬盘（HDD，传统硬盘）、混合硬盘（HHD，一块基于传统机械硬盘诞生出来的新硬盘）。

硬盘主要看看有没有坏道，接口是不是符合规范，及读盘时的声音、速度、稳定性，有条件的话，最好用专门的硬盘测试软件测一下。

固态硬盘SSD读写速度快、体积小的特点受到电脑用户的青睐，但是大容量SSD价格昂贵，使得它成了不法商贩新的目标，在鉴别时要仔细观察包装外观，通过防伪电话核实真假，有条件的情况下对产品进行测试。

7. 键盘、鼠标

键盘是一种用于操作设备运行的指令和数据输入装置。鼠标也是计算机的一种输入设备，是为了使计算机的操作更加简便快捷，来代替键盘那烦琐的指令。

键盘、鼠标可谓鱼龙混杂，假货出没，在挑选时要注意手感，多多观察，一般好的键盘、鼠标做工应该精细、外观光洁、选材精良。对于键盘应该用手多敲几下，看看有没有按键弹性不好的情况。

总体来说，买电脑配件还是找大一点的代理商，这样无论是产品的质量还是对于以后的售后服务都是很好的；同时尽量买一些知名的品牌，不要贪图小便宜；另外要多跑多转，俗话说，货比三家不吃亏，相信加上一定的鉴别技巧，你一定会买到质优价廉的好电脑。

除此之外，我们还需要注意的是，如果你发现这家装机商大部分配件都要从别人那里调货，那还是趁早走了的好。因为它到别家那里拿货，保修就在别人那里，虽然你得到的是这家的保修书，但配件出问题时，卖电脑给你的这家公司还是只有找供货给他的那一家，一旦两家发生争执，电脑产品后期质保就得不到应有的保障。

在购买电脑前最好做一个明确的计划，包括预算和时间安排。购买过程中，要注意把每种配件的型号说清楚，硬盘是5400转还是7200转，缓存是几级缓存、容量多大，内存是几代、容量多大，主板是完整版还是精简版等。不要买个看着是个名牌，其实是低端的产品回来。记住，要商家保证你所要的配件一定都有货，否则，在你交钱后，他突然告诉你某种配件没货，让你加钱换另一种是电脑商家惯用的招数。谈好价钱后，然后才开始发货装机。在装机过程中，你可是一步也不能离开，要当场检查商家发出来的货是不是全新，并守着商家装好机，在学习的同时以防止商家调换了零件。

五、检查装机清单

对于兼容机在装机之前必须检查装机清单，核实参数。

1. CPU

（1）表面是否没有裂痕、损伤；

（2）印刷字迹是否清晰；

（3）CPU引脚是否完好。

2. 内存

（1）内存编号是否与自己要的编号相同，颗粒上的字迹是否清晰（可以悄悄用手指使劲擦几下，正宗的内存因为上面的字是激光刻印的，根本不会掉色），以免买到打磨条；

（2）所有颗粒的编号是否完全一样，不要买到拼装的内存条；

（3）金手指有无划痕，一旦有也不要，我买的是新电脑，为什么要别人用过的内存呢？

3. 硬盘

（1）注意编号，不要出现自己要的是7200转，结果商家给了个5400转的情况；

（2）表面无伤痕，要知道，有了物理损伤的配件可是没有保修的。

4. 主板

（1）检查每个角落有没有灰尘，新主板是不会有灰尘的；

（2）包装盒是否和主板一致，里面的配件是否齐全。

5. 显示器

（1）开箱前要注意，纸箱的封口应该只有一层封条，并注意检查底部的完整性；

（2）纸箱上应该有生产序列号，你可以从序列号了解到这台显示器是什么时候产的，一定要最近一段时间的，因为显示器一般不会一次进很多货，通常是卖完一批再进一批，千万不要相信商家"这台显示器放在最里面，所以存了很久"之类的言辞。如果你不会看，没关系，叫商家来读，他肯定知道是什么时候生产的。一旦开了箱，只要没有问题，商家一般是不可能给你换的。这时你可查看显示器的背后，找到生产日期，看是否与先前所说的一致。

6. 光驱

包装的完整性，打开之后看角落里有没有尘灰，上螺丝的地方有没有用过的痕迹。

所有配件检查完后，你还要守着商家在每样配件上贴上他的保修标签（打标）。以后保修时，保修卡可以没有，标签一定要贴得有才行。盯着技术人员把机器弄好后，最好用测试软件测一下，比如Hwinfo，3Dmark等，主要看内存参数是否与购买时描述的一致。CPU是不是被Remark过的，还可以让装一两个软件试一下机器，尤其是3D游戏，比如"极品飞车"等。检查完毕之后，别忘了拿你的保修卡，如果回家后发现自己买到假货怎么办呢？不要担心，只要那上面贴得有商家的保修标签，你尽可理直气壮地去找他换，如果你愿意的话，还可以找商家索赔，但是，如果买到返修货，那就有麻烦了，除非你能拿出证明，不然的话商家是不会承认的。

任务2　笔记本电脑的选购

一、笔记本电脑简介

英文名称Note Book Computer，简称NB，俗称笔记本电脑。

分类：笔记本一般可以分为台式机替代型、主流型、轻薄型、超便携型、迷你笔记本电脑和平板电脑六类。

屏幕尺寸：

15英寸以上笔记本（性能高，视觉效果好，便携性不佳）；

14英寸笔记本（目前主流的尺寸，机型选择多）；

13英寸笔记本（性能与便携完美平衡的尺寸）；

12英寸及以下笔记本（便携性突出，机型选择较少）。

二、笔记本电脑的组成

1. 外壳

笔记本外壳具有美观，保护内部器件的作用，较为流行的外壳材料有：

工程塑料：又叫塑料合金，例如常见的钢琴漆就是工程塑料。优点：外观靓丽、散热快、耐摩擦。缺点：质量重、强度不高且散热性差。成本低，被大多数笔记本采用，目前多数的笔记本电脑外壳都是采用ABS工程塑料做的。

镁铝合金：银白色的镁铝合金外壳可使产品更豪华、美观，且易于上色，可通过表面处理工艺变成个性化的粉蓝色和粉红色，为笔记本电脑增色不少。优点：散热性较好、抗压性较强，易于上色。缺点：不坚固耐磨，成本较高。

碳纤维复合材料（碳纤维复合塑料）：碳纤维强韧性是铝镁合金的两倍，而且其散热效果最好。使用相同时间，碳纤维机种的外壳摸起来最不烫手。碳纤维的缺点是成本较高，成型没有工程塑料外壳容易，因此碳纤维机壳的外观一般比较简单，缺乏变化，着色也比较难，如ThinkPad笔记本。

钛合金：航天经常使用的材料，可见它多高级。这种材料集所有优势于一身，唯一的缺点就是成本太高。这种外壳仅仅在ThinkPad的X系列和T系列上用。这也是为什么ThinkPad的X系列和T系列的价格高的原因之一。

一般硬件供应商所标示的外壳材料是指笔记本电脑的上表面材料，拖手部分及底部一般习惯使用工程塑料。

2. 显示屏

LCD、LED显示屏是目前两种主要的显示屏。

LCD是液晶显示屏幕的全称，简称有TFT、UFB、TFD、STN等几种类型的液晶显示屏，其中TFT屏是最为常用的LCD显示屏。

LCD和LED是两种不同的显示技术，LCD是由液态晶体组成的显示屏，而LED则是由发光二极管组成的显示屏。LED显示器和LCD显示器相比，LED在亮度、功耗、可视角度和刷新速率等方面，都更具有优势。

主流尺寸笔记本显示器分辨率对照如表1-2所示。

表1-2　　　　　　　　　　主流尺寸笔记本显示器分辨率对照表

尺寸	实际尺寸	最佳分辨率
11英寸以下	10.1英寸 11.1英寸	1024×600或1366×768

续表

尺寸	实际尺寸	最佳分辨率
12英寸	12.1英寸	1280×800
13英寸	13.3英寸	1024×600或1280×800
14英寸	14.1英寸	1366×768
15英寸	15.4英寸	1280×800或1440×900
	15.6英寸	1600×900
17英寸	17.3英寸	1600×900或1920×1200

3. 处理器

（1）CPU生产商。

1）Intel公司。Intel公司是生产CPU的"老大哥"，个人电脑市场占有75%多的市场份额，Intel生产的CPU就成为事实上的×86CPU技术规范和标准。个人电脑平台最新的酷睿i3、酷睿i5、酷睿i7抢占先机，在性能上大幅依靠其他厂家的产品。

2）AMD公司。目前市场上的CPU产品除了Intel公司生产的外，最有力的竞争者就是AMD公司，最新的AMD速龙Ⅱ X2和羿龙Ⅱ具有很好的性价比，尤其采用了3DNOW+技术并支持SSE4.0指令集，使其在3D上有很好的表现。

（2）系列划分。Intel处理器Core i、酷睿2、奔腾双核、赛扬双核、凌动如图1-3所示。

图1-3　Intel系列处理器

AMD处理器羿龙、羿龙2、速龙双核、闪龙、炫龙，如图1-4所示。

图1-4　AMD系列处理器

（3）CPU专业术语。

1）CPU架构。CPU架构简单来说就是CPU核心的设计方案。目前CPU大致可分为X86、IA64、RISC等多种架构，而个人电脑上的CPU架构其实都是基于X86架构设计的，称为X86下的微架构，通常被简称为CPU架构。

2）制造工艺。CPU制作工艺是指生产CPU的技术水平，改进制作工艺，就是通过缩短CPU内部电路与电路之间的距离，使同一面积的晶圆上实现更多功能或更强性能。制作工艺以纳米（nm）为单位，目前CPU主流的制作工艺是45nm和32nm。对于普通用户来说，更先进的制作工艺能带来更高的功耗和更好的超频潜力。

3）位宽（32位与64位CPU）。32/64位指的是CPU位宽，更大的CPU位宽有两个好处：一次能处理更大范围的数据运算和支持更大容量的内存。一般情况下32位CPU只支持4GB以内的内存，更大容量的内存无法在系统识别（服务器级除外）。于是就有了64位CPU，然后就有了64位操作系统与软件。

4）主频、外频、倍频。CPU主频，就是CPU运算时的工作频率，在单核时代它是决定CPU性能的最重要的指标，一般以MHz和GHz为单位，如Phenom Ⅱ X4 965主频是3.4GHz。由于CPU发展速度远远超出内存、硬盘等配件的速度，于是便提出外频和倍频的概念，它们的关系是：主频=外频×倍频。

5）核心数、线程数。目前主流CPU有双核、三核和四核、六核、八核。增加核心数就是为了增加线程数，因为操作系统是通过线程来执行任务的，一般情况下它们是1：1对应关系，也就是说四核CPU一般拥有四个线程。但Intel引入超线程技术后，使核心数与线程数形成1：2的关系。

6）多媒体指令集。MMX、3DNOW和SSE均是CPU的多媒体扩展指令集，它们对CPU的运算有加速作用，前提是需要软件支持。如果软件对CPU的多媒体指令集有优化，那么CPU的运算速度会有进一步提升。

4. 硬盘

（1）尺寸：2.5英寸。

（2）厚度：标准厚度有9.5mm、12.5mm、17.5mm。

9.5mm，超轻超薄机型设计；

12.5mm，厚度较大，光软互换和全内置机型；

17.5mm基本淘汰。

（3）转数：5400转/分为主，高端机7200转/分。

（4）接口类型：一般采用3种形式和主板相连。

针脚直接和主板上的插座连接；

硬盘线和主板相连；

转接口和主板上的插座连接。

（5）容量：现在一般是250G、320G、500G、1T。

固态硬盘（SSD）是用固态电子存储芯片阵列而制成的硬盘，由控制单元和存储单元（FLASH芯片、DRAM芯片）组成。

优点：读取速度快、抗震性强、发热功耗低、无噪音；

缺点：使用寿命短、易受外界影响、成本高容量低、价格昂贵。

5. 内存

类型：DDR（333/400）、DDR2（533/667/800）、DDR3（1066/1333/1600）。

容量：1G、2G、4G、8G。

频率：表示内存的速度，它代表着该内存所能达到的最高工作频率。

现在主流配置中，内存是DDR3 1666或是1333。

6. 电池

锂电池：当前笔记本电脑的标准电池。重量轻、寿命长。随时充电，过度充电的情况下也不会过热。

次数：锂离子电池的充电次数在950~1200次。

芯数：目前笔记本电池主要分为3芯、4芯、6芯、8芯、9芯、12芯等。芯数越大，续航时间越长，价格也越贵，一般4芯电池可以续航2小时，6芯则为3小时。

7. 声卡

大部分的笔记本电脑还带有声卡或在主板上集成了声音处理芯片，并且配备小型内置音箱。但是，笔记本电脑的狭小内部空间通常不足以容纳顶级音质的声卡或高品质音箱。游戏发烧友和音响爱好者可以利用外部音频控制器来弥补笔记本电脑在声音品质上的不足。

8. 显卡

显卡主要分为两大类：集成显卡和独立显卡，性能上独立显卡要好于集成显卡。

集成显卡优点：功耗低、发热量小、性价比高。部分集成显卡的性能已可以媲美独立显卡，所以不用花费额外的资金购买显卡。

独立显卡优点：显示成效和性能更好。

缺点：系统功耗加大，发热量较大，需额外花费购买显卡的资金。

最主要的显卡芯片有A卡（ATi显卡）和N卡（nVIDIA显卡），如图1-5所示。

图1-5 显卡芯片

ATI公司的主要品牌：

主流型号ATI HD4330、ATI HD4550、ATI HD5450、ATI HD5470、ATI HD5650、ATI HD5730、ATI HD 6970。

nVIDIA公司的主要品牌：

主流型号Geforce G210M、Geforce G310M、Geforce GT330M、Geforce GTX425M。

通俗地讲，"GS""GT"代表性能，GTX>GT>GE>GS>GSO。

显卡的性能辨别主要看：型号>性能>显存大小>显存频率。

如：基本参数：

ATI HD5730

显存容量：2048MB

显存位宽：128-bit

显存类型：DDR3

显存频率：800MHz

Geforce GTX 425m

显存容量：1024MB

显存位宽：128-bit

显存类型：DDR3

显存频率：800MHz

核心频率：1120MHz

9. 定位设备

定位设备：笔记本电脑一般会在机身上搭载一套定位设置（相当于台式电脑的鼠标，也有搭载两套定位设备的型号），早期一般使用轨迹球（Trackball）作为定位设备，现在较为流行的是触控板（Touchpad）与指点杆（Pointing Stick），如图1-6所示。

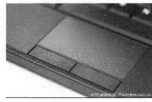

图1-6　轨迹、触控板、指点杆定位设备

10. 散热底座

对笔记本电脑来说，在性能和便携性对抗中，散热成为最要害的因素，笔记本散热一直是笔记本核心技术中的瓶颈。有时笔记本电脑会莫名奇异死机，一般就是系统温度过高导致。为了解决这个问题，人们设计了散热底座，好的底座可以延长笔记本电脑的使用寿命。

三、笔记本品牌

常见品牌：苹果、联想、华硕、宏基、戴尔、惠普、索尼、神州、东芝、三星、同方等。

国际品牌：主要是美国和日本的品牌，包括IBM、东芝、DELL、康柏、惠普等。其品牌产品品质较为优秀，市场份额相当高，当然价格也最贵。

台湾品牌：主要包括宏基、华硕、伦飞、联宝等。这类笔记本技术成熟，价格相对便宜，购买的人也非常多。

国内品牌：主要有联想、方正、紫光等。由于价格便宜、维修方便，越来越受到用户的青睐。

四、如何选择笔记本电脑

市场上笔记本电脑配置、性能、价格参差不齐，消费者在选购时往往无从下手，如何选择一款适合自己的笔记本电脑，困扰着很多想买笔记本电脑的朋友，下面就来教大家几招选购的方法。

1. 从实际需求出发的原则

在购机之前首先要明确自己的购机用途。如笔记本主要用于工作和学习中的文字处理、图像处理、编程等用途，则需注重待机时间、轻薄便携等方面。若笔记本就用于家庭一般上网、电影音乐、炒股、游戏，则注重屏幕显示效果，画面流畅度等。选择笔记本要充分考虑自身需要，够用就行。

2. 性能第一原则

笔记本电脑的性能直接影响着使用者的工作效率，也影响着笔记本的价格。针对不同用户群，产品分为：

低端产品：一般都是遵循够用就行的原则，其配置可以满足用户最基本的移动办公的需要，例如进行文字处理、浏览网页等。

中端产品：可以较好地满足大部分用户更多的需要，例如日常办公、学习、娱乐等。

中高端产品：作为中端产品的升级，一般在配置上会有一些特色和亮点，例如突出影音娱乐方面，可以玩大部分的游戏等。

高端产品：采用的配置都是目前最好的，可以说能甚至高于一般的台式机，进行图像处理、运行3D游戏等都可胜任。

3. 可扩展原则

笔记本电脑不像台式机那样具有良好的扩展性，所以在购买时要充分考虑各类接口的类型、个数及功能模块。不能只着眼于当前，应适当考虑将来的扩展性。

4. 轻重要适度、外观要合心意

移动性是笔记本电脑最大的特点，所以重量也是选购笔记本电脑时考虑的一个重要因素。此外，笔记本电脑的外观同样重要，在购买时一定要看好样机，最好是动手体验，感觉一下键盘、鼠标的舒适度和灵敏度。

5. 散热与电池要有保证

笔记本电脑受体积的限制，因此在选购时还应该考虑散热问题。另外，还需要考虑笔记本电脑电池的续航能力，充足的供电时间可以给我们的移动办公带来足够的便利。

6. 选择合适的屏幕

目前，市场上很多笔记本电脑的LCD屏幕都采用了宽频比例进行切割，即屏幕的长宽比不再采取标准的4∶3，而是采取16∶9、16∶10、15∶9等多种比例。

7. 认清售后服务

笔记本电脑配件的集成度非常高，在出现故障后，普通用户根本无法方便地找出故障的源头，需要厂家指定的维修点进行维护。所以笔记本电脑良好的售后服务显得尤为重要，购买时一定要问清售后服务的要求及免费售后服务的时间，是否全球全国联保等。

8. 选择好的品牌

目前笔记本电脑的品牌包括惠普、宏基、戴尔、联想、华硕、东芝等。良好的品牌是性能与质量的保证，因此在选购时应该尽可能选择大公司的名牌产品，但也不要迷信名牌，在选购时还要考虑其售后服务的方便性和质量。

实践训练1

一、单选题

1. 64位机的字长为（   ）个二进制位。

A. 8   B. 16   C. 32   D. 64

2. 世界上首先实现存储程序的电子数字计算机是（   ）。

A. ENIAC   B. UNIVAC   C. EDVAC   D. EDSAC

3. 世界上第一台电子数字计算机研制成的时间是（   ）。

A. 1946年   B. 1947年   C. 1951年   D. 1952年

4. 最早的计算机是用来进行（   ）的。

A. 科学计算   B. 系统仿真

C. 自动控制   D. 信息处理

5. 计算机科学的奠基人是（   ）。

A. 查尔斯·巴贝奇   B. 图灵

C. 阿塔诺索夫   D. 冯·诺依曼

6. 世界上首次提出存储程序计算机体系结构的是（   ）。

A. 艾仑·图灵   B. 冯·诺依曼

C. 莫奇莱   D. 比尔·盖茨

7. 冯·诺依曼提出的计算机工作原理为（   ）。

A. 存储程序控制   B. 布尔代数

C. 开关电路   D. 二进制码

8. 1946年世界上有了第一台电子数字计算机，奠定了至今仍然在使用的计算机的（   ）。

A. 外形结构   B. 总线结构

C. 存取结构   D. 体系结构

9. 最能准确反映计算机的主要功能的说法是（   ）。

A. 代替人的脑力劳动   B. 存储大量信息

C. 信息处理机   D. 高速度运算

10. 计算机硬件能直接识别和执行的只有（   ）。

A. 高级语言   B. 符号语言

C. 汇编语言   D. 机器语言

11. 下列事件中，计算机不能实现的是（   ）。

A. 科学计算   B. 工业控制

C. 电子办公   D. 抽象思维

12. 电子计算机主要是以（   ）划分发展阶段的。

A. 集成电路   B. 电子元件

C. 电子管   D. 晶件管

13. CAD是计算机的主要应用领域，它的含义是（ ）。

A. 计算机辅助教育　　　　　　　　B. 计算机辅助测试

C. 计算机辅助设计　　　　　　　　D. 计算机辅助管理

14. "计算机辅助（ ）"的英文缩写为CAM。

A. 制造　　　　　B. 设计　　　　　C. 测试　　　　　D. 教学

15. 计算机辅助设计的英文缩写是（ ）。

A. CAD　　　　　B. CAM　　　　　C. CAE　　　　　D. CAT

16. 计算机辅助制造的英文缩写是（ ）。

A. CAD　　　　　B. CAM　　　　　C. CAE　　　　　D. CAT

二、问答题

1. 如何选购台式机，应注意哪些问题？

2. 如何选购笔记本电脑，选购中应注意哪些问题？

3. 请根据你的实际需要写出电脑配置清单。

项目2　计算机组装与维护

项目背景

　　计算机如今作为日常工作学习的工具，我们需要对计算机的硬件组装及计算机系统维护有所了解，当计算机出现常见问题的时候，我们自己可以解决这些问题，而不必每次都要送到维修店去维修。本项目介绍了计算机系统的硬件系统和软件系统的组成，以及硬件系统和软件系统的维护，帮助我们解决日常遇到的电脑问题。

知识储备

　　1. 冯·诺依曼计算机

　　计算机系统是用来接收和存储信息，自动进行处理和计算，并输出结果信息的机器系统。计算机系统由硬件系统和软件系统组成。前者是借助电、磁、光和机械等原理构成的各种物理设备的有机组合，是系统赖以工作的实体，后者是各种程序和文件，用于指挥全系统按照指定的要求进行工作。本章主要讲述计算机系统的组成，它是计算机的基础知识。

　　在研制 ENIAC 的过程中，著名的数学家冯·诺依曼（美籍匈牙利人）博士首先提出了计算机内存储程序的概念，并与莫尔小组合作设计了人类第一台具有内部存储程序功

图2-1 "计算机之父"
冯·诺依曼

能的EDVAC（电子离散变量自动计算机）。这台计算机有以下3个特点：

（1）EDVAC包括运算器、控制器、存储器、输入设备和输出设备五大基本部件，以运算器为中心，由控制器控制，采用二进制存储和运算，指令由操作码和地址码组成，程序在存储器中顺序存储、顺序执行。

（2）依据二进制模拟开关电路的两种状态，计算机执行的指令和数据都用二进制表示。

（3）将编好的程序和数据送入内存储器，然后计算机自动地逐条取出指令和数据进行分析、处理和执行。

冯·诺依曼提出的"计算机存储程序的概念"和"计算机硬件基本结构"的思想，奠定了计算机发展的基础，现代计算机仍然保留这些工作原理和特征，因此，冯·诺依曼被称为"计算机之父"，把发展至今的整个4代计算机称为"冯氏计算机"或"冯·诺依曼机"。

2. 计算机系统组成

一个完整的计算机系统由硬件（Hardware）系统和软件（Software）系统两大部分组成，硬件是构成计算机系统的物理实体，是计算机系统中实际装置的总成，如主机、键盘、鼠标和显示器等，都是所谓"看得见、摸得着"的硬件。软件是指运行在计算机硬件上的程序、运行程序所需的数据和相关文档的总称。简而言之，硬件是软件发挥作用的舞台和物质基础，软件是使计算机系统发挥强大功能的灵魂，两者相辅相成缺一不可，计算机系统的组成示意图如图2-2所示。

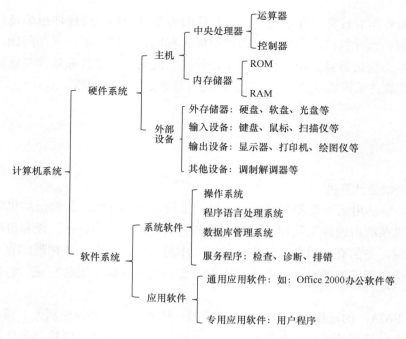

图2-2 计算机系统的组成示意图

任务1 计算机硬件组成

计算机系统是用来接收和存储信息，自动进行处理和计算，并输出结果信息的机器系统。一个完整的计算机系统由硬件系统和软件系统组成。

计算机的硬件系统一般由控制器、运算器、存储器、输入设备和输出设备5大部分组成，其结构示意图如图2-3所示。

计算机硬件系统又可以分为主机和外部设备两大部分。主机主要包括主板、CPU、内存、硬盘和显卡等设备，外部设备包括鼠标、键盘、显示器、打印机和扫描仪等I/O设备，形象比喻如图2-4所示。

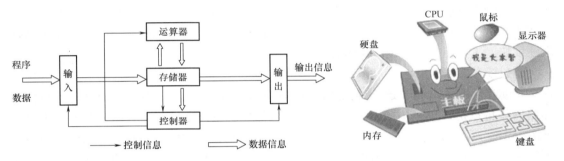

图2-3 计算机的硬件系统　　　　图2-4 计算机的各部件组成

一、控制器（CU）

控制器是计算机的指挥中心，负责从存储器中取出指令，并对指令进行译码；根据指令的要求，按先后顺序，负责向其他各部件发出控制信号；保证各部件协调一致地工作。控制器主要由指令寄存器、译码器、程序计数器和操作控制器等组成。

二、运算器（ALU）

运算器是计算机的核心部件，它负责对信息的加工处理。它在控制器的控制下，与内存交换信息，并进行各种算术运算和逻辑运算，所以在运算器内部有一个算术逻辑单元（Arithmetic Logic Unit，ALU）。运算器还具有暂存运算结果的功能，它由加法器、寄存器、累加器等逻辑电路组成。

控制器和运算器之间在结构关系上是非常密切的。到了第四代计算机，由于半导体工艺的进步，将运算器和控制器集成在一个芯片上，形成中央处理器（Central Processing Unit，CPU）。

三、存储器（Memory）

存储器是计算机记忆或暂存数据的部件，它负责存放程序和数据。计算机中的全部信息，包括原始的输入数据、经过初步加工的中间数据以及最后处理完成的有用信息都存放在存储器中。

存储器中能够存放的最大数据信息量称为存储器的容量。存储器容量的基本单位是字节（Byte，B）。存储器中一般存储的是二进制数据，二进制数只有0和1两个代码，因而，计算机技术中常把一位二进制数称为一位（1 bit），1个字节包含8位，即1Byte=8bit。为了便于表示大容量存储器，实际当中还常用KB、MB、GB、TB作为单位，其关系为：

1KB = 1024B，1MB = 1024KB，1GB = 1024MB，1TB = 1024GB

按照读写特性分类分为随机存储器（RAM）和只读存储器（ROM）。

1. 随机存储器（RAM）

随机存储器（RAM）是一种既可以写入又可以读出数据的存储器，通常用于存放程序、数据和中间结果。特点是，只要电源不断且计算机工作正常，数据就可以保持，断电后其中的信息全部消失。RAM按其结构可分为动态（Dynamic RAM）和静态（Static RAM）两大类。DRAM的特点是集成度高，主要用于大容量内存储器；SRAM的特点是存取速度快，主要用于高速缓冲存储器。

2. 只读存储器（ROM）

只读存储器（ROM）是一种只能从中读取数据，而不能以一般方式向其写入数据的存储器。特点是，只要接通电源，ROM中固化的信息就建立好了，常用来存放基本收入/输出程序、系统设置信息、开机自检程序和系统启动自举程序等。只能读出原有内容，不能由用户再写入新内容。ROM的数据是厂家在生产芯片时，以特殊的方式固化在上面的，用户一般不能修改。ROM中一般存放系统管理程序，即使断电，ROM中的数据也不会丢失。比如固化在主板上的BIOS程序。

按存储器的作用可分为主存储器（内存）和辅助存储器（外存）。

1. 主存储器（内存）

主存储器简称主存，是计算机系统的信息交流中心，CPU直接与主存打交道。主存中存储当前正在运行的数据和程序。绝大多数的计算机主存是由半导体材料构成的。按存取方式来分，主存又分为随机存储器（读写存储器）和只读存储器。

2. 辅助存储器

辅助存储器，简称外存，属于外部设备，是内存的扩充。外存一般具有存储容量大，可以长期保存暂时不用的程序和数据，信息存储性价比较高等特点。通常，外存只与内存交换数据，而且存取速度也较慢。

以下介绍几种常用的外存，如软盘、硬盘、光盘、U盘。

1. 软盘存储器

软盘存储器由软盘驱动器和软磁盘组成。常用的软盘驱动器都是3.5英寸，容量为1.44MB。如今能够用到软盘的地方越来越少，最常见的用途就是当系统崩溃时用来引导电脑，修复系统。在此就不介绍了。

2. 硬盘存储器

硬盘存储器由硬盘片、硬盘驱动器和适配卡组成。硬盘片和硬盘驱动器简称为硬盘，是计算机最主要的外部存储器。硬盘的物理结构如图2-5所示。

硬盘按照盘片直径大小可分为5.25英寸、3.5英寸、2.5英寸和1.8英寸等多种规格。

目前使用最多的是3.5英寸硬盘，它有11张盘片。传统的盘片是由铝合金制成的，为了提高硬盘的存储密度和缩小硬盘的尺寸，现在大多数硬盘都采用玻璃材质，或采用玻璃陶瓷复合材料。盘片上涂有一层磁性材料，用来存储信息。通常每张盘片的每一侧都有一个读写头，这些读写头同一个运动装置连在一起，组成一组，所以读写头是同时在盘片上运动的。盘片被封装在一个密封的防尘盒里，以有效地避免灰尘、水滴等对硬盘的污染。

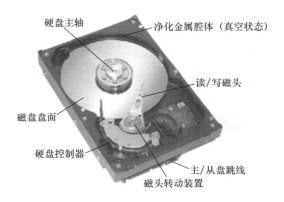

图2-5 硬盘结构图

作为计算机系统的数据存储器，存储容量是硬盘最主要的参数。硬盘的容量一般以千兆字节（GB）为单位，1GB=1024MB。但硬盘厂商在标称硬盘容量时通常取1GB=1000MB，同时在操作系统中还会在硬盘上占用一些空间，所以在操作系统中显示的硬盘容量和标称容量会存在差异。因此，我们在BIOS中或在格式化硬盘时看到的容量会比厂家的标称值要小。目前的主流硬盘的容量为160GB和320GB，而1TB以上的大容量硬盘已开始逐渐普及。

硬盘的另一个性能指标是转速。转速是硬盘盘片在一分钟内所能完成的最大转数。转速的快慢是标识硬盘档次的重要参数，在很大程度上直接影响硬盘的速度。硬盘的转速越快，硬盘寻找文件的速度也就越快，硬盘的传输速度也就提高了。硬盘转速以rpm表示，rpm是Revolutions Perminute的缩写，是"转/每分钟"。rpm值越大，内部传输率就越快，访问时间就越短，硬盘的整体性能也就越好。目前市场上7200rpm的硬盘已经成为台式硬盘市场主流，服务器中使用的SCSI硬盘转速基本都采用10000rpm，甚至还有15000rpm的，性能要超出家用产品很多。

3. 固态硬盘SSD

固态硬盘（Solid State Drives），简称固盘，是用固态电子存储芯片阵列而制成的硬盘，由控制单元和存储单元（FLASH芯片、DRAM芯片）组成。固态硬盘在接口的规范和定义、功能及使用方法上与普通硬盘的完全相同，在产品外形和尺寸上也完全与普通硬盘一致。固态硬盘具有传统机械硬盘不具备的快速读写、质量轻、能耗低以及体积小等特点，同时其劣势也较为明显，其价格较为昂贵，容量较低，一旦硬件损坏，数据较难恢复等，并且固态硬盘的耐用性（寿命）相对较短。

4. 光盘存储器

光盘存储器是由光盘驱动器（CD-ROM）和光盘组成。光驱的核心部件是由半导体激光器和光路系统组成的光学头，光盘片采用激光材料，数据存放在光盘片中连续的螺旋形轨道上。在光盘上有两种状态，即凹点和空白，它们的反射信号相反，如图2-6所示。当在光盘上读数据时，光驱利用光学反射原理，使检测器得到光盘上凹点的排列方式，驱动器中有专门的部件把它们转换成二进制的0和1并进行校验，然后才能得到实际数据。光盘在光驱中高速地转动，读取数据时激光头在电机的控制下前后移动，从而读取

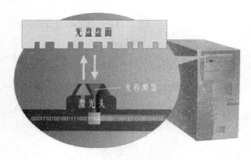

图2-6 光盘盘面示意图

光盘上的信息。

光盘不易受到外界磁场的干扰，所以光盘的可靠性高，信息保存的时间长。在正常室温下，光盘盘片可保存100年之久。

光盘的存储容量大，一张5.25英寸的CD光盘可存储650MB的信息。DVD光盘的存储容量则更高，不同DVD光盘存储容量可见表2-1。目前，光盘已经被广泛应用于图书、资料和通用软件的保存和存储上，并作为电子出版物的存储载体，部分代替了现有的纸类印刷品。

光盘驱动器按照数据传输率可分为单倍速、双倍速、4倍速、8倍速、16倍速、24倍速、32倍速、48倍速、52倍速等，它们的数据传输率分别为150KB/s、300KB/s、600KB/s、900KB/s、1.2MB/s、2.4MB/s、3.6MB/s、4.8MB/s、7.2MB/s。数据传输率越高，数据的读取速度越快。目前，微型计算机一般使用的是48倍速以上的光盘驱动器。

根据光盘的性能不同，光盘分为只读型光盘、一次性写入光盘、可擦除光盘、数字多功能盘。

表2-1　　　　　　　　　　不同类型DVD盘片的容量

盘片类型	直径	面数/层数	容量	播放时间
DVD-5	12cm	单面单层	4.7GB	超过2个小时视频
DVD-9	12cm	单面双层	8.5GB	大约4个小时视频
DVD-10	12cm	双面单层	9.4GB	大约4.5个小时视频
DVD-18	12cm	双面双层	15GB	超过8个小时视频

5. 移动存储器

移动硬盘，顾名思义是以硬盘为存储介质，强调便携性的存储产品，它的特点是容量大、传输速度快、使用方便。目前市场上绝大多数的移动硬盘都是以标准硬盘为基础，只有很少部分的是以微型硬盘（1.8英寸硬盘等）为基础的，但价格因素决定着主流移动硬盘还是以标准笔记本硬盘为基础。移动硬盘多采用USB、IEEE1394等传输速度较快的接口，可以有较高的速度与系统进行数据传输。

6. 闪存（Flash Memory）

闪存也就是U盘，是中国深圳朗科公司发明的。它采用一种新型的EEPROM内存，具有内存可擦可写可编程的优点，还具有体积小、重量轻、读写速度快、断电后资料不丢失等特点，所以被广泛应用于数码相机、MP3播放器和移动存储设备上。闪存的接口一般为USB接口，容量一般为1GB以上。

综上所述，内存的特点是直接与CPU交换信息，存取速度快，容量小，价格贵；外存的特点是容量大，价格低，存取速度慢，不能直接与CPU交换信息。内存用于存放立即要用的程序和数据；外存用于存放暂时不用的程序和数据。内存和外存之间常常频繁地交换信息。需要指出的是，外存属于I/O设备，而且它只能与内存交换信息，才能被CPU处理。

目前，常用的移动存储器有移动硬盘和闪存，如图2-7所示。

图2-7 移动存储器

四、输入设备

输入设备用于接受用户输入的原始程序和数据，它是重要的人机接口，负责将输入的程序和数据转换成计算机能识别的二进制代码，并放入内存中。常见的输入设备有键盘、鼠标、扫描仪等。

1. 键盘（KeyBoard）

键盘是数字和字符的输入装置。通过键盘，可以将信息输入到计算机的存储器中，从而向计算机发出命令和输入数据。早期键盘有83键和84键，后来发展到101键、104键和108键。一般的PC用户使用的是104键盘。键盘上的按键大致可分为3个区域：字符键区、功能键区和数字键区（数字小键盘），如图2-8所示。

图2-8 人体工程学键盘

键盘的接口主要有PS/2和USB，有的键盘采用无线连接。

计算机键盘中几种键位的详细功能如表2-2所示。

表2-2 计算机键盘中几种键位的功能

按键	功 能
Enter键	回车键。用于将数据或命令送入计算机
Space Bar键	空格键。它是在字符键区的中下方的长条键。因为使用频繁，它的形状和位置使左右手都容易敲打
Back Space键	退格键。按下它可使光标回退一格，常用于删除当前行中的错误字符
Shift键	换挡键。由于整个键盘上有30个双字符键（即每个键面上标有两个字符），并且英文字母还分大小写，因此需要此键来转换；在计算机刚启动时，每个双符键都处于下面的字符和小写英文字母的状态
Ctrl键	控制键。一般不单独使用，而是和其他键组合成复合控制键
Esc键	强行退出键。在菜单命令中，它常是退出当前环境和返回原菜单的按键
Alt键	交替换挡键。它与其他键组合成特殊功能键或复合控制键
Tab键	制表定位键。一般按下此键可使光标移动8个字符的距离
光标移动键	用箭头↑、↓、←、→分别为上、下、左、右移动光标

续表

按键	功　　能
屏幕翻页键	PgUp（Page Up）翻回上一页；PgDn（Page Down）下翻一页
Print Screen SysRq	打印屏幕键。把当前屏幕显示的内容全部打印出来
双态键	包括Insert键和3个锁定键。Insert是插入状态和改写状态，Caps Lock是字母状态和锁定状态，Num Lock是数字状态和锁定状态，Scroll Lock是滚屏状态和锁定状态；当计算机启动后，4个双态键都处于第一种状态，按键后即处于第二种状态；在不关机的情况下，反复按键则在两种状态之间转换。为了区分锁定与否，许多键盘配置了指示灯

2. 鼠标（Mouse）

鼠标是指点式输入设备，多用于Windows环境中，来取代键盘的光标移动键，使定位更加方便和准确。按照鼠标的工作原理可将常用鼠标分为机械鼠标、光电鼠标和光电机械鼠标3种。按照鼠标与主机接口标准分主要有PS/2接口和USB接口两类。

鼠标的基本操作有4种：指向、单击、双击和拖动，操作方法见表2-3。

表2-3　　　　　　　　　　　　鼠标的基本操作

鼠标动作名称	操　作　方　法
指向（point）	将鼠标指针移动到屏幕的某个特定位置或对象上，为下一个操作做准备
单击（click）	迅速按下鼠标左键，常用于选定鼠标指针指向的某个对象或命令
双击（double-click）	快速连续按两个鼠标左键，常用于启动某个选定的应用程序，或打开鼠标指向的某个文件
拖动（drag）	按住鼠标左键不放，移动鼠标，将鼠标指向另一位置，常用于将选定的对象从一个地方移动或复制到另一个地方

3. 扫描仪（Scanner）

扫描仪是一种光电一体化的设备，属于图形输入设备（图2-9）。人们通常将扫描仪用于各种形式的计算机图像、文稿的输入，进而实现对这些图像形式信息的处理、管理、使用、存储和输出。目前，扫描仪广泛应用于出版、广告制作、多媒体、图文通信等许多领域。

扫描仪的主要性能指标是分辨率、灰度级和色彩数。

分辨率表示了扫描仪对图像细节的表现能力，通常用每英寸上扫描图像所包含的像素点表示，单位为dpi（dot per inch），目前扫描仪的分辨率为300~1200dpi。

灰度级表示灰度图像的亮度层次范围，级数越多说明扫描仪图像的亮度范围越大，层次越丰富。目前大多数扫描仪的灰度级为1024级。

色彩数表示彩色扫描仪所能产生的颜色范围，通常

图2-9　扫描仪

用每个像素点上颜色的数据位数bit表示。

图形输入设备除扫描仪以外还有摄像机、数码相机等。现在又出现了语音和手写输入系统，可以让计算机从语音的声波和文字的形状中领会到含义。

五、输出设备

输出设备可以将计算机运算处理的结果以用户熟悉的信息形式反馈给用户。通常输出形式有数字、字符、图形、视频、声音等类型。常见的输出设备有显示器、打印机、绘图仪等。

1. 显示器（Monitor）

显示器是微型计算机不可缺少的输出设备，用户通过它可以很方便地查看输入计算机的程序、数据和图形等信息及经过计算机处理后的中间和最后结果。显示器是人机对话的主要工具。

按照显示器工作原理可以将显示器分为3类：阴极射线管显示器（CRT）、液晶显示器（LCD）、等离子显示器（PDP）等。

衡量显示器性能的主要参数指标有分辨率、灰度级和刷新率。

分辨率。分辨率是指显示器所能显示的像素点的个数，一般用整个屏幕上光栅的列数与行数的乘积来表示。这个乘积越大，分辨率就越高。现在常用的分辨率有640480、800600、1024768和12801024像素等。

灰度级。灰度级是指每个像素点的亮暗层次级别，或者可以显示的颜色的数目，其值越高，图像层次越清楚逼真。若用8位来表示一个像素，则可以有256级灰度或颜色。

刷新率。刷新率以Hz为单位，CRT显示器的刷新率一般高于75Hz，若刷新率过低，屏幕就会有闪烁现象。

显示器必须配置正确的显示器适配卡（俗称显卡）才能构成完整的显示系统。显卡较早的标准有CGA（Color Graphics Adapter）标准（320200像素，彩色）和EGA（Enhanced Graphics Adapter）标准（640350像素，彩色）。目前常用的是VGA（Video Graphics Array）标准。VGA适用于高分辨率的彩色显示器，其图形分辨率在640480像素以上，能显示256种颜色，但显示图形的效果一般。在VGA之后，又不断出现了SVGA和TVGA卡等，分辨率提高到了800600像素和1024768像素。目前比较常用的分辨率为1024768像素。

2. 打印机（Printer）

打印机（图2-10）是计算机系统最基本的输出设备，可以把文字或图形在纸上输出，供用户阅读和长期保存。

图2-10 针式打印机、喷墨打印机、激光打印机（从左到右）

打印机按工作原理可分为击打式打印机和非击打式打印机两类。

击打式打印机是将字模通过色带和纸张直接接触而打印出来的。击打式打印机又分为字模式和点阵式两种。点阵式打印机是用一个点阵表示一个数字、字母和特殊符号，点阵越大，点数越多，打印字符就越清晰。目前我国普遍使用的针式打印机就属于击打式打印机，针式打印机速度慢，噪声大，但它特别适合打印票据，所以财务人员多使用它。

非击打式打印机主要有激光打印机和喷墨打印机。

激光打印机打印清晰，质量高，而且速度快、噪声低，是目前打印速度最快的一种。随着价格的下降和出色的打印效果，已经被越来越多的人接受。喷墨打印机具有打印质量较高、体积小、噪声低的特点，打印质量优于针式打印机，但是需要时常更换墨盒。

任务2 计算机硬件维护

所谓硬维护是指在硬件方面对计算机进行的维护，它包括对计算机所有部件的日常维护和工作时注意事项等。

一、CPU的维护

CPU被誉为"电脑的心脏"，因此对它的保养显得尤为重要。在CPU的保养中散热是最为关键的。虽然CPU有风扇保护，但随着耗用电流的增加所产生的热量也随之增加，从而CPU的温度也将随之上升。高温容易使CPU内部线路发生电子迁移，导致电脑经常死机，缩短CPU的寿命，高电压更是危险，很容易烧毁CPU。所以我们要选择散热片的底层以厚的为佳，这样有利于储热，从而易于风扇主动散热。平常要注意勤除灰尘，不能让其积聚在CPU表面，以免造成短路烧毁CPU。硅脂在使用时要涂于CPU表面内核上，薄薄一层就可以，过量会有可能渗到CPU表面和插槽，造成CPU的毁坏。

CPU日常维护小技巧：

可以根据主板说明书调整其核心电压解决高温问题（CPU升温30度正常，台式机一般在35~70度，笔记本一般在40~80度算正常）。

找块橡胶垫（类似鼠标垫厚度）剪成两块三角形，用热熔胶固定在散热片两边，风扇放在上面。这样做有三个好处：

（1）减小震动。

（2）风扇和散热片之间有空气混合空间。

（3）风扇一边吹到另一边，散热片可以全部吹到。

CPU不用的时候可以在表明贴一层胶布防止磨损。CPU风扇加缝纫油和丹士林为佳，加油后用铝胶带粘好。

二、硬盘的维护

硬盘在工作时不能突然断电（台机硬盘上都写着7200PRM，这个就是每分钟7200转，如果突然断电关机的效果就等于一辆汽车时速200码突然来一急刹车，对比一下硬盘，这么高的转数突然让它停掉是啥感觉）。

尽量让主机箱和硬盘平衡工作（因为硬盘是复杂的机械装置，大震动会让碰头组件碰到盘片上，引起硬盘读写头划破盘表面，这样可能损坏磁盘面，潜在地破坏存在的硬盘数据，更严重的还可能损坏读写头，永久的使硬盘无法使用）。

温度控制（过高或过低都会使晶体振荡器的时钟主频发生改变，温度还会造成硬盘电路元件失灵，磁介质也会因热胀效应而造成记录错误，因此尽量让整个机箱产生对流通，控制硬盘温度）。

同时尽量不要使硬盘靠近强磁场（如音箱、喇叭、电机、手机等，以免硬盘所记录的数据因磁化而损坏）。

恰当的使用时间（不超过10小时，最好不要连续工作8小时）。

使用稳定的电源（如果电源不稳定或功率不足，很容易造成资料丢失或硬盘损坏）。

不要自行打开硬盘盖。

三、显示器的维护

显示器如使用不当，不仅性能会快速下降，而且寿命也会大大缩短，甚至在使用两三年后就会报废，因此，一定要注意显示器的日常维护。

（1）不要经常性地开关显示器。

（2）做好防尘工作。

（3）防潮。

（4）防磁场干扰。

（5）防强光。

四、光驱的日常维护

计算机光驱易出毛病，其故障率仅次于鼠标，如果维护得好，光驱可以正常使用多年，否则，有的只能用半年左右，光驱在日常生活中要注意的事项：

（1）保持光驱清洁。

（2）尽量使用正版光盘。

（3）养成正确使用光驱的习惯。

五、键盘的日常维护

键盘平时正常使用三到四年没问题，笔记本电脑的键盘充电的，就像手机电池一样只要有电的情况下使用十年八年不成问题，前提要注意日常维护。

（1）要不定期清洁，保持干净。

（2）使用时尽量放轻力度。

（3）不将液体洒到键盘上。

（4）不要带电插拔。

六、鼠标的日常维护

在所有计算机配件中，鼠标是最容易出故障的。鼠标的日常维护要注意以下几点：

（1）避免摔碰鼠标和强力拉拽导线。

（2）点击鼠标时不要用力过度，以免损坏弹性开关。

（3）最好配一个专用的鼠标垫，既可以大大减少污垢通过橡皮球进入鼠标中的机会，又增加了橡皮球与鼠标垫之间的摩擦力。

（4）使用光电鼠标时，要注意保持感光板的清洁，使其处于更好的感光状态，避免污垢附着在发光二极管和光敏三极管上，遮挡光线的接收。

七、显卡和声卡的日常维护

显卡也是计算机的一个发热大户，现在的显卡都单独带有一个散热风扇，平时要注意显卡风扇的运转是否正常，是否有明显的噪声或者运转不灵活，转一会儿就停等现象，以延长显卡的使用寿命。对声卡来说，必须要注意一点是在插拔麦克风和音箱时，一定要在关闭电源的情况下进行，千万不要在带电环境下进行上述操作，以免损坏其他配件。

实践训练2

一、选择题

1. 目前大多数计算机以科学家冯·诺依曼提出的（　　）设计思想为理论基础。

A. 存储程序原理　　　　　　　　　　B. 布尔代数

C. 超线程技术　　　　　　　　　　　D. 二进制计数

2. 通常所说的PC机是指（　　）。

A. 大型计算机　　　　　　　　　　　B. 小型计算机

C. 中型计算机　　　　　　　　　　　D. 微型计算机

3. 计算机之所以能按人们的意图自动地进行操作，主要是因为采用了（　　）。

A. 汇编语言　　　　　　　　　　　　B. 机器语言

C. 高级语言　　　　　　　　　　　　D. 存储程序控制

4. 在计算机中，一条指令代码由（　　）和操作码两部分组成。

A. 指令码　　　　　B. 地址码　　　　　C. 运算符　　　　　D. 控制符

5. 根据所传递的内容与作用不同，将系统总线分为数据总线、地址总线和（　　）。

A. 内部总线　　　　B. 系统总线　　　　C. 控制总线　　　　D. I/O总线

6. CPU的中文意义是（　　）。

A. 中央处理器　　　B. 寄存器　　　　　C. 算术部件　　　　D. 逻辑部件

7. 微型计算机中运算器的主要功能是进行（　　）。

A. 算术运算　　　　　　　　　　　　B. 逻辑运算

C. 算术和逻辑运算　　　　　　　　　D. 函数运算

8. 构成计算机的物理实体称为（　　）。

A. 计算机系统　　　　　　　　　　　B. 计算机硬件

C. PC机　　　　　　　　　　　　　　D. 计算机系统

9. 计算机硬件一般包括（　　）和外围设备。

A. 运算器和控制器 　　　　　　　　B. 存储器和控制器

C. 中央处理器 　　　　　　　　　　D. 主机

10. 一个完整的计算机系统应分为（　　）。

A. 主机和外设 　　　　　　　　　　B. 软件系统和硬件系统

C. 运算器和控制器 　　　　　　　　D. 内存和外设

11. 计算机物理实体通常是由（　　）等几部分组成。

A. 运算器、控制器、存储器、输入设备和输出设备

B. 主板、CPU、硬盘、软盘和显示器

C. 运算器、放大器、存储器、输入设备和输出设备

D. CPU、软盘驱动器、显示器和键盘

12. 在组成计算机的主要部件中，负责对数据和信息加工的部件是（　　）。

A. 运算器 　　　　B. 内存储器 　　　　C. 控制器 　　　　D. 磁盘

13. 微型计算机的运算器、控制器及内存储器统称为（　　）。

A. ALU 　　　　　B. CPU 　　　　　　C. ALT 　　　　　D. 主机

14. 计算机软件主要分为（　　）两大类。

A. 用户软件、系统软件 　　　　　　B. 系统软件、应用软件

C. 语言软件、操作软件 　　　　　　D. 系统软件、数据库软件

15. 在计算机系统中，指挥、协调计算机工作的设备是（　　）。

A. 输入设备 　　　　B. 控制器 　　　　C. 运算器 　　　　D. 输出设备

16. 计算机存储器中的一个字节可以存放（　　）。

A. 一个汉字 　　　　　　　　　　　B. 两个汉字

B. 一个西文字符 　　　　　　　　　D. 两个西文字符

17. 十进制数153.5625转换成二进制数是（　　）。

A. 10110110.0011 　　　　　　　　　B. 10100001.1011

C. 10000110.0111 　　　　　　　　　D. 10011001.1001

18. 十进制数58.75转换成十六进制数是（　　）。

A. A3.C 　　　　　B. 3A.C 　　　　　C. 3A.12 　　　　　D. C.3A

19. 下面几个不同进制的数中，最小的数是（　　）。

A. 二进制数1011100 　　　　　　　　B. 十进制数35

C. 八进制数33 　　　　　　　　　　D. 十六进制数DE

20. CAD是计算机的主要应用领域，它的含义是（　　）。

A. 计算机辅助教育 　　　　　　　　B. 计算机辅助测试

C. 计算机辅助设计 　　　　　　　　D. 计算机辅助管理

二、问答题

1. 计算机硬件系统维护包括哪些内容？

2. 计算机软件系统包括哪些内容，你平时对软件系统的维护做了哪些工作？

三、计算题

1. 将十进制数108分别转换成二进制数、八进制数和十六进制数。

2. 将下列各数转换为十进制数。

57O、10101101B、6AH。

3. 计算十六进制加法ABC+10C。

✦项目3 计算机软件系统应用

📖 项目背景

计算机全称叫作电子数字计算机，计算机系统包括硬件系统和软件系统，作为现代的大学生在将来的学习和生活中都要学习和使用一些通用和专用软件，对计算机的软件系统的全面了解将有助于其他软件的学习，本项目是对计算机软件系统的全面介绍，包括二进制原理、计算机软件系统的构成，操作系统安装以及系统软件的安装和维护。

📘 知识储备

二进制及其换算

一、信息在计算机内部的表示与存储

在计算机中，无论是数值型数据还是非数值型数据都是以二进制的形式实现存储和相关处理运算的，即无论是数值，还是文字、图形、图像、声音、动画、电影等非数值型数据，都是以0和1组成的二进制编码表示的。计算机之所以能够正确地处理各类信息，就是因为它们采用了不同的编码规则。

生活当中人们习惯用十进制进行计算，除了常用的十进制，还有很多不同的进制，如十二进制（一打为12，一年为12个月）、六十进制（一小时60分钟、一分钟60秒）、七进制（一周七天）等。

计算机采用二进制数据的原因体现在以下几个方面。

1. 容易物理实现

十进制数有0，1，2，…，9十个数字，要找到具有10种稳定状态的物理元件来实现在技术上非常困难（目前为止没有完全解决）。二进制找到有两种稳定状态的物理元件，技术上轻而易举，如电位的高低、开关的通断、晶体管的导通和截止、电容器的充电和放电等，只需要0和1就能表示这些状态。

2. 运算简单

二进制的运算规则是"逢二进一，借一当二"，算术运算特别简单。

求和法则：0+0=0，0+1=1，1+0=1，1+1=10（进位了）

求差法则：0-0=0，10-1=1（借一当二），1-0=1，1-1=0

求积法则：$0 \times 0=0$，$0 \times 1=0$，$1 \times 0=0$，$1 \times 1=1$

求商法则：$0 \div 0$（无意义），$0 \div 1=0$，$1 \div 0$（无意义），$1 \div 1=1$

二进制运算法则比十进制少，大大简化了运算器等的物理器件的结构设计，控制简单，实现更加容易。

3. 便于表示逻辑量

二进制的0和1可以直接替代逻辑替代中的"假"和"真"，实现计算机中的逻辑运算。

4. 工作可靠性高

二进制只有两种状态，数字传输处理不易出错。物理实现中电压的高低和电流的有无两种状态都是非常分明的。

二、进位计数制

1. 计算机中数的表示方法：二进制

我们习惯使用的十进制数，是由0、1、2、3、4、5、6、7、8、9十个不同的符号组成的，每一个符号处于十进制数中不同的位置时，它所代表的实际数值是不一样的。

例3-1

1999可表示成：

式中每个数字符号的位置不同，它所代表的数值大小也不同，这就是经常所说的个位、十位、百位、千位……的意思。由数的位置不同决定的值称为位值，或称"权"。

$$\underline{1 \times 1000} + \underline{9 \times 100} + \underline{9 \times 10} + \underline{9 \times 1}$$
$$= \underline{1 \times 10^3} + \underline{9 \times 10^2} + \underline{9 \times 10^1} + \underline{9 \times 10^0}$$

例3-2

二进制数1101.11用十进制数表示则为13.75，如下所示：

$$(1101.11)_2 = 1 \times 2^3 + 1 \times 2^2 + 0 \times 2^1 + 1 \times 2^0 + 1 \times 2^{-1} + 1 \times 2^{-2}$$
$$= 8 + 4 + 0 + 1 + 0.5 + 0.25$$
$$= 13.75$$

一个二进制数具有下列两个基本特点：

（1）只有两个不同的数字符号，即"0"和"1"。

（2）逢二进一，2是二进制数的基数。

二进制数只有0和1两个基本数字，它很容易在电路中利用器件的电平高低来表示。

一般我们用数字下标表示不同进制的数。例如：十进制用10表示，二进制数用2表示，也有在数字的后面，用特定字母表示该数的进制。例如：

B：二进制　D：十进制（D可省略）　O：八进制　H：十六进制

表3-1   几种进制对照表

二进制	十进制	八进制	十六进制
0000	0	0	0
0001	1	1	1
0010	2	2	2
0011	3	3	3
0100	4	4	4
0101	5	5	5
0110	6	6	6
0111	7	7	7
1000	8	10	8
1001	9	11	9
1010	10	12	A
1011	11	13	B
1100	12	14	C
1101	13	15	D
1110	14	16	E
1111	15	17	F

2. 二进制数的运算

（1）二进制数的算数运算：加、减、乘、除法运算。

加：$0+0=0$；$0+1=1+0=1$；$1+1=0$（向高位进位）

减：$0-0=1-1=0$；$1-0=1$；$0-1=1$（向高位借一）

乘：$0×0=1×0=0×1=0$；$1×1=1$

除：$0/1=0$；$1/1=1$；$1/0$（无意义）

（2）二进制数的逻辑运算：或（$\vee$）、与（$\wedge$）、非（$-$）、异或（$\oplus$）。

逻辑加法（"或"运算）：$0\vee0=0$，$0\vee1=1$，$1\vee0=1$，$1\vee1=1$

逻辑乘法（"与"运算）：$0\wedge0=0$，$0\wedge1=0$，$1\wedge0=0$，$1\wedge1=1$

逻辑否定（"非"运算）：$\overline{0}=1$，$\overline{1}=0$

异或逻辑运算（"$\oplus$"）$0\oplus0=0$，$0\oplus1=1$，$1\oplus0=1$，$1\oplus1=0$

例3-3

$(1011)_2 + (1101)_2 = (11000)_2$

3. 十进制和二进制间的转换

（1）十进制数转换成二进制。将十进制整数转换成二进制整数时，只要将它一次一次地被2除，得到的余数（从最后一个余数读起）就是二进制表示的数。

例3-4

将十进制整数$(156)_{10}$转换成二进制整数的方法如下：

方法一：长除法：

	余数
2|156	0（最低位）
2|78	0
2|39	1
2|19	1
2|9	1
2|4	0
2|2	0
2|1（最高位）	1
0	

结论：$(156)_{10} = (10011100)_2$

如果有小数，则整数和小数分别转换，然后相加。

十进制小数化为二进制小数的规则是：

乘二取整（直到小数部分为零或给定的精度为止），顺序排列。

例3-5

将十进制数0.875转化为二进制数。

0.875	0.75	0.5
×2	×2	×2
1.75	1.5	1.0

所以$(0.875)_{10} = (0.111)_2$

（2）二进制数转换成十进制数。将一个二进制数的整数转换成十进制数，只要将它的最后一位乘以2^0，最后第二位乘以2^1，……依此类推，然后将各项相加，就得到用十进制表示的数。如果有小数，则小数点后第一位乘以2^{-1}，第二位乘以2^{-2}……依此类推，然后将各项相加。

例3-6

$(1101.01)_2 = 1 \times 2^3 + 1 \times 2^2 + 0 \times 2^1 + 1 \times 2^0 + 0 \times 2^{-0} + 1 \times 2^{-1} = (13.25)_{10}$

4. 八进制和十六进制

（1）八进制。即以8为基数的计数体制。"逢八进一、借一当八"，只利用0到7这8个数字来表示数据。

例3-7

$$
\begin{array}{r}
5542.251 \\
+7321.164 \\
\hline
15063.435
\end{array}
$$

（2）十六进制。即以16为基数的计数体制。"逢十六进一、借一当十六"，除利用0到9这10个数字之外还要用A、B、C、D、E、F代表10、11、12、13、14、15来表示数据。

例3-8

$$
\begin{array}{r}
5B6A9 \\
+A82E5 \\
\hline
10398E
\end{array}
$$

5. 不同进制数的转换

（1）二进制数和八进制数互换。二进制数转换成八进制数时，只要从小数点位置开始，向左或向右每三位二进制划分为一组（不足三位时可补0），然后写出每一组二进制数所对应的八进制数码即可。

例3-9

将二进制数（10110001.111）转换成八进制数：

010 110 001.111

2617

即二进制数（10110001.111）$_2$转换成八进制数是（261.7）$_8$。反过来，将每位八进制数分别用三位二进制数表示，就可完成八进制数和二进制数的转换。

（2）二进制数和十六进制数互换。二进制数转换成十六进制数时，只要从小数点位置开始，向左或向右每四位二进制划分为一组（不足四位时可补0），然后写出每一组二进制数所对应的十六进制数即可。

例3-10

将二进制数（11011100110.1101）$_2$转换成十六进制数：

011011100110.1101

6E6D

即二进制数（11011100110.1101）$_2$转换成十六进制数是（6E6.D）$_{16}$。反过来，将每位十六进制数分别用四位二进制数表示，就可完成十六进制数和二进制数的转换。

（3）八进制数、十六进制数和十进制数的转换。这三者转换时，可把二进制数作为媒介，先把待转换的数转换成二进制数，然后将二进制数转换成要求转换的数制形式。

三、字符的表示

1. 计算机中的信息编码

信息是包含在数据里面的，数据要以规定好的二进制形式表示才能被计算机加以处理，这些规定的形式就是数据的编码。数据的类型有很多，数字和文字是最简单的类型，表格、声音、图形和图像则是复杂的类型，计算机不能直接处理英文字母、汉字、图形、声音，需要对这些对象进行编码，编码过程就是实现将信息在计算机中转化为0和1二进制串的过程。编码时需要考虑数据的特性和便于计算机的存储和处理，所以也是一件非常重要的工作。下面介绍几种常用的数据编码。

（1）BCD码。因为二进制数不直观，在计算机的输入和输出时通常还是用十进制数。但是计算机只能使用二进制数编码，因此另外规定了一种用二进制编码表示十进制数的方式，即每1位十进制数数字对应4位二进制编码，称BCD码（Binary Coded Decimal—二进制编码的十进制数）。表3-2是十进制数0~9与一种BCD（8421）码的对应关系。

表3-2   BCD编码表

十进制数	8421码	十进制数	8421码
0	0000	5	0101
1	0001	6	0110
2	0010	7	0111
3	0011	8	1000
4	0100	9	1001

（2）ASCII编码。字符是计算机中最多的信息形式之一，是人与计算机进行通信、交互的重要媒介。在计算机中，要为每个字符指定一个确定的编码，作为识别与使用这些字符的依据。

字符信息包括字母和各种符号，它们必须按规定好的二进制码来表示，计算机才能处理。字母数字字符共62个，包括26个大写英文字母、26个小写英文字母和0~9这10个数字，还有其他类型的符号（如%、#等），用127位符号足以表示字符符号的范围。

1字节（byte）为8位，最高位总是0，用7位二进制即27可表示000000~1111111范围，可以表示128个字符。在西文领域的符号处理普遍采用的是ASCII码（American Standard Code for Information Interchange——美国标准信息交换码），虽然ASCII码是美国国家标准，但它已被国际标准化组织（ISO）认定为国际标准。ASCII码已为世界公认，并在世界范围内通用。

标准的ASCII码是7位，前32个码和最后一个码通常是计算机系统专用的，代表一个不可见的控制字符。数字字符0~9的ASCII码是连续的，从30H~39H（H表示的是十六进制数）；大写字母A~Z和小写英文字母a~z的ASCII码也是连续的，分别从41H到5AH和从61H到7AH。因此在知道一个字母或数字的ASCII码后，很容易推算出其他字母和数字的编码。

例如：大写字母A，其ASCII码为1000001，即ASC（A）=65，

小写字母a，其ASCII码为1100001，即ASC（a）=97，

可推得ASC（D）=68，ASC（d）=100。

扩展的ASCII码是8位码，也用1Byte表示，其前128个码与标准的ASCII码是一样的，后128个码（最高位为1）则有不同的标准，并且与汉字的编码有冲突。为了查阅方便，表3-3中列出了ASCII码字符编码对照表。

表3-3　　　　　　　　　　　　ASCII对照表

| ASCII 码 | | 字符 | ASCII 码 | | 字符 | ASCII 码 | | 字符 | ASCII 码 | | 字符 |
十进位	十六进位		十进位	十六进位		十进位	十六进位		十进位	十六进位	
032	20		056	38	8	080	50	P	104	68	h
033	21	!	057	39	9	081	51	Q	105	69	i
034	22	"	058	3A	:	082	52	R	106	6A	j
035	23	#	059	3B	;	083	53	S	107	6B	k
036	24	$	060	3C	<	084	54	T	108	6C	l
037	25	%	061	3D	=	085	55	U	109	6D	m
038	26	&	062	3E	>	086	56	V	110	6E	n
039	27	'	063	3F	?	087	57	W	111	6F	o
040	28	(	064	40	@	088	58	X	112	70	p
041	29	)	065	41	A	089	59	Y	113	71	q
042	2A	*	066	42	B	090	5A	Z	114	72	r
043	2B	+	067	43	C	091	5B	[	115	73	s
044	2C	,	068	44	D	092	5C	\	116	74	t
045	2D	–	069	45	E	093	5D	]	117	75	u
046	2E	.	070	46	F	094	5E	^	118	76	v
047	2F	/	071	47	G	095	5F	_	119	77	w
048	30	0	072	48	H	096	60	`	120	78	x
049	31	1	073	49	I	097	61	a	121	79	y
050	32	2	074	4A	J	098	62	b	122	7A	z
051	33	3	075	4B	K	099	63	c	123	7B	{
052	34	4	076	4C	L	100	64	d	124	7C		
053	35	5	077	4D	M	101	65	e	125	7D	}
054	36	6	078	4E	N	102	66	f	126	7E	~
055	37	7	079	4F	O	103	67	g	127	7F	DEL

四、信息在计算机中的存储单位

1. 位（bit）

计算机中最小的数据单位，表示一位二进制信息，简称位（比特），1位二进制数是□或1。

2. 字节（Byte）

字节是计算机中存储信息的基本单位，一个字节由8位二进制数字组♪（1Byte=8bit），单位是B。计算机的存储器（包括内存与外存）通常也是以多少字节来□示它的容量。常用的单位有：K字节、M（兆）字节、G（吉）字节等，它们的换算规□如下：

$1KB=1024B=2^{10}B$

$1MB=1024KB=2^{20}B$

$1GB=1024MB=2^{30}B$

$1TB=1024GB=2^{40}B$

3. 字与字长

在计算机中作为一个整体被存取、传送、处理的二进制数字符串叫作一个字或□元，每个字中二进制位数的长度称为字长。不同的计算机系统的字长是不同的，常□的有8位、16位、32位、64位等，字长越长，计算机一次处理的信息位就越多，精度□越高。

注意字与字长的区别，字是单位，而字长是指标，指标需要用单位去衡量。正像□活中重量与千克的关系，千克是单位，重量是指标，重量需要用千克加以衡量。

五、计算机软件系统

相对于计算机硬件而言，软件是计算机无形的部分，是计算机的灵魂。软件系统存在是为了使计算机硬件系统更高效地工作，将硬件系统的功能充分发挥出来。没有件只有硬件的计算机叫裸机。软件是指与计算机系统的操作有关的计算机程序、归程规则以及任何与之有关的文件。简单地说，软件包括程序和文档两部分。软件可以对件进行管理、控制和维护。根据软件的用途可将其分为系统软件和应用软件。

1. 系统软件

系统软件能够调度、监控和维护计算机资源，扩充计算机功能，提高计算机效率系统软件是用户和裸机的接口，主要包括操作系统、语言处理程序、数据库管理系□等，其核心是操作系统。

（1）操作系统。操作系统（Operating System）是最基本最重要的系统软件，用来管□和控制机算计系统中硬件和软件资源的大型程序，是其他软件运行的基础。操作系统□责对计算机系统的全部软、硬件和数据资源进行统一控制、调度和管理。其主要作用是提高系统的资源利用率、提供友好的用户界面，从而使用户能够灵活、方便地使用□算机。目前比较流行的操作系统有Windows、Unix、Linux等。

图3-1　MS-DOS控制台界面

分类。

1）按与用户对话的界面分类。

①命令行界面操作系统。用户只能在命令提示符后（如C:\DOS>）输入命令才能操作计算机。典型的命令行界面操作系统有MS-DOS、Novell等，图3-1给出了MS-DOS控制台界面。

②图形用户界面操作系统。在这类操作系统中，每一个文件、文件夹和应用程序都可以用图标来表示，所有的命令都组织成菜单或以按钮的形式列出。若要运行一个程序，只需用鼠标对图标和命令进行点击即可。典型的图形用户界面操作系统有Windows XP/2000、Windows NT、Windows 7，网络版的Novell等。

2）按操作系统的工作方式分类。

①单用户单任务操作系统。单用户单任务操作系统是指一台计算机同时只能有一个用户使用，该用户一次只能提交一个作业，一个用户独自享用系统的全部硬件和软件资源。常用的单用户单任务操作系统有MS-DOS、PC-DOS、CP/M等。

②单用户多任务操作系统。单用户多任务操作系统也是为单个用户服务的，但它允许用户一次提交多项任务。例如，用户可以在运行程序的同时开始另一文档的编辑工作。常用的单用户多任务操作系统有OS/2、Windows 3.x/95/98等。

③多用户多任务分时操作系统。多用户多任务分时操作系统允许多个用户共享同一台计算机的资源，即在一台计算机上连接几台甚至几十台终端机，终端机可以没有自己的CPU与内存，只有键盘与显示器，每个用户都通过各自的终端机使用这台计算机的资源，计算机按固定的时间片轮流为各个终端服务。由于计算机的处理速度很快，用户感觉不到等待时间，就像这台计算机专为自己服务一样。 Windows XP、UNIX，Windows7就是典型的多用户多任务分时操作系统。

（2）语言处理程序。人与人交流需要语言，人与计算机交流同样需要语言。人与计算机交流信息使用的语言叫作程序设计语言。按照其对硬件的依赖程度，通常把程序设计语言分为3类：机器语言、汇编语言和高级语言。

机器语言（Machine Language）是一种用二进制代码"1"和"0"组成的一组代码指令，是唯一可以被计算机硬件识别和执行的语言。机器语言的优点是占用内存小、执行速度快。但机器语言编写程序工作量大、程序阅读性差、调试困难，移植性差。

汇编语言（Assemble Language）是使用一些能反映指令功能的助记符来代替机器指令的符号语言。每条汇编语言的指令均对应唯一的机器指令。这些助记符一般是人们容易记忆和理解的英文缩写，如加法指令ADD，减法指令SUB，移动指令MOV等。汇编语言在编写、阅读和调试方面有很大进步，而且运行速度快。但是汇编语言仍然是一种面向对象的语言，编程复杂，可移植性差。

高级语言（High Level Language）是一种独立于机器的算法语言。高级语言的表达方式接近于人们日常使用的自然语言和数学表达式，并且有一定的语法规则。高级语言编写的程序运行要慢一些，但是编程简单易学、可移植性好、可读性强、调试容易。常见的高级语言有Basic、FORTRAN、C、Delphi、Java等。

除机器语言以外，采用其他程序设计语言编写的程序，计算机都不能直接运行，这种程序称为源程序，必须将源程序翻译成等价的机器语言程序，即目标程序，才能被计算机识别和执行。承担把源程序翻译成目标程序工作的是语言处理程序。

将汇编语言程序翻译成目标程序的语言处理程序称为汇编程序。将高级语言程序翻译成目标程序有两种方式，即解释方式和编译方式，对应的语言处理程序是解释程序和编译程序。

解释程序：对高级语言程序逐句解释执行。这种方法的特点是程序设计的灵活性大，但程序的运行效率较低。BASIC语言就采用这种方法。

编译程序：把高级语言所写的程序作为一个整体进行处理，编译后与子程序库链接，形成一个完整的可执行程序。这种方法的缺点是编译和链接较费时，但可执行程序运行速度很快。FORTRAN和C语言等都采用这种方法。

（3）数据库管理系统。数据库管理系统主要面向解决数据处理的非数值计算问题，对计算机中存放的大量数据进行组织、管理、查询。目前，常用的数据库管理系统有SQL Server、Oracle、Mysql和Visual FoxPro等。

2. 应用软件

应用软件是用户为解决各种实际问题而编制的计算机应用程序及相关资料，如微软的Office系列，就是针对办公应用而开发的软件。

计算机软件已发展成为一个巨大的产业，软件的应用范围也涵盖了生活的方方面面，因此很多问题都有相应的软件来解决。表3-4列举了一些主要应用领域的软件。

表3-4　　　　　　　　　　常用的应用软件

软件种类	软件举例
办公应用	Microsoft Office、WPS、Open Office
平面设计	Photoshop、Illustrator、Freehand、CorelDRAW
视频编辑和后期制作	Adobe Premiere、After Effects、Ulead的会声会影
网站开发	FrontPage、Dreamweaver
辅助设计	AutoCAD、Rhino、Pro/E
三维制作	3DS Max、Maya
多媒体开发	Authorware、Director、Flash
程序设计	Visual Studio. Net、Boland C++、Delphi

六、计算机系统结构

计算机系统由硬件和软件两大部分构成，计算机是按层次结构组织的。各层之间的关系是：下层是上层的支撑环境，而上层可不必了解下层细节，只需根据约定调用下层提供的服务，按功能再细分，可分为7级，如图3-2所示。

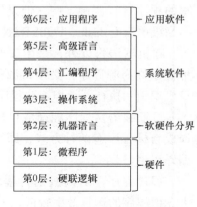

图3-2　计算机系统结构图

第零级是硬联逻辑级，这是计算机的内核，由门、触发器等逻辑电路组成。

第一级是微程序级。这级的机器语言是微指令集，程序员用微指令编写的微程序，一般是由硬件直接执行的。

第二级是传统机器级，这级的机器语言是该机的指令集，程序员用机器指令编写的程序可以由微程序进行解释。

第三级是操作系统级，从操作系统的基本功能来看，一方面它要直接管理传统机器中的软硬件资源，另一方面它又是传统机器的延伸。

第四级是汇编语言级，这级的机器语言是汇编语言，完成汇编语言翻译的程序叫作汇编程序。

第五级是高级语言级，这集的机器语言就是各种高级语言，通常用编译程序来完成高级语言翻译的工作。

第六级是应用语言级，这一级是为了使计算机满足某种用途而专门设计的，因此这一级语言就是各种面向问题的应用语言。

把计算机系统按功能分为多级层次结构，就是有利于正确理解计算机系统的工作过程，明确软件、硬件在计算机系统中的地位和作用。

任务1　操作系统安装

操作系统（Operating System，缩写为OS）是实现人机交互的媒介，是覆盖在裸机上的第一层软件，用于管理计算机硬件、软件资源，合理地组织计算机的工作流程，协调计算机系统各部分之间、系统与用户之间、用户与用户之间的关系。从用户的角度来看，当计算机安装了操作系统以后，用户不再直接操作计算机硬件，而是利用操作系统所提供的各种命令及菜单命令来操作和使用计算机。操作系统主要功能是处理器管理、存储器管理、输入输出设备管理，文件管理。

一、Windows概述

Microsoft Windows，是美国微软公司研发的一套操作系统，它问世于1985年，起初仅仅是Microsoft-DOS模拟环境，后续的系统版本由于微软不断的更新升级，不但易用，也慢慢地成为家家户户人们最喜爱的操作系统。

Windows采用了图形化模式GUI，比起从前的DOS需要键入指令使用的方式更为人性化。随着电脑硬件和软件的不断升级，微软的Windows也在不断升级，从架构的16位、32位再到64位，系统版本从最初的Windows 1.0到大家熟知的Windows 95、Windows 98、Windows ME、Windows 2000、Windows 2003、Windows XP、Windows Vista、Windows 7、Windows 8、Windows 8.1、Windows 10和Windows Server服务器企业级操作系统，不断持续更新，微软一直在致力于Windows操作系统的开发和完善。

1. Windows7简介

Windows7是由微软公司开发的操作系统，核心版本号为Windows NT 6.1。Windows 7可供家庭及商业工作环境、笔记本电脑、平板电脑、多媒体中心等使用。2009年7月14日Windows 7RTM（Build 7600.16385）正式上线，2009年10月22日微软于美国正式发布Windows7。Windows7继承了WindowsXP的实用和WindowsVista的华丽，同时又进行了升华。

2. Windows7新特性

Windows7操作系统相比于Windows XP和Windows Vista有了很大的变化，主要体现在以下几个方面：

（1）易用性。Windows7操作系统做了许多方便用户的设计，比如快速最大化、窗口半屏显示、跳转列表和系统故障快速修复等。

（2）快速性。Windows7操作系统对Windows的启动时间做了优化，缩短了启动的时间，这一点相比WindowsVista是一个很大的进步。

（3）简单性。Windows7操作系统让搜索功能和使用信息更加简单，直观的用户体验更加高级，还会整合自动化应用程序提交和交叉程序数据透明性。

（4）安全性。Windows7操作系统包括改进了的安全和功能合法性，还会把数据保护和管理扩展到外围设备。Windows7操作系统改进了基于角色的计算方案和用户账户管理，在数据保护和坚固协作的固有冲突之间搭建沟通桥梁，同时也会开启企业级的数据保护和权限许可。

（5）特效性。Windows7操作系统的Aero效果华丽，有碰撞效果和水滴效果，还有丰富的桌面小工具，这些都比Windows Vista增色不少。

（6）效率。Windows7操作系统集成的搜索功能非常强大，用户只要打开开始菜单并输入搜索内容，无论要查找的是应用程序还是文本文档，搜索功能都能自动运行，给用户的操作带来极大的便利。

（7）节约成本。Windows7操作系统可以帮助企业优化桌面基础设施，具有无缝操作系统、应用程序和数据移植功能，并提供了更加完整的应用程序更新和补丁包服务。

二、安装Windows7操作系统

在介绍安装Windows7操作系统之前，首先来了解一下Windows7操作系统的各个版本以及它们对硬件的要求。

1. 系统版本

Windows7操作系统为了满足不同用户群体的需求，开发了6个版本，分别是初级版（Windows7 Starter）、家庭基础版（Windows7 HomeBasic）、家庭高级版（Windows7

HomePremium）、专业版（Windows7 Professional）、企业版（Windows7 Enterprise）和旗舰版（Windows7 Ultimate）。以下是各个版本的简单介绍。

（1）初级版（Windows7 Starter）。初级版包含的功能较少，缺乏Aero特效功能，没有Windows媒体中心和移动中心，对更换桌面背景、主题颜色和声音方案也都有限制。它主要适用于拥有低端机型的用户，可通过系统集成或者安装在原始设备制造商的特定机器上获得，并且还限制了某些特定类型的硬件。其最大的优势就是简单、便宜和易用。

（2）家庭基础版（Windows7 HomeBasic）。家庭基础版是简化的家庭版，新增加的特性包括支持多显示器、增强视觉体验、高级网络支持、移动中心和无线应用程序，没有Internet连接共享等功能。它仅在新兴市场投放。

（3）家庭高级版（Windows7 HomePremium）。家庭高级版是面向家庭用户开发的一款操作系统，可使用户享有最佳的电脑娱乐体验，通过它可以创建家庭网络，使多台电脑共享打印机、视频和音乐等。可以按照用户喜欢的方式更改桌面主题和任务栏上排列的程序图标，也可以自定义Windows的外观。

（4）专业版（Windows7 Professional）。专业版提供了办公和家用所需的一切功能，替代了Windows Vista下的商业版。它具备支持网络备份等数据保护功能和位置感知打印技术，并且加强了脱机文件夹、移动中心和演示模式。

（5）企业版（Windows7 Enterprise）。企业版是面向企业市场的高级版本，满足企业数据共享、管理、安全等需求。它提供了一系列企业级的增强功能：BitLocker，内置和外置驱动器数据保护；AppLocker，锁定非授权软件运行；DirectAccess，无缝连接基于Windows Server 2008 R2的企业网络；Branch Cache，Windows Server 2008 R2网络缓存等。

（6）旗舰版（Windows7 Ultimate）。旗舰版拥有家庭高级版和专业版的所有功能，同时增加了高级安全功能以及在多语言环境下工作的灵活性，该版本对计算机硬件的要求也是最好的。

在Windows7操作系统的六个版本中，家庭高级版和专业版是两大主力版本，前者面向家庭用户，后者针对商业用户。此外，32位版本和64位版本在外观和功能上没有明显的区别，但64位版本可支持16GB内存，而32位版本最大只能支持4GB内存。

2. 硬件要求

表3-5列出了微软官方公布的Windows7操作系统对电脑硬件配置最基本的要求。

表3-5　　　　　　　　Windows7对电脑硬件配置最基本的要求

硬　件	要　求
CPU	1GHz的32位或64位处理器
内存	1GB的内存（64位需要2GB）
硬盘	16GB的可用空间（64位需要20GB）
图形设备	WDDM1.0的驱动程序DirectX9

注：WDDM是Windows Display Driver Model的简写，它是Windows Vista和Windows7操作系统专用的图形驱动程序。

3. 安装过程

下面以使用Windows7安装光盘安装Windows7Ultimate（旗舰版）为例，来介绍Windows7操作系统的安装过程。

第1步：进入BIOS，设置光驱启动。

将Windows7安装光盘放入光驱中，重启电脑，当屏幕上出现开机LOGO时，按下"Delete"键，进入BIOS设置界面，如图3-3所示。

注：不同厂家的主板进入BIOS设置界面时按键不同，用户要根据自己主板情况而定，具体可参考产品说明手册。

进入到BIOS设置界面后，选择"Advanced BIOS Features"选项，然后将"First Boot Device"设置为"CD ROM"。设置完成后按"F10"键，在弹出的界面中提示是否保存设置并退出，输入"Y"，即可保存设置并退出BIOS设置程序。

第2步：重启电脑，当屏幕上出现"Press any key to boot from CD…"时，按任意键就可以通过光驱启动电脑。

第3步：弹出"安装Windows"对话框，如图3-4所示，用户选择适合自己的安装语言、时间和货币格式以及键盘和输入方法，然后单击"下一步"，接着单击"现在安装"按钮。

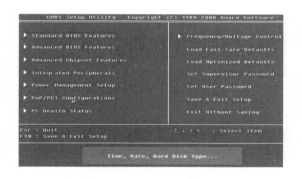

图3-3　BIOS设置界面

图3-4　Windows7安装示意图（1）

第4步：在"请阅读许可条款"对话框中，选中"我接受许可条款"复选框，如图3-5所示。单击"下一步"按钮，在"您想进行何种类型的安装"对话框中，选择"自定义"选项，如图3-6所示，接着在"您想将Windows安装在何处"对话框中，选择磁盘，如图3-7所示，单击"下一步"按钮，如图3-8所示，系统正在自动安装。

第5步：系统安装完成后会自动重启，重启后在弹出的"设置Windows"对话框中，输入用户名，如图3-9所示，单击"下一步"按钮。在"为账号设置密码"对话框中输入密码和密码提示，如图3-10所示，单击"下一步"按钮。

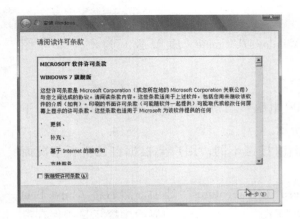

图3-5　Windows7安装示意图（2）

图3-6　Windows7安装示意图（3）

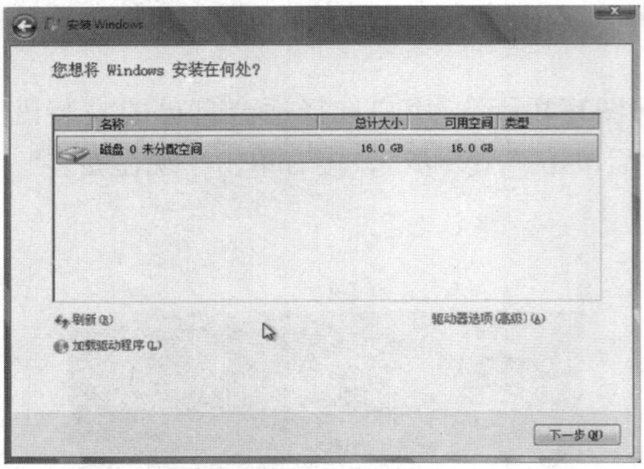

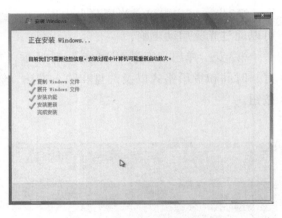

图3-7　Windows7安装示意图（4）

图3-8　Windows7安装示意图（5）

图3-9　Windows7安装示意图（6）

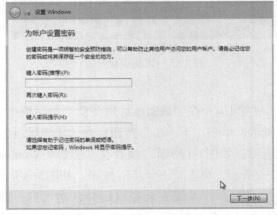

图3-10　Windows7安装示意图（7）

第6步：在"帮助您自动保护计算机以及提高Windows的性能"对话框中，选择"使用推荐设置"选项，如图3-11所示，然后在"查看时间和日期设置"对话框中设置时间和日期，如图3-12所示，单击"下一步"。

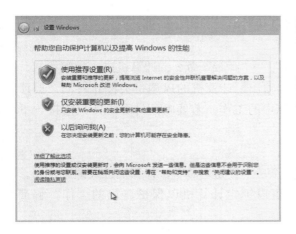

图3-11　Windows7安装示意图（8）

图3-12　Windows7安装示意图（9）

第7步：在"请选择计算机当前的位置"对话框中，用户根据自己的实际情况选择，然后完成设置。

第8步：进入"Windows7旗舰版"欢迎界面。用户完成设置，进入系统欢迎界面，如图3-13所示，表示Windows7操作系统安装成功。

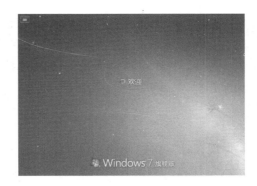

图3-13　Windows7欢迎界面

任务2　工作环境的配置

Windows7操作系统安装完成后，用户就可以使用账户直接登录了。Windows7的登录界面有了很大的变化，更加简单、美观大方。

一、登录和退出

1. 启动Windows7操作系统

（1）打开主机电源开关。

（2）进入Windows7操作系统，显示用户选择界面。

（3）单击用户名，如果没有设置账户密码，可以直接登录系统；如果设置了账户密码，则输入密码并按回车键即可登录系统。

2. 退出Windows7操作系统

在退出操作系统之前，需要先保存并关闭所有已经打开或正在运行的程序。退出Windows7系统是指将计算机关闭、睡眠、锁定和注销等，下面将分别进行介绍。

关闭

（1）单击任务栏中的"开始"图标 ⊞ →"关机"命令，打开"关闭计算机"对话框。

（2）然后单击"关闭"按钮，操作系统将自动退出，关闭计算机。

睡眠

单击任务栏中的"开始"图标 ⊞ →"关机"→"睡眠"命令，计算机进入睡眠状态。

计算机进入睡眠状态时，显示器将无信号输出，计算机的风扇也会停止转动，但计算机没有完全关闭，耗电量极少，只维持内存中的工作。若要唤醒计算机，只需按一下计算机的电源按钮。

锁定

单击任务栏中的"开始"图标 ⊞ →"关机"→"锁定"命令，计算机进入锁定状态。

当用户正在工作时，如果临时要离开，可以锁定计算机以保护自己的工作。解锁时，只需输入用户名和密码，即可继续工作。

注销

单击任务栏中的"开始"图标 ⊞ →"关机"→"注销"命令，计算机进入注销状态。

Windows7操作系统注销后，正在运行的程序会自动关闭，但计算机本身不会关闭，此时，其他用户可直接登录，无须重启计算机。

另外，Windows7操作系统还提供了重启、快速切换用户等功能，其操作方法与上述功能相似。

二、文字录入

现在计算机的使用已经非常普遍了，汉字的输入就成为非常基本的一种操作。文字录入是计算机操作必须掌握的一门基础技术，掌握正确的键盘操作，熟练应用常用输入法，养成良好的录入习惯可以加快文字录入速度，提高录入正确率。

1. 键盘操作

（1）计算机键盘与击键指法。人们还特意定义了8个键位作为基本键位，它位于英语打字键盘的中间一排，即左边的"A、S、D、F"键，右边的"J、K、L、；"键，其中的F、J两个键上都有一个凸起的小横杠，以便于盲打时手指能通过触觉定位，因此，将它们称之为定位键（图3-14）。

基本键指法：开始打字前，左手小指、无名指、中指和食指应分别依次虚放在"A、S、D、F"键上，右手的食指、中指、无名指和小指应分别虚放在"J、K、L、；"键上，两个大拇指则悬放在空格键上。基本键是打字时手指所处的基准位置，击打其他任何键，手指都是从这里出发，打完后又应立即退回到对应基本键位。

整个键盘的手指分工一清二楚，击打任何键，只需把手指从基本键位移到相应的键上，正确输入后，再返回基本键位。

（2）击键技术要领。腰要挺直，双脚自然地踏在地板上，全身要自然放松，身体可微向前倾，上臂和肘靠近身体，下臂和腕向上倾斜，手腕抬

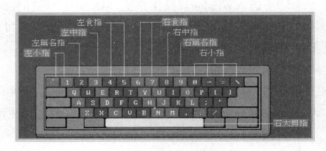

图3-14 计算机键盘

起，但不能使手腕触到键盘上。两手位于键盘的上方，与键盘保持垂直，十指略向内弯曲，自然地悬放在对应的键位上面。严格按规范运指，各个手指分工明确，各司其职，不要越权代劳。

打字时不要看键盘，特别是不能边看键盘边打字，而要学会使用盲打，这一点非常重要。初学者因记不住键位，往往忍不住要看着键盘打字，一定要避免这种情况，实在记不起，可先看一下，然后移开眼睛，再按指法要求键入。只有这样，才能逐渐做到凭手感而不是凭记忆去体会每一个键的准确位置。

打字键区的左右两边均有一个"Shift"键，人们称它为上档键。它的功能是控制输入字母的大小写以及键盘上双字符的上档字符输入的。为了提高录入速度，就用左右手分别管理。当录入由左手控制的字符，用右手小指按住"Shift"键，左手再按相应的字符；如录入由右手控制的字符，用左手小指按住"Shift"键，右手再按相应的字符。

2. 常用输入法软件

计算机能够进行汉字处理，必须解决好汉字的输入问题。20世纪80年代以来，计算机汉字输入技术获得重大突破，各种输入方法百花齐放，通过计算机进行汉字处理变得相当方便。Windows就提供了"微软拼音""全拼"和"双拼"等输入法。当然除了系统提供的输入法，现在优秀的输入法软件也非常多，在此着重讨论几个常用的拼音输入法软件。

（1）搜狗输入法。搜狗拼音输入法是2006年6月由搜狐（SOHU）公司推出的一款Windows平台下的汉字拼音输入法。搜狗拼音输入法为中国国内现今主流汉字拼音输入法之一，奉行永久免费的原则，如图3-15所示。

搜狗拼音输入法是基于搜索引擎技术的、特别适合网民使用的、新一代的输入法产品，用户可以通过互联网备份自己的个性化词库和配置信息。

（2）百度输入法。百度为不同平台提供了输入工具，其中包括Windows平台的百度输入法、日语输入法，手机平台的手机输入法，以及在线输入法，旨在加强用户体验，如图3-16所示。

图3-15 搜狗拼音输入法

图3-16 百度输入法

百度输入法基于百度搜索技术，覆盖面广，能第一时间收录最in新词，百度输入法还结合了百度搜索平台，在浏览器中输入时自动提示搜索关键词，方便快捷。

（3）谷歌拼音输入法。谷歌拼音输入法是由Google公司推出的一款汉字拼音输入法。功能齐全，输入也较为人性化，在拼音状态下输入网址、邮件等都不会出现问题，如图3-17所示。其自动同步用户词库功能指使用Gmail账号登录输入法后，会自动将用户词库保存在Google服务器上，这样用户在不同地点使用输入法，会自动同步最新词库。

谷歌拼音输入法具有强大的在线语音输入功能，并预置多款基于Google徽标和Android机器人卡通形象制作的皮肤，简约时尚。提供扩展接口允许广大开发者开发和定义更丰富的扩展输入功能，为谷歌拼音输入法带来无限可能。

（4）QQ拼音输入法。QQ拼音输入法是腾讯公司开发的一种方便人们使用和观看的输入法，可下载各种各样的皮肤来改变自身的皮肤，如图3-18所示。

图3-17　谷歌拼音输入法　　　　　　　　　图3-18　QQ拼音输入法

3. 常用录入技巧

下面以搜狗拼音输入法介绍常用的录入技巧。

（1）怎样进行翻页选字。搜狗拼音输入法默认的翻页键是"逗号（，）句号（。）"，即输入拼音后，按句号（。）进行向下翻页选字，相当于PageDown键，找到所选的字后，按其相对应的数字键即可输入。我们推荐你用这两个键翻页，因为用"逗号""句号"时手不用移开键盘主操作区，效率最高，也不容易出错。

输入法默认的翻页键还有"减号（–）等号（＝）"，"左右方括号（［］）"，你可以通过"设置属性"→"按键"→"翻页键"来进行设定。

（2）怎样使用简拼。搜狗输入法现在支持的是声母简拼和声母的首字母简拼。例如：你想输入"环境保护"，你只要输入"hjbh"。同时，搜狗输入法支持简拼全拼的混合输入，例如：输入"srf""sruf""shrfa"都是可以得到"输入法"的。

注意：这里的声母的首字母简拼的作用和模糊音中的"z，s，c"相同。但是，这属于两回事，即使你没有选择设置里的模糊音，你同样可以用"zgr"输入"中国人"。有效地用声母的首字母简拼可以提高输入效率，减少误打，例如，你输入"市场营销"这几个字，如果你输入传统的声母简拼，只能输入"shchyx"，需要输入的多而且多个h容易造成误打，而输入声母的首字母简拼，"scyx"能很快得到你想要的词。

（3）怎样进行中英文切换输入？输入法默认是按下"Shift"键就切换到英文输入状态，再按一下"Shift"键就会返回中文状态。用鼠标点击状态栏上面的中字图标也可以切换。

除了"Shift"键切换以外，搜狗输入法也支持回车输入英文，和V模式输入英文。在输入较短的英文时使用能省去切换到英文状态下的麻烦。具体使用方法是：

回车输入英文：输入英文，直接敲回车即可。

V模式输入英文：先输入"V"，然后再输入你要输入的英文，可以包含@+*/–等符号，然后敲空格即可。

（4）V模式中文数字（包括金额大写）。V模式中文数字是一个功能组合，包括多种中文数字的功能。只能在全拼状态下使用：

中文数字金额大小写：输入【v424.52】，输出【肆佰贰拾肆元伍角贰分】；

罗马数字：输入99以内的数字例如【v12】，输出【XII】；

年份自动转换：输入【v2008.8.8】或【v2008-8-8】或【v2008/8/8】，输出【2008年8月8日】；

年份快捷输入：输入【v2006n12y25r】，输出【2006年12月25日】。

三、桌面的设置

1. 认识桌面图标

所谓桌面是指Windows7所占据的屏幕空间，即整个屏幕背景。对电脑比较熟悉的用户，他们的桌面背景经常是一些比较漂亮的图片，而不是安装完Windows后默认的桌面。桌面上一般主要包括计算机，用户文档，网络，回收站四个图标。

（1）用户文档。用于快速查看和管理"用户文档"文件夹中的文件和子文件夹。双击图标，即可打开"我的文档"窗口。在默认情况下，操作系统中大部分的应用程序（如记事本、画图和Microsoft Word等）都将"用户文档"文件夹作为默认的存储位置。为了便于对各种多媒体文件的分类管理，WindowsXP在"用户文档"文件夹中增加了"图片收藏"、"我的音乐"和"我的视频"等若干个子文件夹，而且系统将根据用户的使用情况动态地增加新的文件夹。为了提高个人文件的安全性和保密性，Windows7分别为使用同一台计算机的每一个用户创建了私人的"用户文档"文件夹，不同的用户登录到计算机后只能看到自己的文件。

（2）计算机。用于管理计算机中的所有资源。双击图标，即可打开"计算机"窗口，即资源管理器。

（3）网络。用于创建和设置网络连接以及共享数据、设备和打印机等各种网络资源。

（4）回收站。Windows7在删除文件和文件夹时，并没有将它们从硬盘上删除，而是暂时保存在"回收站"中，当你误操作删除了重要的文件时，就可以通过"回收站"把它们找回来。选中某个文件，单击"还原"，该文件就被恢复到系统中原来的位置；单击"清空回收站"，所有文件就被永远删除了。

2. 桌面个性化设置

在桌面的空白位置单击鼠标右键，在出现的快捷菜单中选择"个性化"选项，选择"控制面板主页"，选择"外观与个性化"，选择"更改桌面背景"，如图3-19所示。在对话框里显示着当前可选用的背景图片，选择到自己满意的图片后，只要单击"保存修改"按钮，选中的图才被应用到桌面上。

3. 设置桌面分辨率

有时我们发现，桌面的空间不够宽敞，这时我们可以通过设置分辨率来解决问题。

在屏幕上单击右键，选择"屏幕分辨率"，如图3-20所示，这一页中的设置都是关于显示器的显示设置，"分辨率"栏中可以设置屏幕区域的大小，最后单击"确定"按钮。

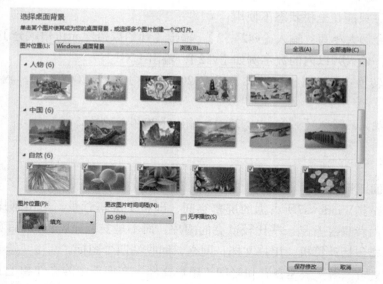

图3-19　设置桌面背景窗口

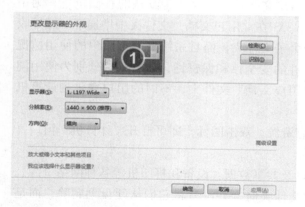

图3-20　屏幕分辨率窗口

在图3-21所示的窗口中单击"屏幕保护程序"选项卡，用鼠标单击下面的"屏幕保护程序"文本框，在弹出的列表中选择"气泡"选项。预览屏幕会出现一个动画，可以预览屏幕保护程序。

5. 任务栏

（1）任务栏的组成。任务栏就是桌面底部的一条半透明长条，它的最左端是"开始"按钮，接着是快速启动工具栏，中间的大部分区域就是最小化窗口按钮栏，最右端是指示器栏（图3-22），单击"开始"按钮，可以打开"开始"菜单。

4. 设置屏幕保护

设置屏幕保护可以延长显示器的寿命。

在桌面的空白位置单击鼠标右键，在出现的快捷菜单中选择"个性化"选项，选择"控制面板主页"，选择"外观与个性化"，选择"更改屏幕保护程序"。

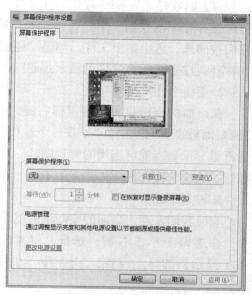

图3-21　设置屏幕保护

图3-22 任务栏的组成

（2）任务栏的设置

隐藏任务栏。默认状态下，任务栏固定显示在桌面上，无论你运行什么应用程序或打开什么文件，它都会出现在桌面的底部，以便你随时进行操作。将任务栏设置成自动隐藏的操作步骤如下：

1）在任务栏的空白处单击鼠标右键，打开任务栏菜单。

2）单击"属性"按钮，打开"任务栏和［开始］菜单属性"对话框，如图3-23所示。

3）在"任务栏"选项卡中，单击选中"自动隐藏任务栏"复选框。

4）单击"确定"按钮。

移动任务栏。用鼠标左键按住任务栏的

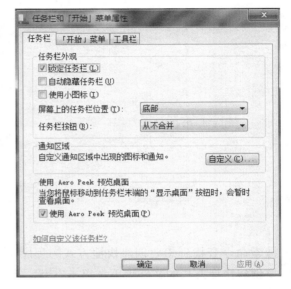

图3-23 任务栏和开始菜单对话框

空白区域不放，拖动鼠标，这时"任务栏"会跟着鼠标在屏幕上移动，当新的位置出现时，在屏幕的边上会出现一个阴影边框，松开鼠标，"任务栏"就会显示在新的位置，可以在屏幕的左边、右边和顶部（此操作必须解除"锁定任务栏"，方法同"隐藏任务栏"）。

改变任务栏的大小。只要把鼠标移动到"任务栏"边沿，靠近屏幕中心的一侧，当鼠标变成双向箭头时，按下鼠标左键拖动就可以改变"任务栏"的大小了。

选择在任务栏上出现的图标和通知。点击任务栏右侧的"隐藏显示图标"的三角形（图3-24），弹出对话框，选择自定义，进入"选择在任务栏上出现的图标和通知"（图3-25），可以根据自己要求调整需要显示和隐藏的对象。

图3-24 隐藏显示图标

添加IE在"任务栏"上的快捷图标。直接将IE图标拖到任务栏上放手即可。

去掉IE在"任务栏"上的快捷图标。在任务栏上的IE图标上点击右键，点击"将此程序从任务栏上解锁"即可。

6. 快捷方式的创建

顾名思义，快捷键，最大的作用就是方便快捷，可以发送到桌面，也可以创建在任何你需要的地方。使用时直接双击快捷方式图标就可以进入程序，而不用到程序目录下寻找，节省了许多时间。

要创建一个程序的快捷方式方法非常多，方法一：右键单击程序运行的图标，在右键菜单里"发送到"里，选择发送到桌面快捷方式即可。方法二：利用"开始"菜单的

图3-25　"选择在任务栏上出现的图标和通知"对话框

搜索命令查找到想要创建快捷方式的程序，在程序上点击右键，选择"复制"命令，到要创建快捷方式的文件夹下，点击右键，选择"粘贴快捷方式"，即可在任何地方为任何程序创建快捷方式。

7. 窗口操作

窗口是操作系统用户界面中最重要的部分，用户和计算机的大部分交互都是在窗口中完成的。在Windows7操作系统中，仍然沿用了一贯的Windows窗口式设计，另外，对话框也为用户提供了强大的功能。Windows7操作系统中所有的元件都是以窗口或对话框形式出现的。

（1）基本操作。窗口为每个应用程序都规定了区域，在这个区域内用户能够直观地与程序进行交互。图3-26是"计算机"的主窗口。

图3-26　应用程序窗口

窗口的最小化

单击窗口中的"最小化"按钮 ▬ ，可以将该窗口最小化到任务栏。当需要打开时，只需要单击任务栏上对应的图标即可。

最大化及还原窗口

若要使窗口整屏显示，只需单击窗口中的"最大化"按钮 ▢ ，窗口最大化之后原来的"最大化"按钮图标 ▢ 会被自动修改为"还原"按钮图标 ▣ ；如果想还原的话，直接单击"还原"按钮 ▣ 即可。

关闭窗口

如果打开的窗口不再使用，可以利用窗口上面"关闭"按钮 ✕ 将窗口关闭。

调整窗口大小和移动窗口

大多数窗口都允许用户自行调整界面显示的大小。用户只需将鼠标移动到窗口的任意边框或角，当鼠标指针变成双箭头时，拖动边框或角即可放大或缩小窗口。

若要移动窗口位置，只需要将鼠标置于窗口的"标题栏"上，按下鼠标左键不放，拖动窗口到任意位置后释放鼠标即可。

切换窗口

当用户打开了多个程序或文档，就需要用到切换窗口来找到所需要的窗口。窗口的切换有多种方式，最常用的有以下两种。

方法一：使用任务栏切换

任务栏上提供了所有打开窗口的图标按钮，若要切换窗口，只需要单击任务栏上对应窗口图标即可。Windows7操作系统任务栏上的窗口图标，当鼠标移动上去时，会以小窗口模式显示窗口的内容，方便用户确认。

方法二：使用快捷键

使用键盘上的组合键来切换窗口是最常用、最快捷的窗口切换方式，用户只需要按下"Alt+Tab"的组合键即可进行窗口间的切换。

（2）对话框。对话框是用户与计算机系统之间进行信息交流的重要接口，在对话框中用户可对系统进行对象属性的修改或设置。对话框有标题栏，它的大小是固定的，不能最大化或最小化，也不能任意改变它的大小。对话框一般包括以下元素：

1）选项卡：通过单击可在不同的选项卡之间切换，每个选项卡实现的功能不一样。

2）文本框：用来输入有关的文本信息。

3）列表框：给出一系列选项供用户选择。

4）下拉列表框：可从下拉列表框中选择相应的选项。

5）复选框：单击复选框可选中或取消该选项。

6）单选按钮：单击按钮可选择一组选项之中的某一选项。

7）命令按钮：单击命令按钮来确定对话框是否生效。

8）滑标：拖动滑标上的滑块改变参数数值大小。

9）"帮助"按钮：单击该按钮，可获得有关选项的帮助信息。

8. 应用程序管理

应用程序（application program）是指为了完成某项或某几项特定任务而被开发运行于

操作系统之上的计算机程序。

（1）应用程序的启动。在Windows7操作系统环境下，可用多种方式来打开应用程序，下面介绍几种常用的方法。

方法一：单击任务栏中的"开始"→"所有程序"，在程序菜单中选择相应的应用程序即可直接运行。

方法二：在"计算机"中找到应用程序图标，双击该图标即可运行该程序。

方法三：单击任务栏中的"开始"→"所有程序"→"附件"→"运行"命令，在其对应的文本框中输入应用程序文件名，然后单击"确定"按钮可运行相应的程序。

方法四：单击锁定到任务栏的程序图标可直接运行程序。

方法五：打开某文件，与该文件关联的程序会被自动打开。例如，双击"test.xlsx"的文件，那么Microsoft Office Excel程序会自动运行，并打开该文件。

（2）应用程序的退出。下面介绍几种常用的退出应用程序的方法。

方法一：单击应用程序窗口右上角的"关闭"按钮 ❌ 。

方法二：单击应用程序菜单栏中的"文件"→"关闭"命令。

方法三：按下"Alt+F4"的组合键。

9. Aero主题桌面体验

Aero桌面体验的特点是透明的玻璃图案带有精致的窗口动画和新窗口颜色。它包括与众不同的直观样式，将轻型透明的窗口外观与强大的图形高级功能结合在一起。用户可以享受具有视觉冲击力的效果和外观，并可从更快地访问程序中获益。

（1）Aero桌面主题。设置步骤：单击打开"开始"按钮→"控制面板"→"外观和个性化"→"个性化"，即可对Aero主题进行选择设置，也可联机获得更多的主题，如图3-27所示。

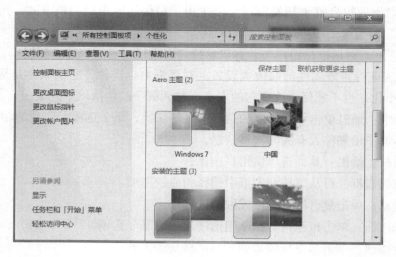

图3-27　Aero桌面主题

另外，可以使用"窗口颜色"功能对窗口边框、开始菜单和任务栏的颜色进行设置。用户可以选择系统提供的颜色模板，并可通过颜色混合器对色调、饱和度或亮度进行调整，如图3-28所示。

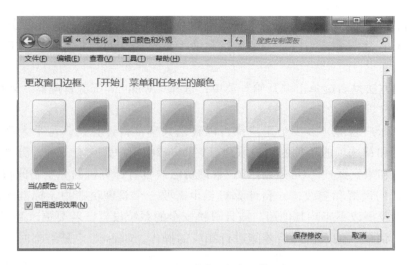

图3-28 更改窗口颜色和外观

（2）切换程序。Aero桌面体验还为打开的窗口提供了任务栏预览。当鼠标指向"任务栏"按钮时，将自动显示一个缩略图大小的窗口预览，该窗口中的内容可以是文档、照片，甚至可以是正在运行的视频。

另外，通过Alt+Tab组合键在窗口之间切换时，可以看到每个打开程序的实时预览窗口，如图3-29所示。

图3-29 窗口切换

任务3 管理计算机资源

一、系统设置与管理

计算机资源指的是计算机系统中的硬件和软件资源，所有的软件资源都以文件的形式存放在计算机硬盘中，在Windows系统中，用户可以通过"计算机"和"Windows资源管理器"来浏览文件和文件夹，以便访问和使用资源。

1. 计算机

双击桌面上的"计算机"图标或者单击任务栏中的"开始"→"计算机"命令即可打开"计算机"窗口，在窗口工作区中列出了本机上的所有逻辑硬盘。

2. 资源管理器

启动Windows资源管理器的方法有很多，可以单击任务栏中的"开始"→"所有程序"→"附件"→"Windows资源管理器"命令来打开，也可以单击任务栏中的"开始"→"所有程序"→"附件"→"运行"命令，然后在对话框中输入"Explorer"，按回车键来打开。

最快捷的方法是右键单击"开始"菜单，选择"Windows资源管理器"来打开。

3. 用户账户管理

通过用户账户管理，多少个用户都可以轻松共享一台计算机，每个人都可以有一个具有唯一设置和首选项的单独的用户账户。Window7中用户账户有三种，分别是管理员账户、标准用户和来宾账户（Guest账户）。管理员账户具有计算机的完全访问权限，可以对计算机进行任何设置和更改，一台计算机至少需要一个管理员账户。标准账户可以使用大多数软件以及更改不影响其他用户或计算机安全的系统设置，若要更改卸载会弹出【用户账户控制】话框，输入密码后才能进行相应的操作。Guest账户是给临时使用该计算机的用户使用的账户，该账户不能更改计算机密码，不能对软件进行更改和卸载。默认情况下该账户未启用。

创建用户账户步骤如下：

（1）启动计算机，进入Windows7桌面环境。

（2）选择开始菜单，选择"控制面板"，进入控制面板窗口。

控制面板（control panel）是Windows图形用户界面的一部分，可通过开始菜单访问。它允许用户查看并操作基本的系统设置和控制，比如添加硬件，添加/删除软件，控制用户账户，更改辅助功能选项等。可以点击开始菜单，选择"控制面板"，进入控制面板窗口。如图3-30所示，控制面板窗口一共有8个类别，包括：系统和安全，用户账户和家庭安全，网络和Internet，外观和个性化，硬件和声音，时钟、语言和区域，程序，轻松访问。亦可以通过切换查看方式为"大图标"或"小图标"以完全显示各个功能图标。

（3）选择用户账户，设置用户账户的密码、图片以及权限控制，如图3-31所示。

图3-30　控制面板窗口

图3-31　用户账户设置界面

4. 区域和语言

（1）安装或卸载显示语言。在区域和语言分类下，选择"更改显示语言"，点击"更改键盘"，进入"文本服务和输入语言"窗口（图3-32），在此窗口下，显示了当前已经安装的语言，并有"添加"和"删除"按钮来安装或卸载语言。

（2）更改日期、时间或数字格式。在区域和语言分类下，选择"更改日期、时间或数字格式"，点击"其他设置"按钮，可以进入"自定义格式"窗口（图3-33），分别对数字，货币，时间，日期的格式进行修改。

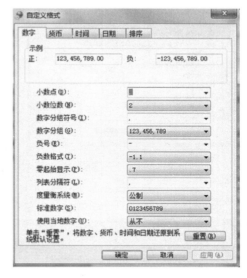

图3-32　文本服务和输入语言窗口　　　　　　图3-33　自定义格式窗口

5. 卸载或更改程序

Windows7允许用户从系统中自主添加或删除程序。

（1）卸载程序。在控制面板窗口下，选择"程序"分类，点击"卸载程序"，进入"卸载或更改程序"窗口，可以查看当前系统已经安装的所有软件，选择某个软件，右键，可以卸载或更改程序，如图3-34所示。

图3-34　卸载程序窗口

图3-35　Windows功能

（2）打开或关闭Windows功能。在"卸载或更改程序"窗口下，选择左侧的"打开或关闭Windows功能"，进入"Windows功能"窗口（图3-35），里面列出了Windows的所有组件，标有"对号"的方框表示已经选择安装的项目，没有标"对号"的是没有被安装的，有阴影的方框表示只安装了部分项目。通过复选框可以打开或者关闭Windows的功能。

6. 添加字体

下载好所需要的文字字体文件，将其复制到控制面板字体文件中，即成功添加字体，如图3-36所示，添加后便可在Word中使用相应的字体，如在Word中使用添加的字体，如图3-37所示。

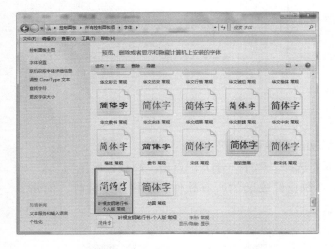

图3-36　添加"叶根友钢笔行书"字体

图3-37　在Word中使用添加的"叶根友钢笔行书"字体

二、文件和文件夹的管理

1. 文件（Document）

计算机文件是以计算机硬盘为载体存储在计算机上的一组相关信息的集合。文件可以是文本文档、图片、视频和程序等。每个文件必须有一个唯一的标识，这就是文件名。

文件名一般由文件主名和扩展名两部分组成，其格式为：

<文件主名>［.扩展名］

一般地，将文件主名直接称为文件名，表示文件的名称。文件的扩展名表示文件的类型，也称文件的后缀或副名。

在Windows7中，一个文件的主名不能省略，由一个或多个字符组成，最多可以有255

个字符，可以是英文字母A～Z（不区分大小写）、数字0～9、汉字、空格、特殊字符（$、#、&、@、！、( )、%、_、{、}、^、'、'、～等），不能出现的字符是\、/、：、*、?、"、<、>、|。

2. 新建文件和文件夹

一般建立文件或文件夹的方法如下，右键单击文件夹窗口或桌面上的空白区域，在弹出的快捷菜单中选择"新建"命令，然后单击"文件夹"或相应的文件类型，输入新文件夹或文件的名称并按回车键，即可建立一个空的文件或文件夹。

如：在D盘根目录中建立一个文件夹并命名为：学生文件，在学生文件夹中创建两个文件夹，命名为"环境保护政策法规"和"环境监测技术"，新建Word文件（环境保护政

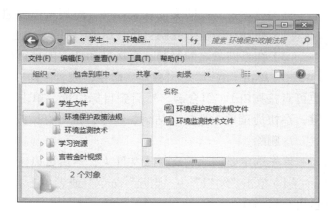

图3-38　文件目录结构

策法规文件.docx和环境监测技术文件.docx）分别放置在对应的文件夹中，如图3-38所示。

3. 查找

Windows系统为用户提供了多种搜索文件或文件夹的方法，使用起来非常简单。用户可以通过以下方式来打开"搜索"界面：

（1）单击任务栏中的"开始"→"搜索"命令。

（2）在桌面或者任意文件夹上按F3键。

（3）打开"计算机"，在窗口最上方提供了一个搜索框。

打开"搜索"界面后，选择搜索位置，然后在输入框中输入文件或文件夹的全名或部分名称（可以使用通配符*和?），也可输入文件中所包含的词或短语，即可进行搜索。

4. 选定

用户可以通过以下方法选定文件或文件夹：

（1）选择一个文件或文件夹：直接单击即可。

（2）选择连续的一组文件或文件夹：首先单击第一个文件或文件夹，然后再按住Shift键，同时单击最后一个文件或文件夹即可。

（3）选择不连续的文件或文件夹：首先按住Ctrl键，然后单击各个所需的文件或文件夹即可。

（4）选择当前文件夹下的所有内容：可以选择"编辑"→"全选"命令或者按"Ctrl+A"的组合键。

5. 移动

首先选定要移动的文件或文件夹，然后可以按照以下方法操作。

（1）在同一磁盘上移动：可直接拖动选定的内容到目标位置。

（2）在不同盘之间移动：拖动时按住Shift键，可将选定的内容移动到目标位置。

（3）单击"编辑"→"剪切"命令，或者单击右键，在快捷菜单中选择"剪切"命令，也可直接按Ctrl+X组合键，然后到目标位置，单击"编辑"→"粘贴"命令，或者单击右键，在快捷菜单中选择"粘贴"命令，也可直接按Ctrl+V组合键，完成移动操作。

6. 复制

首先选定要复制的文件或文件夹，然后可以按照以下方法操作：

（1）在同一磁盘上复制：按住Ctrl键直接拖动选定内容到目标位置。

（2）在不同盘之间复制：直接拖动选定内容到目标位置。

（3）单击"编辑"→"复制"命令，或者单击右键，在快捷菜单中选择"复制"命令，也可直接按Ctrl+C组合键，然后到目标位置，单击"编辑"→"粘贴"命令，或者单击右键，在快捷菜单中选择"粘贴"命令，也可直接按Ctrl+V组合键，完成复制操作。

7. 删除

首先选定要删除的文件或文件夹，然后可以按照以下方法操作：

（1）单击"编辑"→"删除"命令，或者单击右键，在快捷菜单中选择"删除"命令，也可直接按Delete键。

（2）直接拖动选定的内容到"回收站"。

备注：按照以上方法删除的文件或文件夹并没有永久删除，还在"回收站"里，可以通过"还原"操作将其恢复；如果要永久删除文件或文件夹，则只需在做上述删除操作时按住Shift键即可。删除操作U盘中的文件不可撤销，也不会自动放入回收站，需谨慎操作。

8. 重命名

文件或文件夹的重命名可以按照以下方法操作：

（1）选中要重命名的文件或文件夹，选择"文件"→"重命名"命令。

（2）右键单击文件或文件夹，在快捷菜单中选择"重命名"命令。

（3）选中要重命名的文件或文件夹，按F2键。

（4）不连续地单击两次要重命名的文件或文件夹，然后输入新的名称并按回车键，也可完成重命名。

9. 查看与设置属性

在Windows系统中，文件或文件夹的属性一般有4种：只读、隐藏、系统和存档。要查看某文件或文件夹的详细属性，首先要将其选中，然后单击"文件"→"属性"命令，或者右键单击该文件或文件夹，然后在弹出的快捷菜单中选择"属性"命令，来打开"属性"对话框，如图3-39所示。

如图3-39所示，在"属性"对话框中的"常规"选项卡下显示了文件的类型、位置、大小等属性。在该选项卡底部有2个复选框：只读和隐藏，用户可以选择不同的复选框来修改文件的属性。

10. 文件夹共享

设置文件夹共享可以方便在同一个工作环境下共享

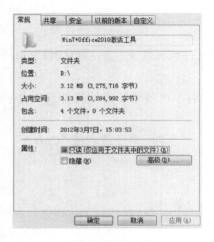

图3-39　属性对话框

相应的文件，只有文件夹才有共享属性，将文件放置共享文件夹中可以供访问者读取或修改，Windows7的文件夹共享属性只允许10个访客同时在线，可以选择家庭组和特定用户两种共享方式，选择特定用户共享文件夹操作方法如下：

（1）选择需要共享的文件夹，右键选择共享→特定用户组。

（2）在特定用户组中添加共享对象Everyone→共享→完成。

（3）取消密码访问设置，进入控制面板→选择家庭组→更改高级共享设置→密码保护的共享中选择"关闭密码保护共享"。

（4）在地址栏中键入：\\当前共享主机IP地址，可以访问到共享的文件。

任务4　计算机系统安全与优化

信息化社会，计算机系统安全变得备受重视，计算机系统安全保护包括保护计算机硬件、软件、数据不因偶然的或恶意的原因而遭到破坏、更改和泄露。定期对计算机系统进行安全检查和优化对计算机本身有很好的保护作用，工作和学习效率才有保障。

一、计算机系统安全

1. 计算机病毒

计算机病毒（computer virus）在《中华人民共和国计算机信息系统安全保护条例》中被明确定义，病毒指"编制者在计算机程序中插入的破坏计算机功能或者破坏数据，影响计算机使用并且能够自我复制的一组计算机指令或者程序代码"。与医学上的"病毒"不同，计算机病毒不是天然存在的，是某些人利用计算机软件和硬件所固有的脆弱性编制的一组指令集或程序代码。它能通过某种途径潜伏在计算机的存储介质（或程序）里。当达到某种条件时即被激活，通过修改其他程序的方法将自己的精确拷贝或者可能演化的形式放入其他程序中，从而感染其他程序，对计算机资源进行破坏。所谓的病毒就是人为造成的，对其他用户的危害性很大。

2. 计算机病毒的特点

（1）繁殖性。计算机病毒可以像生物病毒一样进行繁殖，其繁殖方式是通过程序运行触发病毒程序，使其进行自身复制。具有繁殖、感染的特征是判断某段程序为计算机病毒的首要条件。

（2）破坏性。计算机中毒，可能会导致正常的程序无法运行，把计算机内的文件删除或使文件受到不同程度的损坏。通常表现为：增、删、改、移。

（3）传染性。计算机病毒不但本身具有破坏性，更有害的是具有传染性，病毒通过网络或者其他存储介质进行传播，一旦病毒被复制或产生变种，其速度之快令人惊叹，难以预防。传染性是病毒的基本特征。

（4）潜伏性。有些病毒像定时炸弹一样，它们的发作时间是由程序预先设计好的。比如：黑色星期五病毒，不到预定时间觉察不出来，等到预设时间到期时，病毒被触发便立即爆发开来，对系统进行破坏。一个编制精巧的计算机病毒程序，进入系统之后一般不会马上发作，它可以静静地躲在磁盘或磁带里待上几天，甚至几年，一旦时机成熟，得到运行机会，就又要四处繁殖、扩散，继续危害。

（5）隐蔽性。计算机病毒具有很强的隐蔽性，有的可以通过病毒软件检查出来，有的根本就查不出来，有的时隐时现、变化无常，这类病毒处理起来通常很困难。

（6）可触发性。病毒因某个事件或数值的出现，诱使病毒实施感染或进行攻击的特性称为可触发性。为了隐蔽自己，病毒必须潜伏，少做动作。如果潜伏，病毒既不能感染也不能进行破坏，便失去了破坏性。病毒既要隐蔽又要产生破坏力，它必须具有可触发性。病毒的触发机制就是用来控制感染和破坏动作的频率的。病毒具有预定的触发条件，这些条件可能是时间、日期、文件类型或某些特定数据等。病毒运行时，触发机制检查预定条件是否满足，如果满足，启动感染或破坏动作，使病毒进行感染或攻击；如果不满足，则病毒继续潜伏。

3. 计算机病毒的预防

只要我们树立良好的安全意识，计算机病毒是完全可以防范的。虽然新病毒可能采用更隐蔽的手段，利用现有操作系统安全防护机制的漏洞，以及反病毒防御技术上尚存在的缺陷，使病毒能暂时在某一台计算机上存活并进行某种破坏，但是只要提高警惕，依靠使用反病毒技术和管理措施，新病毒就无法逾越计算机安全保护屏障，从而不能广泛传播。日常生活中要注意一些常见的现象，对病毒加以预防，具体如下：

（1）经常死机：病毒打开了许多文件或占用了大量内存。

（2）系统无法启动：病毒修改了硬盘的引导信息，或删除了某些系统文件。

（3）文件打不开：病毒修改了文件格式、链接位置。

（4）经常报告内存不够：病毒非法占用了大量内存。

（5）提示硬盘空间不够：病毒复制了大量的病毒文件，一安装软件就提示硬盘空间不够。

（6）键盘或鼠标无端地锁死：病毒作怪，特别要留意"木马病毒"。

（7）出现大量来历不明的文件。

（8）系统运行速度慢：病毒占用了内存和CPU资源，在后台运行了大量非法操作。

二、计算机维护和优化

经常对计算机进行系统维护和优化有利于延长计算机的使用寿命，提升计算机的性能。Windows操纵系统内置了部分软件用于对计算机系统进行维护和优化。计算机维护分为硬件方面的维护和软件方面的维护。

1. 硬维护

所谓硬维护是指在硬件方面进行的维护，它包括对计算机所有硬件部件的日常维护和计算机运行工作时我们需注意的事项。

（1）计算机主板的日常维护。计算机的主板在计算机中的重要地位是不容忽视的，对它的日常维护主要应该做到防尘和防潮，在主板电池电量不足的情况下要及时更换，以便保持主板芯片中的信息。

（2）CPU的日常维护。CPU是计算机硬件中关键的部分，要想延长CPU的使用寿命，保证计算机正常、稳定地完成日常工作，首先要保证CPU工作在正常的频率下，通过超频来提高计算机的性能是不可取的。另一方面，要注意 CPU的散热和及时清扫 CPU插座周围和散热通风口的灰尘。

（3）内存条的日常维护。内存条的维护，首先要注意的是内存条和插槽间安装接触良好，不要经常性拔插内存，另外，在升级或扩充内存时，要尽量选择和以前品牌、工作频率一样的内存条，以保证系统的兼容性。

（4）硬盘的日常维护。为了使硬盘能够更好地工作，在使用时应当注意以下几点：

① 硬盘正在进行读、写操作时不可突然断电。

② 注意保持环境卫生。

③ 不要自行打开硬盘盖。

④ 做好硬盘的防震措施。

⑤ 控制环境温度。

⑥ 正确取拿硬盘。

（5）显示器的日常维护。显示器使用不当，不但性能会快速下降，而且寿命也会大大缩短，甚至在使用两三年后就会报废，因此，一定要注意显示器的日常维护。

① 不要频繁地开关显示器。

② 做好防尘与散热工作。

③ 防潮室内湿度控制在30%~80%。

④ 防磁场干扰。

⑤ 防强光。

⑥ 显示器亮度不宜长期设置为过高。

（6）键盘的日常维护。

① 保持清洁。

② 按键要注意力度。

③ 不要带电插拔。

（7）鼠标的日常维护。

① 避免摔碰鼠标和强力拉拽鼠标引线。

② 点击鼠标时不要用力过度，以免损坏弹性开关。

③ 最好配备一个专用的鼠标垫。

④ 使用光电鼠标时，要注意保持反光板的清洁。

2. 计算机的维护

（1）系统的备份和还原。系统还原是Windows系统自带的功能，可以在用户计算机系统出现异常的情况下启用还原功能，将计算机系统恢复到之前所备份的状态，减少由于计算机系统故障而造成的损失，从Windows ME开始就成为系统的核心组件，随着系统的升级，该功能更趋完善。Windows7的系统还原功能和此前的系统相比还是有很大的改进的。

方法一：系统映像备份和还原。映像备份是Windows系统备份中最彻底的备份，Windows7中提供了专门的系统映像备份工具，不需要借助第三方工具就可以轻易实现系统映像的备份文件，在Windows7的"备份和还原"中心窗口中，点击左侧窗格中的"创建系统映像"链接可启动"创建系统映像"向导，如图3-40所示。同样，出于安全考虑，建议不要将系统映像保存在与系统同一的磁盘上，因为如果此磁盘出现故障，那么系统将无法从映像中恢复。基于这样的考虑，可将系统映像保存在DVD盘中，或者保存在网络上的某个位置。

方法二：系统设置和文件版本还原的备份与还原。

Windows7系统还原包括系统设置的还原和文本版本的还原，即我们通常所说的系统环境备份和卷影副本。操作方法：在桌面上右键单击"计算机"，选择"属性"进入控制面板的"系统"页面，在左窗格中点击"系统保护"链接可进入"系统还原"设置窗口，如图3-41所示。

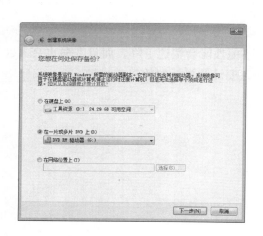

图3-40　系统映像备份界面

图3-41　系统设置和文件版本还原的备份设置界面

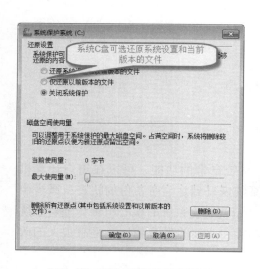

图3-42　系统备份还原设置界面

通常情况下，Windows7只在系统分区开启了系统保护功能，而且既包括系统还原也包括文件版本还原。在Windows7中可将系统还原和文件版本还原分割开来，可以在系统分区（通常指系统C盘）同时开启系统还原和文件版本恢复，而在其他分区仅开启文件版本还原，如图3-42所示。这样不仅能够提升系统性能，而且也可节省磁盘空间。其设置方法是，在"系统保护"标签选中需要进行设置的磁盘分区，然后点击"配置"按钮进入配置页面。可以看到在"还原设置"下有三个选项：选择第一项"还原系统设置和以前版本的文件"就会开启该分区的系统还原和卷影副本；选择第二项"仅还原以前版本的文件"则只开启该分区的卷影副本功能；选择第三项"关闭系统保护"则会在该分区中关闭这两项功能。

（2）磁盘清理和磁盘碎片整理。操作系统在使用过程中会产生一些无用的文件，例如垃圾回收站、网页临时文件等，这些垃圾文件若不进行即时清理会使得磁盘空间变小，系统运行变慢。Window7自带磁盘清理工具，也可以用第三方系统管理软件进行磁盘清理。

为计算机C盘做磁盘清理与磁盘碎片整理，步骤是选择"开始"→"所有程序"→"附件"→"系统工具"→"磁盘清理"或"磁盘碎片整理程序"。磁盘清理操作，在弹出的磁盘清理窗口中选择C盘，单击确定，如图3-43所示。磁盘碎片整理，则在弹出的磁盘碎片整理程序窗口中，选择"分析磁盘"，分析后再决定做"磁盘碎片整理"，或单击"磁盘碎片整理"，直接进行磁盘整理，如图3-44所示。

图3-43　磁盘清理界面

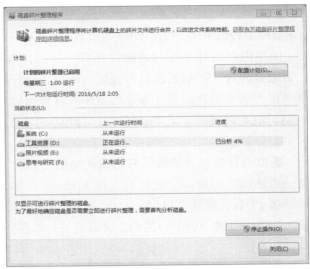

图3-44　磁盘碎片整理界面

3. 系统的优化设置

系统优化是对计算机进行设置和管理，以使其达到最佳的工作状态，可以利用系统自带的优化工具进行，也可选择工具软件进行。下面介绍利用计算机自带的软件对计算机开机启动程序和性能设置进行管理。

（1）系统开机启动程序管理。通过在开始菜单中"运行"里输入命令"msconfig"可以直接调出计算机系统配置工具，在启动选项卡中启用和关闭开机程序，如图3-45所示。

（2）计算机性能设置管理。Windows7可以根据需要设置计算机的性能设置为最佳效果，也可以将外观调整为最佳效果，还可以根据需要进行自定义设置，选择用户需要的效果。

操作步骤是进入计算机"属性"设置→"高级"选项卡→设置→视觉效果设置，可以调整为最佳外观或最佳性能，也可以根据需要进行自定义设置，如图3-46所示。

（3）设置虚拟内存。计机虚拟内存就是在物理内存不够用时把一部分硬盘空间作为内存来使用，但由于硬盘传输的速度要比内存传输速度慢许多，所以使用虚拟内存比

图3-45 开机启动程序设置

物理内存效率也慢许多。用户实际需要的值应该自己多次调整为好。设的太大会产生大量的碎片，严重影响系统速度；设的太小不够用时，系统就会提示你虚拟内存不足。

一般默认的虚拟内存大小是取一个范围值，最好给它一个固定值，这样就不容易产生磁盘碎片，具体数值根据你的物理内存大小来定，一般256MB设1.5~2倍，512MB设1~1.5倍，1GB及以上设0.5倍或不设。

虚拟内存最好不要与系统设在同一分区，内存随着使用而动态地变化，C盘就容易产生磁盘碎片，影响系统运行速度，所以，最好将虚拟内存设置在其他分区中磁盘剩余空间较大而又不常用且又靠前的盘中，这样可以避免系统在此分区内进行频繁的读写操作而影响系统速度。虚拟内存在一台电脑中，只能是一个，可放在磁盘的任何一个分区中。

虚拟内存的设置步骤：右击我的电脑→属性→高级→性能设置→高级→虚拟内存更改→点选C盘→单选"无分页文件（N）"→"设置"，此时C盘旁的虚拟内存就消失了；然后选中D盘，单选"自定义大小"→在下面的"初始大小"和"最大值"两个文本框中输入数值→设置→确定→重启，完成设置，如图3-47所示。

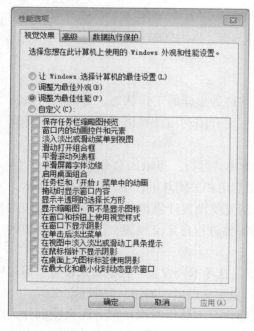

图3-46 计算机性能设置

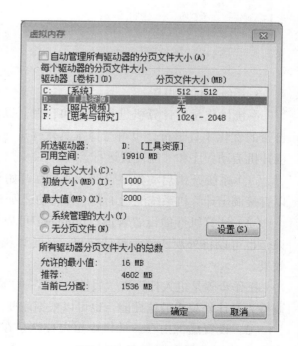

图3-47 虚拟内存设置界面

实践训练3

一、判断题

1. Windows的开始菜单不能进行自定义。（　　）

2. Windows各应用程序间复制信息可以通过剪贴板完成。（　　）

3. Windows工作时，任务栏上凹状按钮对应的应用程序是在前台执行的程序。（　　）

4. Windows中的"回收站"用来暂时存放被删除的文件及文件夹，一旦放入"回收站"便不可再删除了，只可恢复。（　　）

5. 启动Windows的同时可以加载指定程序。（　　）

6. 一个应用程序只可以关联某一种扩展名的文件。（　　）

7. 在Windows的网络环境下，打印机不能进行共享。（　　）

8. 在Windows中有对话框窗口、应用程序窗口和文档窗口。它们都可任意移动和改变窗口的大小。（　　）

9. 在计算机中，文件标识中的路径是指到达指定文件的一条目录途径，路径由一系列盘符加分隔符"▶"组成。（　　）

10. 在桌面上可以为同一个Windows应用程序建立多个快捷方式。（　　）

二、单选题

1.（　　）是大写字母的锁定键，主要用于连续输入若干大写字母。

A. Tab　　　　　　　B. CapsLock　　　　C. Shift　　　　　　D. Alt

2. Windows的文件夹组织结构是一种（　　）。

A. 表格结构　　　　B. 树形结构　　　　C. 网状结构　　　　D. 线性结构

3. Windows对磁盘信息的管理和使用是以（　　）为单位的。

A. 文件　　　　　　B. 盘片　　　　　　C. 字节　　　　　　D. 命令

4. Windows任务管理器不可用于（　　）。

A. 启动应用程序　　　　　　　　　　B. 修改文件属性

C. 切换当前应用程序窗口　　　　　　D. 结束应用程序运行

5. 根据文件命名规则，下列字符串中合法的文件名是（　　）。

A. ADC*.FNT　　　B. #ASK%.SBC　　　C. CON.BAT　　　D. SAQ/.TXT

6. 将存有文件的U盘格式化后，下列叙述中正确的是（　　）。

A. U盘上的原有文件仍然存在

B. U盘上的原有文件全部被删除

C. U盘上的原有文件没有被删除，但增加了系统文件

D. U盘上的原有文件没有被删除，但清除了计算机病毒

7. 一个文档被关闭后，该文档可以（　　）。

A. 保存在外存中　　　　　　　　　　B. 保存在内存中

C. 保存在剪贴板中　　　　　　　　　D. 既保存在外存中也保存在内存中

8. 一个应用程序窗口被最小化后，该应用程序将（　　）。

A. 被终止执行　　　　　　　　　　　　B. 暂停执行

C. 在前台执行　　　　　　　　　　　　D. 被转入后台执行

9. 以下对Windows文件名取名规则的描述不正确的是（　　）。

A. 文件名的长度可以超过11个字符　　　B. 文件的取名可以用中文

C. 在文件名中不能有空格　　　　　　　D. 文件名的长度不能超过255个字符

10. 以下属于Windows通用视频文件的是（　　）。

A. bee.txt　　　　　　B. bee.avi　　　　　　C. bee.doc　　　　　　D. bee.bmp

11. 有关Windows屏幕保护程序的说法不正确的是（　　）。

A. 它可以减少屏幕的损耗　　　　　　　B. 它可以保障系统安全

C. 它可以节省计算机内存　　　　　　　D. 它可以设置口令

12. 在Windows中，文件有4种属性，用户建立的文件一般具有（　　）属性。

A. 存档　　　　　B. 只读　　　　　C. 系统　　　　　D. 隐藏

13. 在Windows中桌面是指（　　）。

A. 电脑台　　　　　　　　　　　　　　B. 活动窗口

C. 资源管理器窗口　　　　　　　　　　D. 窗口、图标、对话框所在的屏幕背景

14. 在下面关于Windows窗口的描述中不正确的是（　　）。

A. 窗口是Windows应用程序的用户界面

B. Windows的桌面也是Windows窗口

C. 窗口主要由边框、标题栏、菜单栏、工作区、状态栏、滚动条等组成

D. 用户可以在屏幕上移动窗口和改变窗口大小

15. 在资源管理器的窗口中，文件夹图标左边有"+"号，则表示该文件夹中（　　）。

A. 一定含有文件　　　　　　　　　　　B. 一定不含有子文件夹

C. 含有子文件夹且没有被展开　　　　　D. 含有子文件夹且已经被展开

三、多选题

1. DOS、Windows操作系统对设备采用约定的文件名。下列名称中，（　　）属于设备文件名，它们不能作为文件夹名或文件主名。

A. SYS　　　　　　B. CON　　　　　　C. COM　　　　　　D. PRN

2. 一个文件夹具有几种属性，它们是（　　）。

A. 只读　　　　　　B. 隐藏　　　　　　C. 存档　　　　　　D. 系统

3. 在Windows环境下，可以用A??.*来表示的文件有（　　）。

A. A12.DOC　　　　B. AAA.TXT　　　　C. A1.BAK　　　　D. A123.PRG

4. 在Windows资源管理器中，所选择文件夹内的文件和子文件夹的图标表示方法有（　　）。

A. 小图标　　　　　B. 大图标　　　　　C. 列表　　　　　D. 详细资料

5. 在下列关于Windows文件名的叙述中正确的是（　　）。

A. 文件名中允许使用汉字　　　　　　　B. 文件名中允许使用多个圆点分隔符

C. 文件名中允许使用空格　　　　　　　D. 文件名中允许使用竖线"|"

模块二

计算机网络应用基础

📖🔍 模块介绍

计算机网络及其应用已经渗透到社会生活的各个领域，掌握以计算机网络为核心的信息技术的基础知识和应用能力，是当代大学生必备的基本素质。本模块以网络接入技术、Internet应用项目为载体，讲述计算机网络以及资源搜索的基础知识，为进一步学习与使用计算机网络打下必要的基础。

【知识目标】

1. 了解计算机网络的基本组成和网络接入方式。

2. 掌握网络资源搜索与下载操作、电子邮件及其客户端的基本操作方法。

3. 了解计算机网络文件共享方式及基本设置。

【技能目标】

1. 通过学习网络接入技术，使学生深入了解计算机网络的基本组成，培养和加强学生自主学习、探索学习计算机网络知识的意识，相互协作解决问题的意识，具有初步进行计算机网络的连接与简单维护的能力。

2. 通过学习Internet的应用，了解计算机网络应用方面的知识和相关技术，具有良好的信息收集、信息处理、信息呈现的能力，具备应用计算机网络收集整理信息资料及传递信息资料的实际应用网络的能力。

【素质目标】

1. 培养学生良好的上网习惯与严谨的工作作风。

2. 培养学生自主学习探索新知识的意识。

3. 培养学生的实操能力与创新意识。

项目背景

互联网已经成为这个时代最强有力的工具，随着每年全球上网人数的不断增长和网络覆盖面的不断扩大，网络这个虚拟的世界成为人们生活不可缺少的一部分。越来越多的人开始加入"网民"一族，网络拉近了世界的距离，更方便了人们的生活。如何将新买的电脑加入到网络中也成了一种必备的技能。

知识储备

1.计算机网络的定义及其组成

计算机网络，是指将地理位置不同的具有独立功能的多台计算机及其外部设备，通过通信线路连接起来，在网络操作系统、网络管理软件及网络通信协议的管理和协调下，实现资源共享和信息传递的计算机系统。因此，计算机网络主要由以下四个部分组成：网络传输介质、网络设备、网络终端与服务器以及网络操作系统。

（1）网络传输介质。网络传输介质是指在网络中传输信息的载体，常用的传输介质分为有线传输介质和无线传输介质两大类。

①有线传输介质是指在两个通信设备之间实现的物理连接部分，主要有双绞线（图4-1）、同轴电缆和光纤（图4-2）。双绞线和同轴电缆传输电信号，光纤传输光信号。

②无线传输介质指我们周围的自由空间。我们利用无线电波在自由空间的传播可以实现多种无线通信。在自由空间传输的电磁波根据频谱可将其分为无线电波、微波、红外线、激光等，信息被加载在电磁波上进行传输。不同的传输介质，其特性也各不相同，对网络中数据通信质量和通信速度的影响也较大。

图4-1　双绞线

图4-2　光纤

（2）网络设备。网络设备包括网卡、交换机、路由器和调制解调器等。

①网卡。网卡也称网络适配器，在局域网中用于将用户计算机与网络相连接。网卡可分为有线网卡和无线网卡。

②交换机。交换机是一种用于电信号转发的网络设备，它可以为接入交换机的任意两个网络节点提供独享的电信号通路，是局域网中计算机之间信息传递的重要设备。

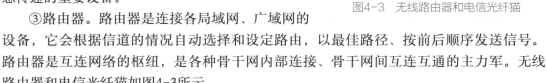

图4-3　无线路由器和电信光纤猫

③路由器。路由器是连接各局域网、广域网的设备，它会根据信道的情况自动选择和设定路由，以最佳路径、按前后顺序发送信号。路由器是互连网络的枢纽，是各种骨干网内部连接、骨干网间互连互通的主力军。无线路由器和电信光纤猫如图4-3所示。

④调制解调器。调制解调器是一个通过电话拨号接入Internet的硬件设备。它的作用是当计算机发送信息时，将计算机内部使用的数字信号转换成为可以用电话线传播的模拟信号（调制），通过电话线发送出去；接收信息时，把电话线上传来的模拟信号转换成数字信号（解调），传送给计算机，使其接收和处理。

（3）网络终端与服务器。网络终端也称网络工作站，是使用网络的计算机、网络打印机等。在客户/服务器网络中，客户机指网络终端。网络服务器是被网络终端访问的计算机系统，通常是一台高性能的计算机，例如大型机、小型机、UNIX工作站和服务器PC机，安装上服务器软件后构成网络服务器，被分别称为大型机服务器、小型机服务器、UNIX工作站服务器和PC机服务器。网络服务器是计算机网络的核心设备，网络中可共享的资源，如数据库、大容量磁盘、外部设备和多媒体节目等，通过服务器提供给网络终端。服务器按照可提供的服务可分为文件服务器、数据库服务器、打印服务器、Web服务器、电子邮件服务器、代理服务器等。

（4）网络操作系统。网络操作系统是安装在网络终端和服务器上的软件。网络操作系统完成数据发送和接收所需要的数据分组、报文封装、建立连接、流量控制、出错重发等工作。现代的网络操作系统都是随计算机操作系统一同开发的，网络操作系统是现代计算机操作系统的一个重要组成部分。常见的网络操作系统有Windows Server2003/2008、SUNSolaris、CentOS等。

2. 计算机网络的分类

可以从不同的角度对计算机网络进行分类。学习并理解计算机网络的分类，有助于我们更好地理解计算机网络。

（1）根据计算机网络覆盖的地理范围分类。按照计算机网络所覆盖的地理范围的大小进行分类，计算机网络可分为：局域网、城域网和广域网。了解一个计算机网络所覆盖的地理范围的大小，可以使人们能一目了然地了解该网络的规模和主要技术。

局域网（LAN）的覆盖范围一般在方圆几十米到几千米。典型的是一个办公室、一个办公楼、一个园区的范围内的网络。当网络的覆盖范围达到一个城市的大小时，被称为城域网。网络覆盖到多个城市甚至全球的时候，就属于广域网的范畴了。我国著名的公共广域网是ChinaNet、ChinaPAC、ChinaFrame、ChinaDDN等。大型企业、院校、政府机关通过租用公共广域网的线路，可以构成自己的广域网。

（2）根据传输介质分类。按照所使用传输介质，网络可以分为有线网络和无线网络。有线网络指采用双绞线、光纤等有线介质连接计算机的网络。采用双绞线联网是目前最常见的联网方式。它价格便宜，安装方便，但易受干扰，传输率较低，传输距离较短。光纤网采用光导纤维作为传输介质，传输距离长，传输率高，抗干扰性强，现在正在迅速发展。无线网络采用微波、红外线、无线电等电磁波作为传输介质，由于无线网络的联网方式灵活方便，特别是随着Wi-Fi、无线热点、蓝牙、GPRS等技术的发展，无线网络已经发展到人们生活的方方面面。

3. 计算机网络的主要功能

为了使计算机网络能够更好地为用户服务，必须先了解其功能，然后应用于更多更广的范围之中。

（1）数据通信。数据通信即实现计算机与终端、计算机与计算机间的数据传输，是计算机网络的最基本功能，也是实现其他功能的基础。与电话、电报、广播、电视或者信件等传统通信方式相比较，利用计算机网络进行数据通信具有速度更快、质量更高、成本更低的特点。

（2）资源共享。计算机网络的主要功能是实现资源共享，网络中可共享的资源有硬件资源、软件资源和信息资源。资源共享可以避免高成本设备的重复投资、提高信息资源的使用价值和利用频率。例如，图书馆中的图书信息，购物网站中的商品信息等。

（3）分布处理和负载平衡。网络技术的发展使得分布式计算成为可能。大型课题可以分为许许多多的小题目，由不同的计算机分别完成，然后再集中起来解决问题。负载平衡是指工作被均匀地分配给网络上的各台计算机。网络控制中心负责分配和检测，当某台计算机负载过重时，系统会自动转移部分工作到负载较轻的计算机中去处理。

（4）综合信息服务。在现代社会中，计算机网络为各个领域提供全方位的服务，成为信息化社会中传达与处理信息不可缺少的有力工具。例如，互联网的www服务，用户可以通过其获取需要的和相关的信息和服务。

图4-4　IP地址与子网掩码

4. IP地址与子网掩码（图4-4）

接入网络中的计算机要能实现数据通信和资源共享等功能，必须有一种机制标识自己的身份，以便跟其他的计算机进行"交流"，这个就是IP地址和子网掩码。通过IP地址和子网掩码，计算机可以标明自己属于哪个网络、是该网络中的哪台主机。

（1）IP地址。就像每个电话用户有一个全世界唯一的电话号码一样，Internet中的每一台计算机也有单一的地址。为了使信息能够在Internet上准确快捷地传送到目的地，连接到Internet上的每台计算机必须拥有一个唯一的地址。为每台计算机指定的地址是一组数字，称为Internet地址或IP地址。通过IP地址，就可以准确地找到连接在Internet上的某台计算机。一个IP地址分为地址类别、网络号和主机号三部分，由32位二进制数字组成，通常被分为4段，每段8位（1个字节）。为了便于表达和识别，IP地址一般用4个十进制数（每两个数之间用一个小数点"."分隔）来表示，即用"点分十进制数"表示IP地址，每段整数的范围是0～255，如192.168.1.1。

（2）子网掩码。"子网掩码"用于区分IP地址中的网络号和主机号。与IP地址相同，子网掩码长度也是32位，左边是网络地址位，用二进制数字"1"表示，右边是主机地址位，用二进制数字"0"表示。

对一个给定的IP地址，如果使用默认的子网掩码，那么它的网络地址位和主机地址位是固定的，也就是说它能容纳的主机数是固定的，而且这些主机地址属于同一个网络，如果想把这个IP地址划分成多个网络，即改变每个子网的主机地址数，则涉及子网的划分，子网的划分是通过改变子网掩码来实现的。

5. 域名地址

用数字组成的IP地址很难记忆，实际应用时，用户一般不需要记住IP地址，Internet允许为计算机起一个名字，称作域名。域名与计算机的IP地址相对应，并把这种对应关系存储在域名服务系统DNS（Domain Name Service）中，这样，只需记住域名就可以与指定的计算机进行通信了。

一般说来，位于最右边的字符串级别最高，被称作顶级域名，越往左级别越低，表示的范围越具体。例如，域名www.sysu.edu.cn中，cn表示中国，edu表示教育机构，sysu表示"中山大学"的一台网络服务器的名称，www表示网络服务器提供的服务类型。顶级域名的划分目前有两种方式：以所从事的行业领域作为顶级域名；以国家或地区代号作为顶级域名。表4-1列出了一些常用的顶级域名。

表4-1　　　　　　　　　　　　一些常用的顶级域名

域名	含义	域名	含义	域名	含义
com	商业机构	arts	文化娱乐	uk	英国
edu	教育系统	film	公司企业	hk	中国香港
gov	政府部门	info	信息服务	jp	日本
org	非营利组织	stor	销售单位	kr	韩国
int	国际机构	au	澳大利亚	my	马来西亚
mil	军事团体	ca	加拿大	tw	中国台湾
net	网络机构	cn	中国	us	美国

任务　连接Internet

由于业务发展，公司新购进了几台台式计算机，并增加了Wi-Fi热点。为尽快实现部门间的信息共享，方便员工办公，需要将新的计算机连接到Internet，同时也要设置员工的笔记本电脑可以利用Wi-Fi连接Internet，访问网络上的资源。

在已经申请网络服务的情况下，连接到Internet的方式主要有有线和无线两种，有线连接方式需要准备网线，无线需要有无线网卡（一般笔记本电脑都有内置无线网卡）。同时需要有上网的账号和密码，并需要知道计算机的IP地址和子网掩码、DNS等如何分配。网络相关的设置在"网络和共享中心"。

一、台式计算机有线上网方式设置

步骤一：通过局域网连接Internet。

（1）找到计算机主机背后的网络接口。

（2）将从交换机引出的网线的水晶头与主机网络接口连接，听到"咔"的一声表示连接到位，同时主机网络接口有灯闪烁。

步骤二：设置IP和DNS等信息。

（1）选择【开始】-【设置】-【控制面板】-【查看网络状态和任务】打开"网络和共享中心"，如图4-5所示。

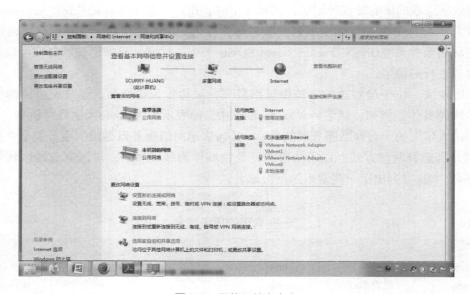

图4-5　网络和共享中心

（2）在"网络和共享中心"窗口中，单击左侧的"更改适配器设置"，打开"网络连接"窗口，如图4-6所示。

图4-6　网络连接

（3）在"网络连接"窗口中，用鼠标右键单击"本地连接"图标，在弹出的快捷菜单中选择"属性"，打开"本地连接属性"对话框，如图4-7所示。

（4）在"网络"选项卡中从"此连接使用下列项目"列表中选择"Internet协议版本4（TCP/IPv4）"，然后单击"属性"按钮，打开"Internet协议版本4（TCP/IPv4）属性"设置对话框，如图4-8所示。在该对话框中可以根据网络中心分配的IP设置本机的IP地址和DNS服务器，也可以选择"自动获取IP（DNS服务器）地址"的形式。

步骤三：查看网络连接。

（1）在"网络和共享中心"窗口中选择【宽带连接】，打开如图4-9所示的"宽带连接状态"对话框。

（2）在"宽带连接状态"对话框中，单击"详细信息"按钮，可以查看本机的IP地址和DNS服务器等信息，如图4-10所示。

二、笔记本电脑无线上网方式设置

具体步骤如下：

（1）单击任务栏右下角的"宽带连接"图标。

（2）选择要连接的无线网络，如图4-11所示，点击连接。

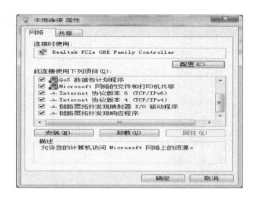

图4-7　本地连接属性

图4-8　"Internet协议版本4（TCP/IPv4）属性"设置

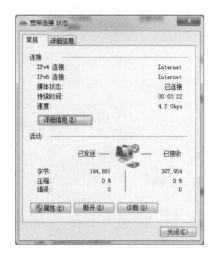

图4-9　宽带连接属性

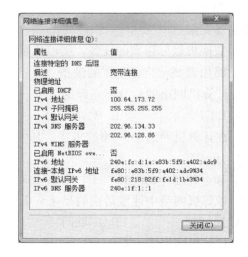

图4-10　宽带连接详细信息

（3）对于首次连接，输入正确的无线网络的密码，点击"确定"按钮即可（图4-12）。

图4-11　选择需要连接的无线网络　　　　　　　　图4-12　输入密码

【说明】不管是无线上网还是有线上网，相应的参数都只需要在首次连接的时候设置。

实践训练4

一、单选题

1. 下列IP地址中正确的是（　　）。

A. 192.128.256.0　　　　　　　　　　　　B. 1.0.0.-2

C. 1.255.225.297　　　　　　　　　　　　D. 193.192.2.1

2. 路由器和交换机相比较下列说法正确的是（　　）。

A. 路由器和交换机一样，通常可以互相换用

B. 路由器和交换机的最大区别就是路由器速率慢安全性高，交换机速率快，相对没有路由器安全

C. 交换机是分带宽的设备，所以尽量少用

D. 路由器是一个分带宽的设备

3. 计算机网络的划分不正确的是（　　）。

A. LAN　　　　　　B. WAN　　　　　　C. MAN　　　　　　D. CDMA

4. 在计算机网络中，1M的带宽，其中1M是指（　　）。

A. 1024KB　　　　　　　　　　　　　　B. 1000KB

C. 和存储器中的一样　　　　　　　　　　D. 以上都不正确

5. 计算机网络中速度最快的是（　　）。

A. 局域网　　　　　　B. 广域网　　　　　　C. 互联网　　　　　　D. 一样快

6. 计算机网络中，对OSI说法正确的是（　　）。

A. 是个网络国际标准　　　　　　　　　　B. 是个局域网络标准

C. 是个广域网标准　　　　　　　　　　D. 是个网络行业标准

7. 计算机网络中，数据的传输速度常用的单位是（　　）。

A. bps　　　　　　B. 字符/秒　　　　　C. MHz　　　　　　D. Byte

8. 局域网的拓扑结构最主要有星型、（　　）、总线型和树型四种。

A. 链型　　　　　　B. 网状型　　　　　C. 环型　　　　　　D. 层次型

9. 下面是某单位的主页的Web地址URL，其中符合URL格式的是（　　）。

A. Http//www.gdpepe.edu.cn　　　　　B. Http:www.gdpepe.edu.cn

C. Http://www.gdpepe.edu.cn　　　　　D. Http:\\www.gdpepe.edu.cn

10. 从IP地址"168.123.22.10"，就能判断该IP地址属于（　　）地址。

A. A类　　　　　　B. B类　　　　　　C. C类　　　　　　D. D类

二、问答题

1. Internet设置IP和域名的作用是什么？

2. 查看自己的主机的网络连接状态，并设置其TCP/IP信息，如下：

IP：192.168.1.102

子网掩码：255.255.255.0

默认网关：192.168.1.254

DNS：202.96.128.86和202.96.128.166

项目5　Internet的应用

项目背景

　　网络包括的信息量极大，涉及政治、经济、文化、天文、地理、娱乐、军事、教育、科技、体育等。大量网上共享资源为我们的学习打开了方便之门，也开阔了我们的视野，丰富了我们的生活。但是，如何从这么大量的数据中搜索到有用的资源却需要掌握一定的技能并加以不断实践才能实现。

知识储备

一、Internet与网络资源搜索

1. Internet概念

Internet是一个庞大的世界范围的信息资源网，Internet是Interconnect Networks的简称，是"网间网络"的意思，中文名称叫互联网。Internet把世界范围内各个领域的信息资源

集合到一起，加速了全球化、数字化的进程，它把世界变成一个"网上地球村"的信息资源宝库，是信息时代的一个重要标志。Internet是一个面向公众的、社会性的开放系统，它的信息资源分布在整个网络中。

2. 浏览器与网络资源搜索

（1）浏览器。浏览器是指可以显示网页服务器或者文件系统的HTML文件（标准通用标记语言的一个应用）内容，并让用户与这些文件交互的一种软件。它用来显示在万维网或局域网等内的文字、图像及其他信息。这些文字或图像，可以是连接其他网址的超链接，用户可迅速及轻易地浏览各种信息。一个网页中可以包括多个文档，每个文档都是分别从服务器获取的。大部分的浏览器本身支持除了HTML之外的广泛的格式，例如JPEG、PNG、GIF等图像格式，并且能够扩展支持众多的插件（plug-ins）。另外，许多浏览器还支持其他的URL类型及其相应的协议，如FTP、Gopher、HTTPS（HTTP协议的加密版本）。HTTP内容类型和URL协议规范允许网页设计者在网页中嵌入图像、动画、视频、声音、流媒体等。

国内常见的浏览器有：Internet Explorer、Firefox、360浏览器、Google Chrome、QQ浏览器、傲游浏览器、世界之窗浏览器、UC浏览器、Safari等，浏览器核心的部分是"渲染引擎"，各种浏览器的内核不一样，一般习惯性称之为"浏览器内核"。

Trident内核代表产品Internet Explorer，又称其为IE内核。

Gecko内核代表作品Mozilla Firefox Gecko，是一套开放源代码的、以C++编写的网页排版引擎。

WebKit内核代表作品是Safari和Chromewebkit。

Presto内核代表作品是Opera。

（2）浏览的相关概念。

①万维网。万维网（亦作"网络""WWW""3W"，英文"Web"或"World Wide Web"），是一个资料空间。在这个空间中，一种有用的事物，称为一种"资源"，并且由一个全域"统一资源标识符"（URL）标识。这些资源通过超文本传输协议（Hyper text Transfer Protocol）传送给使用者，而后者通过点击链接来获得资源。从另一个观点来看，万维网是一个透过网络存取的互联超文件（interlinked hyper text document）系统。

②超文本和超链接。超文本（Hypertext）中不仅含有文本信息，而且还可以包含图形、声音、图像和视频等多媒体信息，最主要的是超文本中还包含着指向其他网页的链接，这种链接称为超链接（HyperLink）。在一个超文本文件中可以含有多个超链接，它们把分布在本地或远地服务器中的各种形式的超文本链接在一起，形成一个纵横交错的链接网。用户可以打破顺序阅读文本的老规矩，从一个网页跳转到另一个网页进行阅读。当鼠标指针移到含有超链接的文字时，指针会变成一手形指针，文字也会改变颜色或加下划线，表示此处有一链接，直接单击它就可转到另一相关的Web页。

③统一资源定位符。统一资源定位符，即URL，俗称"网址"，用于标识Internet上的每一个网页是互联网上标准的资源的地址。URL地址可以是本地磁盘，也可以是局域网上的某一台计算机，更多的是Internet上的站点。简单地说，URL就是Web地址。URL由三部分组成：协议类型、主机名和路径及文件名。使用方式为：协议://IP地址或域名/路径/文

件名，如百度的网址是"https://www.baidu.com"。其中：

协议是服务方式或是读取数据的方法；

IP地址或域名是指存放该资源的主机的IP地址或域名；

路径和文件名是用路径的形式表示Web页在主机中的具体位置。

（3）网络资源搜索。互联网像一个浩瀚的信息海洋，如何在其中搜索到自己需要的有用信息，是每个互联网用户遇到的问题。为了能够迅速找到所需的资料，最好的办法是使用搜索引擎。搜索引擎是指根据一定的策略、运用特定的计算机程序从互联网上搜集信息，在对信息进行组织和处理后，为用户提供检索服务，将用户检索相关的信息展示给用户的系统。搜索引擎包括全文索引、目录索引、元搜索引擎、垂直搜索引擎、集合式搜索引擎、门户搜索引擎与免费链接列表等。百度、搜狗、360搜索、有道、搜搜等是国内用得较多的搜索引擎。

搜索引擎可以简单地分为简单查询和高级查询两种。

①简单查询。在搜索引擎中输入关键词，然后点击"搜索"就行了，系统很快会返回查询结果，这是最简单的查询方法，使用方便，但是查询的结果却不准确，可能包含着许多无用的信息。

②高级查询。

双引号（""）

给要查询的关键词加上双引号（半角，以下要加的其他符号同此），可以实现精确地查询，这种方法要求查询结果要精确匹配，不包括演变形式。例如：在搜索引擎的文字框中输入"电传"，它就会返回网页中有"电传"这个关键字的网址，而不会返回诸如"电话传真"之类的网页。

使用加号（＋）

在关键词的前面使用加号，也就等于告诉搜索引擎该单词必须出现在搜索结果中的网页上，例如，在搜索引擎中输入"＋电脑＋电话＋传真"就表示要查找的内容必须要同时包含"电脑、电话、传真"这三个关键词。

使用减号（－）

在关键词的前面使用减号，也就意味着在查询结果中不能出现该关键词，例如，在搜索引擎中输入"电视台-中央电视台"，它就表示最后的查询结果中一定不包含"中央电视台"。

通配符（*和?）

通配符包括星号（*）和问号（?），前者表示匹配的数量不受限制，后者匹配的字符数要受到限制，主要用在英文搜索引擎中。例如输入"computer*"，就可以找到"computer、computers、computerised、computerized"等单词，而输入"comp?ter"，则只能找到"computer、compater、competer"等单词。

使用布尔检索

所谓布尔检索，是指通过标准的布尔逻辑关系来表达关键词与关键词之间逻辑关系的一种查询方法，这种查询方法允许我们输入多个关键词，各个关键词之间的关系可以用逻辑关系词来表示。

　　and，称为逻辑"与"，用and进行连接，表示它所连接的两个词必须同时出现在查询结果中，例如，输入"computerandbook"，它要求查询结果中必须同时包含computer和book。

　　or，称为逻辑"或"，它表示所连接的两个关键词中任意一个出现在查询结果中就可以，例如，输入"computerorbook"，就要求查询结果中可以只有computer，或只有book，或同时包含computer和book。

　　not，称为逻辑"非"，它表示所连接的两个关键词中应从第一个关键词概念中排除第二个关键词，例如输入"automobilenotcar"，就要求查询的结果中包含automobile（汽车），但同时不能包含car（小汽车）。

　　near，它表示两个关键词之间的词距不能超过几个非搜索词。

　　在实际的使用过程中，你可以将各种逻辑关系综合运用，灵活搭配，以便进行更加复杂的查询。

　　使用元词检索

　　大多数搜索引擎都支持"元词"（metawords）功能，依据这类功能用户把元词放在关键词的前面，这样就可以告诉搜索引擎你想要检索的内容具有哪些明确的特征。例如，你在搜索引擎中输入"title:清华大学"，就可以查到网页标题中带有清华大学的网页。在键入的关键词后加上"domainrg"，就可以查到所有以org为后缀的网站。其他元词还包括：image，用于检索图片；link，用于检索链接到某个选定网站的页面；URL，用于检索地址中带有某个关键词的网页。

　　区分大小写

　　这是检索英文信息时要注意的一个问题，许多英文搜索引擎可以让用户选择是否要求区分关键词的大小写，这一功能对查询专有名词有很大的帮助，例如：Web专指万维网或环球网，而web则表示蜘蛛网。

　　特殊搜索命令

　　intitle：是多数搜索引擎都支持的针对网页标题的搜索命令。例如，输入"intitle:家用电器"，表示要搜索标题含有"家用电器"的网页。

二、网络资源下载与保存

1. 相关概念

　　①下载。下载是指通过网络进行传输文件，把互联网或其他电子计算机上的信息保存到本地电脑上的一种网络活动。下载可以显式或隐式地进行，只要是获得本地电脑上所没有的信息的活动，都可以认为是下载，如在线观看。

　　②上传。上传就是将信息从个人计算机（本地计算机）传递到中央计算机（远程计算机）系统上，让网络上的人都能看到。将制作好的网页、文字、图片等发布到互联网上去，以便让其他人浏览、欣赏。

　　③断点续传。断点续传指的是在下载或上传时，将下载或上传任务（一个文件或一个压缩包）人为地划分为几个部分，每一个部分采用一个线程进行上传或下载，如果碰到网络故障，可以从已经上传或下载的部分开始继续上传下载以后未上传下载的部分，而没有必要从头开始上传下载。可以节省时间，提高速度。

④单线程与多线程下载。将要下载的数据直接通过单一的、唯一的信道或媒介传输就是单线程下载。将要下载的数据划分为多个数据块后，按照一定的网络传输协议，分别通过单一的、唯一的信道或媒介，传输到你的机器就是多线程下载。

2. 常用下载方法

①"目标另存为"法。"目标另存为"法是使用浏览器自带的下载器进行下载的方法。点选要下载的资源右击鼠标，选择"目标另存为"选项即可。

②应用软件下载法。应用软件下载法是利用专门的下载软件进行下载，如迅雷、电驴、QQ旋风、网际快车等常用下载软件。

3. 网盘

网盘，又称网络U盘、网络硬盘，是由互联网公司推出的在线存储服务，向用户提供文件的存储、访问、备份、共享等文件管理等功能。用户可以把网盘看成一个放在网络上的硬盘或U盘，不管你是在家中、单位或其他任何地方，只要能连接到互联网，就可以管理、编辑网盘里的文件。网盘不需要随身携带，更不怕丢失。

目前常用的国内网盘有百度云网盘、金山快盘、115网盘、360云盘、QQ微云等。

三、电子邮箱与电子邮件

1. 电子邮箱

电子邮箱（E-MAILBOX）是通过网络电子邮局为网络客户提供的网络交流的电子信息空间，具有存储和收发电子信息的功能，是互联网中最重要的信息交流工具。在网络中，电子邮箱可以接收网络中任何电子邮箱所发的电子邮件，并能存储规定大小的多种格式的电子文件。电子邮箱一般格式为：用户名@域名，如zhangsan@126.com。

邮件服务商主要分为两类，一类主要针对个人用户提供个人免费电子邮箱服务，另外一类针对企业提供付费企业电子邮箱服务。对于个人免费电子邮箱，注册后可以立即使用。目前国内主流的个人免费电子邮箱有126邮箱、新浪邮箱、QQ邮箱、189邮箱、139邮箱等。

2. 电子邮件的格式

一封完整的电子邮件都由两个基本部分组成：信头和信体。

（1）信头。信头一般有下面几个部分：

①收信人，即收信人的电子邮件地址；

②抄送，表示同时可以收到该邮件的其他人的电子邮件地址，可有多个；

③主题，是概括地描述该邮件内容，可以是一个词，也可以是一句话，由发信人自拟。

（2）信体。信体是希望收件人看到的信件内容，有时信件体还可以包含附件。附件是含在一封信件里的一个或多个计算机文件，附件可以从信件上分离出来，成为独立的计算机文件。

3. 邮件客户端

邮件客户端通常指用于收发电子邮件的软件，用户不需要登录邮箱就可以收发邮件。著名的邮件客户端主要有：Windows自带的Outlook，Mozilla Thunderbird，Windows Live Mail，国内客户端三剑客Fox Mail、Dreammail和Koo Mail等。

任务1 信息搜索与下载

计算机网络的主要功能是实现资源共享，当计算机连接上Internet后，可应用浏览器从网络上众多的资源中搜索需要的信息，并且能够将搜索到的信息下载到本地计算机长期保存，方便随时使用。在公司的信息化建设中，有不少资料和信息可以从网络获取，如公司为了响应国家政策，提高员工的环保意识，决定举行环保相关的培训，这时可从网上搜索各类优秀的与环保相关的资料。

对于一般的信息，直接使用百度网页就可以搜索到相关内容，然后可以选择复制粘贴部分内容，也可以直接将网页或文件下载到计算机中。如果信息的专业性较强、比较有针对性，也可以利用百度文库搜索。如果还搜索不到内容（特别是软件类资源），可以尝试使用百度网盘搜索。

一、在百度网页上搜索信息

（1）打开浏览器，在地址栏中输入https://www.baidu.com，按Enter键，就可以打开百度首页，如图5-1所示。

图5-1 百度首页

（2）在"百度一下"文本框中输入要搜索的内容"环保"，点击"百度一下"按钮或按Enter键，就可以显示搜索到的信息，如图5-2所示。

图5-2 搜索环保信息

（3）点击想要的信息的超链接（这里以"百度百科"为例），打开如图5-3所示的网页。

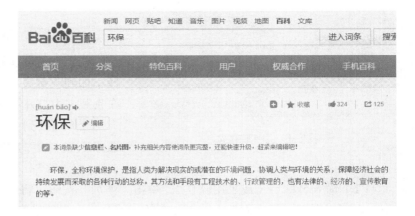

图5-3 查看搜索的信息

图5-4 保存网页

二、保存资源

（1）选择菜单"文件"-"另存为"，打开如图5-4所示的"保存网页"对话框。

（2）选择合适的保存位置，点击"保存"按钮，保存网页。

（3）如果搜索到的是图片，可以直接在该图片上单击鼠标右键，选择"图片另存为"，保存图片到合适的文件夹，操作如图5-5所示。

图5-5 图片保存方式

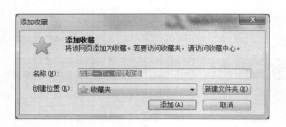

图5-6 添加收藏夹

三、添加到收藏夹

对于一些可能经常使用的网站，可以选择添加到收藏夹中，需要的时候就可以直接在收藏夹中打开，非常方便。

（1）切换到"百度"网页的选项卡下，选择工具栏中的"收藏夹"-"添加到收藏夹"，打开图5-6中的"添加收藏"对话框。

（2）输入名称后（或采用默认），单击"添加"按钮，将网址保存到浏览器的收藏夹中（也可以利用"新建文件夹"对收藏的网页分门别类地进行管理）。

四、使用百度文库搜索信息

如果要搜索的是某一类文档，可以直接使用百度文库进行搜索。百度文库是百度发布的供网友在线分享文档的平台。百度文库的文档由百度用户上传，需要经过百度的审核才能发布，百度自身不编辑或修改用户上传的文档内容。网友可以在线阅读和下载这些文档。百度文库的文档包括教学资料、考试题库、专业资料、公文写作、法律文件等多个领域的资料，并且支持主流的DOC（DOCX）、PPT（PPTX）、TXT、PDF、XLS（XLSX）、WPS、RTF、POT、PPS等多种文件格式。百度文库的使用方法如下：

（1）在百度首页中点击"文库"超链接，打开百度文库，如图5-7所示。

图5-7 使用百度文库搜索

（2）在搜索框中输入"环保"，并选择文档的类型是"PPT"，按Enter键，就可以搜索到与"环保"相关的PPT文档了。

（3）找到需要的链接，点击进去，就可以看到文档的内容。

（4）如果是百度会员，并且有足够的财富值，可以点击右下角的"下载"，如图5-8所示将文档下载到本地计算机。

图5-8 下载文库文档

五、使用百度网盘搜索引擎搜索资源

有时候，我们需要下载一些资源，但却又找不到，特别是软件类或电子书类的资源。这时可以通过百度网盘来搜索自己想要的资源。搜索引擎链接：http://so.baiduyun.me/。具体的方法/步骤如下：

（1）打开图5-9中的搜索引擎的页面。

（2）在搜索栏输入想要的资源，如图5-10所示，按Enter键，就可以搜索到保存有该资源的网盘链接。

图5-9　百度网盘搜索引擎　　　　　　　　图5-10　搜索资源

（3）点击想要的资源，打开资源。

（4）在图5-11中，点击"保存至网盘"按钮，将该资源保存到自己的网盘中。也可以选择"下载"按钮，将资源下载到计算机中。

图5-11　保存有"超能陆战队"的网盘

六、浏览器的一些常规设置

说明：这里以IE为例，其他的浏览器设置基本类似。

1. 设置默认主页

（1）在IE浏览器窗口中，选择【工具】-【Internet选项】命令，打开图5-12中的"Internet选项"的设置窗口。

（2）在"常规"选项卡中的"主页"文本框中输入百度的网址"www.baidu.com"

（3）单击"确定"按钮，将该网页设置为IE浏览器的默认主页。再次启动IE时，就会

图5-12　设置IE主页

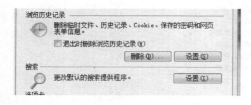

图5-13　浏览历史记录内容

首先打开此网页。

2. 删除历史记录

浏览网页的时候，浏览器会缓存部分内容或记录部分信息，即使关闭浏览器，这些信息也不会被删除，这样会导致一段时间以后，浏览器的速度变慢，因此需要定时清理一下历史记录。具体操作如下：

（1）在Internet选项卡中找到浏览历史记录，如图5-13所示。

（2）点击"删除"按钮，就可以删除历史记录。

3. 查看最近访问过的网页

可能浏览过的网页已经关闭，但又需要再次使用，这时可以利用浏览器的"查看最近访问过的网页"的功能找到之前访问的网页，具体操作如下：

（1）单击工具栏上的"收藏夹"按钮，将在浏览器的左侧显示"收藏夹/源/历史记录"窗格，如图5-14所示。

（2）在该窗格中点击"历史记录"选项卡，就可以按日期查看曾经访问过的网页，如图5-15所示。

图5-14　查看IE的历史记录

图5-15　查看最近访问的网页

任务2　电子邮箱与Outlook的使用

公司相关人员已经搜索好了相关的信息，并整理成册，但如何将这些资料发送给其他同事呢，除了QQ文件传输外，还有没有其他途径可以实现呢？

一、申请免费电子邮箱

说明：如果已经有免费电子邮箱，此步骤可以省略。

免费电子邮箱的注册方式基本相似，本文以申请126免费邮箱为例。

（1）打开浏览器，在地址栏中输入www.126.com或mail.126.com都可以进入126免费邮箱的主页面，如图5-16所示。

（2）在主页面中点击"注册"，进入126免费邮箱注册页面。

（3）按页面提示可选择注册字母邮箱，或手机号码邮箱，如图5-17所示。

填写"邮件地址"（填写用户名，由字母、数字、下划线组成）、"密码"等注册信息，点击"立即注册"即可。

二、发送电子邮件

（1）在126邮箱主页面上输入刚才注册的用户名和密码，点击登录，进入该邮箱

（2）点击页面左上角"写信"按钮，就来到写信页面，如图5-18所示。

图5-16　邮箱主页

图5-17　邮箱注册页面

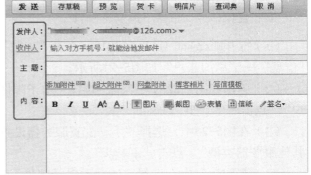

图5-18　邮箱"写信"页面

图5-19　添加抄送人地址

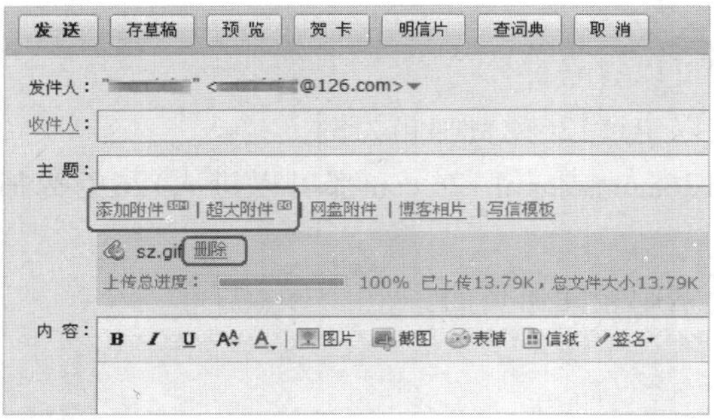

图5-20　添加附件

（3）填入收件人地址。在"收件人"一栏中填入收信人的E-mail地址，如果是多个地址，在地址间用"，"隔开；或者点击右边"通讯录"中一位或多位联系人，选中的联系人地址将会自动填写在"收件人"一栏中，如果点击联系组，该组内的所有联系人地址都会自动填写在"收件人"栏。

若想抄送信件，请点击"添加抄送"，如图4-31中红色方框的位置，将会出现抄送地址栏。抄送就是将信同时也发送给收信人以外的抄送栏中的人。如果是多个地址，在地址间请用"，"隔开，也可多次点击右边的"通讯录"选择多个收件人，与此同时所有收到该邮件的人知道将这封信抄送给其他人。

若想密送信件，请点击"添加密送"，将会出现密送地址栏，再填写密送人的E-mail地址。密送就是将信秘密发送给邮箱地址在密送栏的人，与此同时，所有收到该邮件的人将不会知道您将这封信密送给其他人。

（4）在"主题"一栏中填入邮件的主题。

（5）添加附件。如果需要随信附上文件或者图片，请点击图5-20中的"添加附件"，再点击"浏览"按钮，在弹出的对话框中，选择要添加的附件后点"打开"即可；也可点击"删除"按钮，删掉不要的附件。若要添加多个附件，请重复点击"添加附件"；如果有较大文件需要发送，可以使用"超大附件"，最多可以发送2G。

（6）在正文框中填写信件正文。

（7）发送邮件。点击页面上方或下方任意一个"发送"按钮，邮件就发出去了！如果选择了附件，在发送的同时，上传的附件也跟随信件正文一起发送出去了。

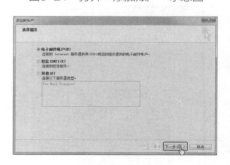

图5-21　打开"添加账户"示意图

三、使用Outlook客户端发送邮件

（1）打开Microsoft Outlook 2010，点击"文件"—"信息"—"添加账户"如图5-21所示。

（2）弹出如图5-22的对话框，选择"电子邮件账户"，点击"下一步"。

（3）在图5-23中，选择"手动配置服务器设置或其他服务器类型"，点击"下一步"。

（4）在图5-24中，选择"Internet电子邮件"，点击"下一步"。

图5-22　选择账户类型

图5-23　自助账号设置

图5-24　选择服务

（5）按图5-25中的页面提示填写账户信息：账户类型选择：pop3、接收邮件服务器：pop.126.com、发送邮件服务器：smtp.126.com，用户名：使用系统默认（即不带后缀的@126.com），填写完毕，点击"其他设置"。

（6）点击"其他设置"后会弹出对话框（图5-26），选择"发送服务器"，勾选"我的发送服务器（SMTP）要求验证"，并点击"确定"。

图5-25　Internet电子邮件设置

图5-26　设置验证

（7）回到刚才的对话框，点击"下一步"，如图5-27的操作。

（8）在弹出的"测试账户设置对话框"，如出现图5-28情况，说明设置成功了。

图5-27　Internet电子邮箱设置

图5-28　设置成功提示对话框

（9）在弹出的对话框中（图5-29），点击"完成"。

（10）账户设置完成后，返回Outlook主界面。单击"创建新邮件"，打开如图5-30所示的新邮件撰写窗口，分别添加收件人、主题、附件和信函内容后，单击"发送"按钮，完成电子邮件的发送。

图5-29 完成电子邮箱客户端设置

图5-30 利用Outlook撰写信函

任务3 使用图书馆电子资源

图书馆不但有丰富的图书资料供大家借阅，利用图书馆的网站提供的电子资源还能查找到丰富的专业资料、电子图书和名人讲座视频，同时还可以利用学习资源库进行日常学习、考前练习、在线考试等。

一、熟悉图书馆电子资源

打开浏览器，在地址栏中输入学院图书馆网址http://tsg.gdepc.cn/，打开图书馆网页，在网页中间位置列出的就是图书馆的电子资源，如图5-31所示。

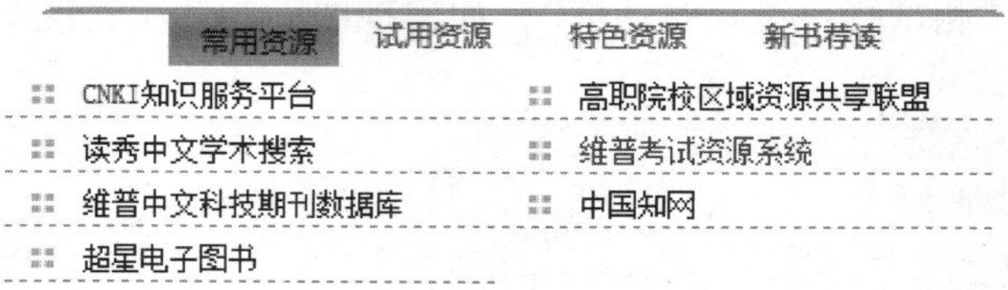

常用资源	试用资源	特色资源	新书荐读
CNKI知识服务平台		高职院校区域资源共享联盟	
读秀中文学术搜索		维普考试资源系统	
维普中文科技期刊数据库		中国知网	
超星电子图书			

图5-31 图书馆电子资源

其中，常用资源主要是各类检索数据库，提供了期刊、报纸、学位论文、会议论文、专利、标准和视频的联合检索等功能。试用资源（图5-32）主要提供各类学习和名人讲座视频，这些内容都涵盖了各类学科。

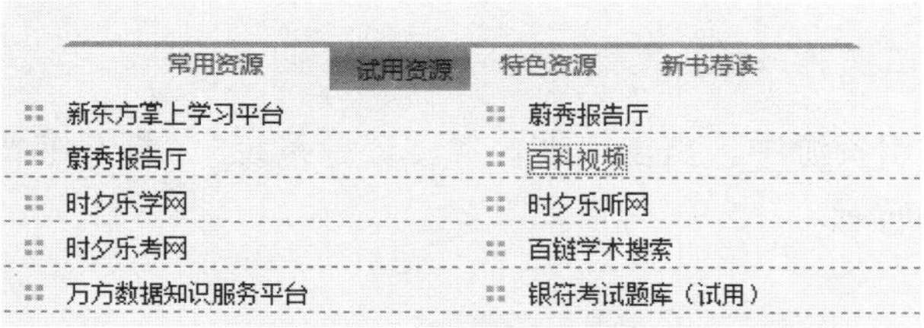

	常用资源	试用资源	特色资源	新书荐读

新东方掌上学习平台　　　　　　蔚秀报告厅

蔚秀报告厅　　　　　　　　　　百科视频

时夕乐学网　　　　　　　　　　时夕乐听网

时夕乐考网　　　　　　　　　　百链学术搜索

万方数据知识服务平台　　　　　银符考试题库（试用）

图5-32　图书馆试用资源

二、搜索超星电子图书

（1）打开图书馆网页http://tsg.gdepc.cn/，找到常用资源。

（2）点击"超星电子图书"，打开超星电子图书远程访问地址，如图5-33所示。

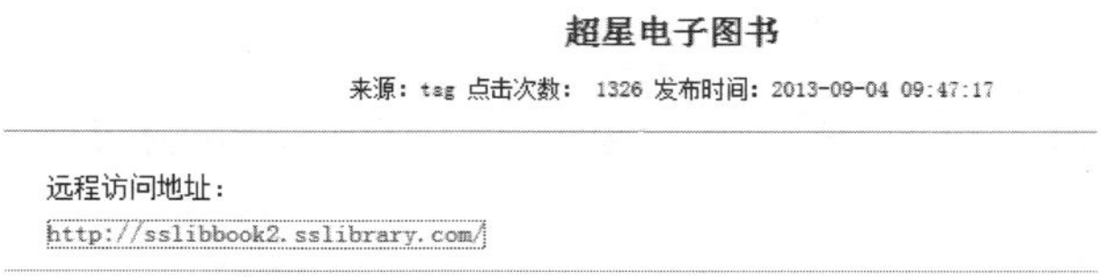

超星电子图书

来源：tsg 点击次数：1326 发布时间：2013-09-04 09:47:17

远程访问地址：

http://sslibbook2.sslibrary.com/

图5-33　超星图书链接

（3）点击该网址，进入超星电子图书网站，如图5-34所示。

图5-34　超星电子图书网站

（4）在搜索框中输入要搜索的书名"福尔摩斯"，如图5-35所示。

图5-35　电子图书搜索结果示意图

（5）如果安装了超星阅读器，点击"阅读器阅读"，否则点击"网页阅读"就可以阅读电子图书了。

三、使用维普考试资源系统

（1）在图书馆常用资源中，点击"维普考试资源系统"，打开维普考试资源系统远程访问地址，如图5-36所示。

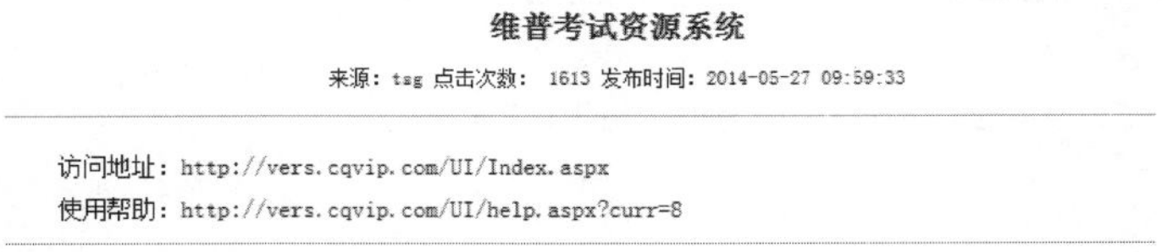

维普考试资源系统

来源：tag 点击次数：1613 发布时间：2014-05-27 09:59:33

访问地址：http://vers.cqvip.com/UI/Index.aspx

使用帮助：http://vers.cqvip.com/UI/help.aspx?curr=8

图5-36　维普考试资源系统入口链接

（2）点击该网址，进入如图5-37所示的维普考试资源系统。

图5-37　维普考试资源系统网站

（3）点击导航上的语言类，就可以找到语言类的全真试卷和模拟试卷，如图5-38所示。

图5-38　语言类试卷搜索结果示意图

（4）在全真试卷下方，查找到如图5-39所示的"大学英语"。

（5）点击"英语三级A"，进入如图5-40所示的"试卷分类"界面。

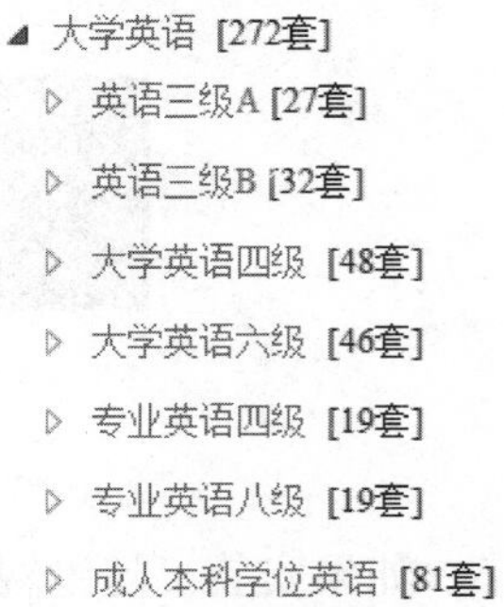

◢ 大学英语 [272套]

▷ 英语三级A [27套]

▷ 英语三级B [32套]

▷ 大学英语四级 [48套]

▷ 大学英语六级 [46套]

▷ 专业英语四级 [19套]

▷ 专业英语八级 [19套]

▷ 成人本科学位英语 [81套]

图5-39　查找"大学英语"结果

图5-40　"试卷分类"界面

（6）点击右侧的"点击进入做题"，就可以进入如图5-41所示的做题界面。

图5-41　做题界面

（7）点击左侧的"开始答卷"按钮，开始答题。

（8）点击左侧的"交卷"，提交试卷，查看正确答案。

四、使用蔚秀报告厅

（1）在图书馆试用资源中，点击"蔚秀报告厅"，打开蔚秀报告厅使用方法介绍，如图5-42所示。

蔚秀报告厅

来源：tsg 点击次数：59 发布时间：2015-01-22 02:15:34

使用方法：

1. 本校IP段已开通使用权限，在本校IP段内无需输入用户名及密码，可以直接进入蔚秀网址观看讲座：

蔚秀报告厅主站：www.wxbgt.com

试用期限：2015年1月4日起至 2015年5月4日

图5-42　"蔚秀报告厅"入口链接

（2）点击蔚秀报告厅主站的URL链接，打开如图5-43所示的蔚秀报告厅。

（3）利用左侧的导航，定位查找自己感兴趣的讲座视频，点击进入，就可以观看视频了。

图5-43　蔚秀报告厅网站

实践训练5

一、为"第六届科技文化艺术节电子报刊制作"项目比赛进行资料准备：

1. 使用搜索引擎，搜索相关的资料和信息（本次活动的主题是"低碳""环保"）。

2. 下载搜索到的资料并保存到本地磁盘。

3. 搜索相关的图片，保存到本地磁盘。

4. 使用压缩软件将收集到的资料进行压缩，压缩后的文件名为"电子报刊素材"，保存到相关文件夹中。

二、将收集到的相关资料，分别用在线电子邮件和Outlook软件进行发送，接收人是项目指导老师。

1. 打开IE浏览器，登录电子邮箱，单击"写信"。

2. 在"收件人"栏目中，输入自己指导老师的邮箱地址。每写完一个地址，用英文状态下的分号加以间隔。

3. 在"主题"栏目中，输入"第六届科技"。

4. 在邮件内容框中输入"老师，您好！您要求我收集的相关资料已收齐，现在发给您，请查收！学生：（你的姓名）"。

5. 单击"添加附件"按钮，打开资料所在文件夹，将需要发送的资料以附件的形式添加。

6. 单击"发送"按钮，完成电子邮件的发送。

三、熟悉学院图书馆电子资源：

1. 利用图书馆藏书搜索功能搜索"PhotoShop"相关书籍的馆藏图书情况。

2. 利用维普考试资源系统熟悉"计算机等级考试"试题。

3. 安装超星电子图书阅览器，在超星电子图书中搜索一本专业考证的参考书，并下载到计算机中。

4. 在蔚秀报告厅观看一个人文类的讲座视频。

模块三

Word2010软件应用

📖🔍 模块介绍

Word2010文字处理软件是在学习和工作中需要用到最多的办公软件之一，Word软件可以对文本进行有效的编辑和排版，本模块分为两个项目，第一个项目分4个任务，通过任务的学习了解办公软件的基本操作，第二个项目是对Word软件的高级操作，通过2个任务学习图文混排和综合排版。

【知识目标】

    1. 掌握Word2010的基本功能和运行环境，掌握Word2010的启动和退出。

    2. 掌握Word文档的创建、打开、输入、保存等基本操作。

    3. 掌握Word文档中文本的选定、插入、删除及修改的编辑方法。

    4. 掌握Word文档中文本的复制和移动、查找和替换等基本操作。

    5. 掌握Word文档中字体格式、段落格式的设置，文档页面设置排版技术。

    6. 掌握Word文档中表格的创建、修改和修饰等操作。

    7. 掌握Word文档中表格中数据的输入与编辑、数据的排序和计算等操作。

    8. 掌握Word文档中图形图像的插入和编辑，文本框艺术字的使用和编辑。

    9. 掌握Word文档中邮件合并的应用。

    10. 掌握Word文档中样式与模板的创建和应用。

    11. 掌握Word文档中目录的生成，页眉页脚的设置。

【技能目标】

    1. 通过学习Word文档编辑，使学生深入了解文档的编辑操作，学会对文档内容的增添删改。

    2. 通过学习Word文档格式编辑，使学生深入了解文档的排版，学会对文档内容字体和段落的格式化操作，页面设置和打印操作。

    3. 通过学习办公表格制作，让学生学会表格的编辑操作、格式化操作以及表格的计算和排序操作。

    4. 学会利用形状工具，绘制流程图。

    5. 学会利用SmartART工具绘制关系图示。

    6. 学会利用邮件合并批量制作文档。

7. 学会对论文的综合编辑和目录生成。

【素质目标】

1. 培养学生认真细致的工作态度。

2. 培养学生自主学习探索新知识的意识。

3. 培养学生勤学勤问的学习方法。

4. 培养学生的实操能力与创新意识。

项目6　办公公文制作

项目背景

小李是某市环保局办公文员。她的工作内容包括：草拟通知、制作相关的表格、收集和整理文档资料、打印相关资料和报表等工作，这些工作要求她必须熟练掌握办公软件的使用，掌握编辑技巧，具备认真细致的工作态度。

知识储备

一、界面介绍

Word2010不再采用菜单栏和工具栏的方式，而是采用功能区来组织各类命令。Word2010这种使用功能区的用户界面，和"菜单+工具栏"的界面相比，有以下几个优点：用户能够快速找到所需功能；操作更简单；用户更容易发现并使用更多的功能。

启动Word2010之后，将显示如图6-1所示界面。

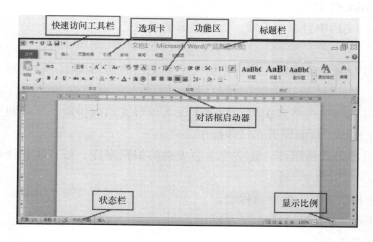

图6-1　Word2010窗口

1. 标题栏

在窗口的最上方是标题栏。在标题栏的中部，显示了正在编辑的文件名称，以及所使用的软件名。标题栏的最左边是Word的图标 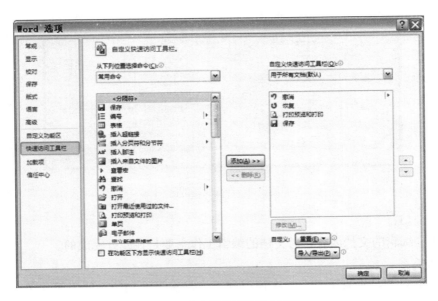，单击该按钮，将打开下拉菜单，通过该菜单，可以对窗口进行移动、最大化、最小化、还原、改变大小等操作。在该按钮的右侧，是快速访问工具栏。通过该工具栏，可以快速完成一些常用的操作。在任务栏的最右边是最小化、最大化（或还原）、关闭按钮，通过这些按钮，可对窗口进行相关操作。

2. 快速访问工具栏

快速访问工具栏是一个可自定义的工具栏，它包含一组独立于当前显示的功能区上选项卡的命令。我们可以根据实际需要，向快速工具栏中添加命令，或者从快速访问工具栏中删除命令。

（1）向快速访问工具栏添加命令。在功能区上，单击相应的选项卡或组以显示要添加到快速访问工具栏的命令。右击该命令，在弹出的快捷菜单中单击"添加到快速访问工具栏"，即可将该命令添加到快速访问工具栏。

（2）从快速访问工具栏中删除命令。右击要从快速访问工具栏中删除的命令，在弹出的菜单中单击"从快速访问工具栏删除"，即可将该命令从快速访问工具栏中删除。

（3）通过使用"选项"命令自定义快速访问工具栏。可以通过使用"选项"命令在快速访问工具栏上添加命令、从中删除命令以及更改命令的顺序。

添加命令：单击"文件"选项卡，选择"选项"，将打开"Word选项"对话框。在该对话框中选择"快速访问工具栏"。在"自定义快速访问工具栏"的左侧上方选择命令的位置，再在下方选择要添加的命令，单击"添加"。该操作可重复进行，直到所要添加的命令全部添加完，单击"确定"即可。

删除命令：在"自定义快速访问工具栏"的右选择侧要删除的命令，单击"删除"。该操作可重复进行，直到所要删除的命令全部删除完，单击"确定"即可（图6-2）。

图6-2　自定义快速访问工具栏

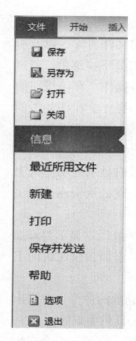

图6-3 "文件"选项卡

3."文件"选项卡

在"文件"选项卡里，包含了对文档本身进行操作的命令，如另存为、打开、关闭、打印、新建等，如图6-3所示。注意，这些命令不能对文档内容进行操作。

4. 功能区

功能区也称为命令区，此处放置工作时需要用到的命令。它的外观会随着显示器的大小而改变，也可以压缩功能区，以适应较小的显示器。功能区包含多个围绕特定方案或对象进行处理的选项卡，每个选项卡的空间进一步分成多个组。部分组的右下角设有对话框启动器，单击后可以显示包括完整功能的对话框或任务窗格。

用户可以根据需要修改功能区，单击"文件"中的"选项"，将打开"Word选项"对话框。在该对话框中选择"自定义功能区"，如图6-4所示。在对话框的左侧可以选择要添加到功能区中的选项卡或者命令，单击"添加"按钮，则可以将选中的选项卡添加到功能区中，或者将命令添加到指定的选项卡中。也可以在对话框的右侧可以选择要删除的选项卡或者命令，单击"删除"按钮，则可以将选中的选项卡从功能区中删除，或者将命令从所在的选项卡中删除。

图6-4 自定义功能区

5. 编辑窗口

显示正在编辑的文档内容。对文档的编辑工作主要是在此处完成的。

6. 滚动条

在窗口的右侧是垂直滚动条，在窗口的下方是水平滚动条。使用滚动条，可用于更改正在编辑的文档的显示位置。

7. 状态栏

在文档的底部，是状态栏。在状态栏显示正在编辑的文档的相关信息，如图6-5所示。在状态栏中，主要包括文档总页数、当前所在页、字数、校对、语言和插入/改写等状态。

8. "视图"按钮

在窗口底部的右侧，是"视图"按钮，如图6-6所示。它可用于更改正在编辑的文档的显示模式，以符合用户的要求。

图6-5 状态栏

图6-6 "视图"按钮

9. 显示比例

在窗口底部的最右侧，是"显示比例"按钮，如图6-7所示。它可用于更改正在编辑的文档的显示比例设置。

图6-7 显示比例

二、文档新建与保存

1. 新建文档

要创建新的Word文档，有以下两种操作方式：

（1）新建空白文档。在"文件"选项卡中单击"新建"，如图6-8所示。双击"空白文档"，即可创建新的空白文档。快捷键Ctrl+N，也可创建空白文档。

图6-8 新建文档

（2）使用模板创建新文档。在"文件"选项卡中单击"新建"，在"可用模板"中选择需要使用的模板，单击右侧的"创建"按钮即可。

2. 打开文档

要打开已经存在的文档，主要有以下两种方式：

（1）在文档存储的位置找到文档，双击该文档，将直接打开该文档。

图6-9 "打开"对话框

（2）在Word中，单击"文件"选项卡，单击"打开"，将会打开"打开"对话框，如图6-9所示。在该对话框中找到要打开文档的位置，选择要打开的文档，单击"打开"。

3. 保存文档

若要保存编辑好的Word文档，主要使用"保存"和"另存为"这两种命令实现。

（1）启用命令方法。启用"保存"命令，有以下三种方式：

①单击"快速访问工具栏"上的"保存"按钮 ▉。

②单击"文件"选项卡，单击"保存"。

③快捷键Ctrl+S。

（2）启用"另存为"命令，可单击"文件"选项卡，单击"另存为"。

保存文档，又分为以下三种情况：

第一次保存文件：

若该文档是第一次保存，启用"保存"或"另存为"命令，此时将打开"另存为"对话框，如图6-10所示。在该对话框中选择文档要保存的位置、输入文件名、选择文件类型，单击"保存"按钮。即可将文档以指定的名称，保存在指定的位置。

直接保存文档：

若该文档不是第一次保存，对其进行编辑之后，启用"保存"命令，则会将该文档以原来的名称，保存在原来的位置上。

将现有文档另存为新文档：

若该文档不是第一次保存，对其进行编辑之后，启用"另存为"命令，此时将打开"另存为"对话框。在该对话框中，可以重新选择文档的保存位置、输入新的文件名，或者修改文档的保存类型。

三、文档模板设置

模板也是一个文档，在其中预设了固定的格式。使用模板，能够使得新建的文档包含某些特定的元素，保证同一类文档风格的整体一

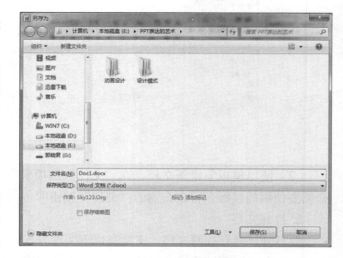

图6-10 "另存为"对话框

致性。某种格式的文档经常被重复使用时，最有效的方法就是使用模板。

1. 模板的类型

Word根据后缀名区分，支持三种类型的模板。

Word97-2003模板（.dot）

在早期word版本中创建的模板。它无法支持Word2007和2010的新功能。基于此模板创建文档时，标题栏会显示"兼容模式"。

Word2007-2010模板（.dotx）

2010的标准模板，支持2007、2010的所有新功能，但是不能存储宏。无法存储宏是为了安全起见。用户可以在基于该模板的文档中存储宏，但是不能在该模板中存储宏。

启用宏的Word模板（.dotm）

它与标准模板的区别在于它存储了宏。

注意：使用这三种模板创建文档时，并无明显区别，但是要修改和创建模板时，模板类型就很重要了。

2. 模板的创建

要创建模板，主要由以下三种方式：

（1）自定义模板。新建一个空白文档，根据模板的需要，在文档中定义样式，添加各种对象并设置格式。再打开"另存为"对话框，在对话框中，选择文件保存位置为"C:\users\用户名\AppData\Roaming\Microsoft\Templates"，输入文件名，保存类型为"Word模板（*.dotx）"，单击"保存"按钮。

（2）使用构建基块创建模板。在Word中为我们提供了大量的构建基块。可以在文档中添加各种需要的构建基块，如有需要再对添加的构建基块进行修改，或者设置格式，再将该文档保存为Word模板类型。要在文档中插入构建基块，在"插入"选项卡"文本"组中，单击"文档部件"，在打开的下拉列表中选择"构建基块管理器"选项，将打开"构建基块管理器"对话框，如图6-11所示。

一般说来，名称相同的构建基块的风格是相同的，所以添加构建基块时，最好选择同名的。单击"名称"，可以将构建基块按名称排序，方便使用同名的构建基块。选择要添加的构建基块，单击"插入"按钮，就可将需要的构建基块插入到文档中。

（3）另存为快速样式集。我们也可以先定义好在模板中要使用的样式，然后在"开始"选项卡"样式"组中单击"更改样式"按钮，在打

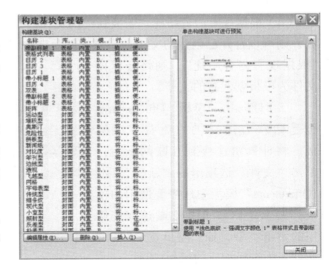

图6-11　构建基块管理器

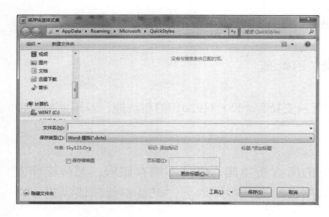

图6-12 "保存快速样式集"对话框

开的下拉列表中选择"样式集",再在打开的级联菜单中选择"另存为快速样式集"选项,将打开"保存快速样式集"对话框,如图6-12所示。在该对话框中输入文件名,单击"保存"按钮。在样式集中,会出现新定义的样式集。

注意,另存为快速样式集时,最好使用默认的保存位置,即"C:\users\用户名\AppData\Roaming\Microsoft\QuickStyles",否则,在样式集列表中看不到该样式集。

3. 模板的使用

在新建文档时,Word默认使用的是系统为我们提供的模板"Normal.dotx"。我们也可以根据需要,选择使用其他的模板来创建新文档。在"文件"选项卡单击"新建",在右侧选择需要的模板。

(1)空白文档。即"Normal"模板,双击"空白文档",将创建默认的空白文档。

(2)样本模板。在本地电脑上存储的,由系统提供的模板。单击"样本模板",将打开样本模板列表,在该列表中选择需要的模板,右侧可以预览该模板,单击右下方的"创建"按钮,或者直接双击要使用的模板,将会根据该模板创建新文档。

(3)我的模板。单击"我的模板",将打开"新建"对话框,如图6-13所示。在该对话框的"个人模板"选项卡中,包含了保存在"C:\users\用户名\AppData\Roaming\Microsoft\Templates"中的所有模板。根据需要选择相应的模板即可。注意,"我的模板"默认的保存位置是"C:\users\用户名\AppData\Roaming\Microsoft\Templates"。若模板没有保存在该路径,则在"我的模板"中不会出现该模板。

(4)根据现有内容新建。若要新建的文档格式、样式、页面等与已经创建的某文档相同,则可以打开已创建的文档,在"文件"选项卡选择"新建",在"可用模板"中选择"根据现有内容新建",则将会以该文件为模板创建新的文档。

(5)Office.com模板。Office.com模板是微软公司提供的免费在线模板。将计算机连接到互联网上后,单击"文件"选项卡的"新建",在"Office.com"模板中选择要使用的模板,如"贺卡"。根据需要选择要使用的贺卡类型,如"生日贺卡",再在列表中选择相应的模板。

图6-13 "新建"对话框

四、安全设置

1. 自动保存

在编辑 Word 文档时，难免会遇到意外情况，还没有来得及保存文件，就退出程序。我们可以利用 Word 提供的自动保存功能，在编辑文档时能够自动保存，避免出现意外时，由于未保存文档而全部丢失。

在"文件"选项卡中，选择"选项"，在打开的"Word 选项"对话框"左侧"选择"保存"，如图 6-14 所示。在右侧的"保存文档"中选择文件的保存格式、时间间隔、保存位置等。单击"确定"按钮，则文档会按照设定的参数自动保存。

图6-14 "Word选项"对话框之"保存"

2. 加密文档

我们可以给 Word 文档加密，要打开文档时，必须输入正确的密码才行。在"文件"选项卡中，选择"信息"，窗口如图 6-15 所示。

图6-15 文档信息

在该窗口中单击"保护文档"按钮，在打开的列表中选择"用密码进行加密"，将打开"加密文档"对话框，如图6-16所示。

在该对话框中输入密码，并再次确认密码即可。以后，要打开该文档，将会打开"密码"对话框，如图6-17所示。只有在该对话框中输入正确的密码，文档才能够被打开。

注意：给文档设置了打开密码之后，只有输入了正确的密码才能打开文档。所以，一定要记清楚自己所设置的密码。而且，该密码仅在打开文档时有用，并不能阻止文档被删除。所以，该手段只能作为保证文档安全性的手段之一。

3. 最终状态

若文档已经完成，为了防止自己或别人不小心修改文档，可以将文档标记为最终状态。若文档被标记为最终状态，则意味着在该文档中将禁用键入、编辑命令和校对标记。只有取消最终标记，文档才能够被编辑。

在"文件"选项卡的"信息"组中，单击"保护文档"按钮。在列表中选择"标记为最终状态"，将打开"提示信息"，如图6-18所示。

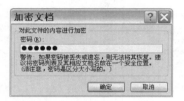
图6-16 "加密文档"对话框

图6-17 "密码"对话框

图6-18 标记为最终状态

在该对话框中单击"确定"按钮，将出现提示信息框，单击"确定"按钮。此时，在"文件"选项卡的"信息"组中，保护文档的权限由"任何人均可打开、复制和更改此文档的任何部分"，变为"此文档已标记为最终状态以防止编辑"，文档中功能区选项卡下方也将会出现文档被标记为最终版本的提示，如图6-19所示。在此状态下，对文档不能进行任何编辑操作。

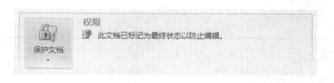
图6-19 "保护文档"权限

若要取消文档最终版本的标记，对文档进行编辑，可以单击上图中的"保护文档"按钮，也可单击图6-20中的"仍然编辑"按钮。

图6-20 "标记为最终版本"提示

任务1　制作公文通知

领导交给小李一份任务，让她草拟一份由环保厅和财政厅联合发文的《关于组织申报2016年省级环保科研课题的通知》公文通知。如何使用Word2010软件来制作公文呢？

本任务主要是以公文的制作为主线，介绍了Word文档的创建、保存、页面设置、文档排版（包括字符格式设置、段落格式设置）、制作联合发文文件头、绘制水平线、插入页码等操作。此外，通过文档的打印设置了解文档打印的操作。通知的格式和效果如图6-21所示，通知制作步骤如下。

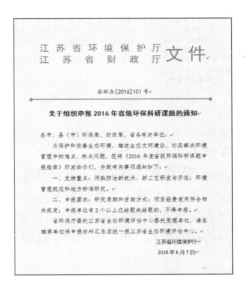

图6-21　"关于组织申报2016年省级环保科研课题的通知"效果图

1. 新建Word文档

新建Word文档"关于组织申报2016年省级环保科研课题的通知.docx"，并保存到D盘的"环保局文件"文件夹下，操作步骤如下：

（1）单击【开始】→【所有程序】→【Microsoft Office】→【Microsoft Word 2010】，启动Word 2010程序。

（2）单击工具栏上的【保存】按钮 ，打开如图6-22所示的【另存为】对话框。

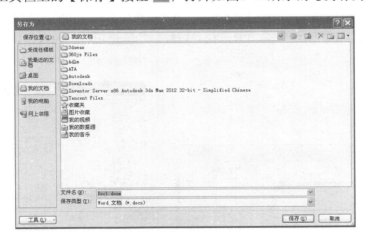

图6-22　【另存为】对话框

1）在【文件名】文本框中输入文件名"关于组织申报2016年省级环保科研课题的通知.docx"。

2）在【保存位置】下拉列表框中，选择保存位置为"D:\环保局文件"。

※ 提示：在保存文档时，如果事先没有创建保存文档的文件夹，可以在选择保存位置时，通过"新建文件夹按钮"，创建所需的文件夹。

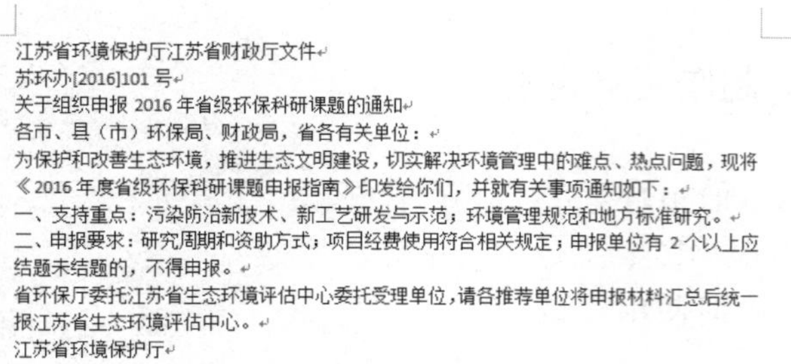

江苏省环境保护厅江苏省财政厅文件
苏环办[2016]101号
关于组织申报 2016 年省级环保科研课题的通知
各市、县（市）环保局、财政局，省各有关单位：
为保护和改善生态环境，推进生态文明建设，切实解决环境管理中的难点、热点问题，现将《2016 年度省级环保科研课题申报指南》印发给你们，并就有关事项通知如下：
一、支持重点：污染防治新技术、新工艺研发与示范；环境管理规范和地方标准研究。
二、申报要求：研究周期和资助方式；项目经费使用符合相关规定；申报单位有 2 个以上应结题未结题的，不得申报。
省环保厅委托江苏省生态环境评估中心委托受理单位，请各推荐单位将申报材料汇总后统一报江苏省生态环境评估中心。
江苏省环境保护厅

图6-23 "通知"内容

3）单击【保存】按钮。

2. 撰写录入

新建Word文档时，插入点在工作区的左上角闪烁，表明可以输入文字。按图6-23所示录入"通知"内容。操作步骤如下：

（1）启动中文输入法。

（2）顶格输入文字"江苏省环境保护厅江苏省财政厅文件"，按【回车键】，新起一个段落。

（3）用相同方法输入其他内容，每个段落结束按【回车键】，另起新的段落。

（4）最后输入落款日期时，切换到【插入】菜单，单击【文本】功能中的【日期和时间】按钮，打开【日期和时间】对话框，如图6-24所示，在【可用格式】列表中选择所需的日期格式，单击【确定】按钮。

3. 页面设置

由于公文格式的特殊性，对纸型、页边距、文档网格等均有明确的规定，因此对公文的页面设置也带有一定的特殊性。要求如下：A4纸张，纵向，上、下、左、右页边距均为2.5厘米，每页23行。操作步骤如下：

（1）单击【页面布局】菜单，启动【页面设置】对话框，打开【页面设置】对话框。

（2）切换到"纸张"选项卡，在"纸张大小"功能选项下拉列表框中，选择A4纸张。

（3）切换到"页边距"选项卡，如图6-25所示。在"页边距"功能选项中，按要求设置页边距：上、下、左、右页边距均为2.5厘米，并在"纸张方向"功能选项中，选择"纵向"。

（4）切换到"文档网络"选项卡，在"行数"功能选项中，输入设置为23，如图6-26所示。

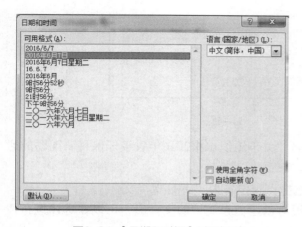

图6-24 【日期和时间】对话框

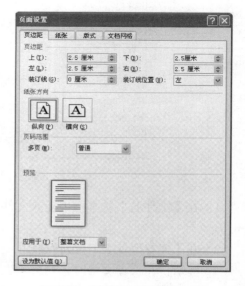

图6-25 页边距和纸张方向设置

（5）单击【确定】，完成页面设置。

4. 格式设置

文档录入后，还需要对文档进行格式设置，进行美化修饰。格式设置包含字符格式和段落格式。字符格式设置是指对各种字符的大小、字体、字形、颜色、字间距及各种修饰效果等进行设置；段落格式设置是指对文档的段落的对齐方式、段落缩进、段落间距和行间距等进行设置。下面按照公文格式对文档进行格式设置。

（1）要将第三行的标题文本设置为黑体、小二号、加粗；正文设置为仿宋体、三号；落款设置为宋体、四号。

操作步骤：选择标题文字，单击【开始】菜单，选中【字体】功能区中的【字体】，在其下拉列表中选择"黑体"，在【字号】下拉列表中选择"小二"，再单击【加粗】功能按钮 **B**，如图6-27所示。

选中正文文字，单击【开始】菜单，选中【字体】功能区中的【字体】，在其下拉列表中选择"仿宋"，在【字号】下拉列表中选择"三号"。

（2）要将标题段落设置为"居中"，段前、段后1行；正文第2段到第5段设置为"两端对齐"，首行缩进2个字符，单倍行距；落款单位和时间右对齐，并各自右缩进2.5字符和3.5字符。

操作步骤：选中标题段落，单击【开始】菜单，再单击【段落】功能区右下角的扩展按钮 ，在弹出的【段落】对话框中，对齐方式设置为"居中"，间距段前设置为"1行"、段后设置为"1行"，如图6-28所示。

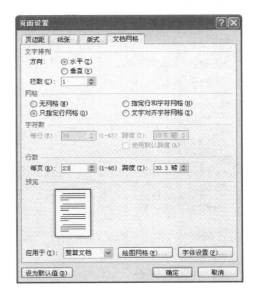

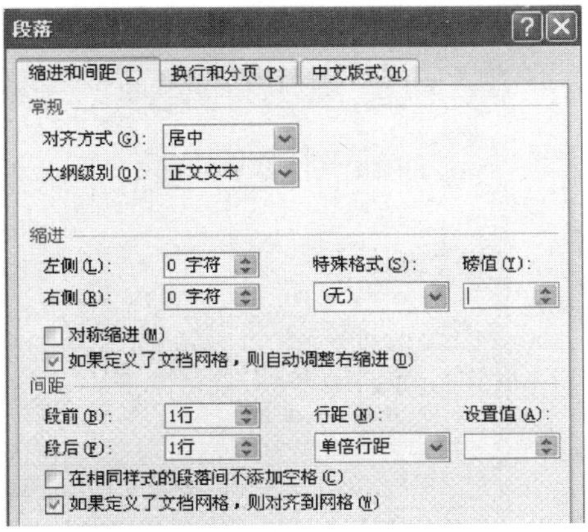

图6-26　文档行数设置

图6-27　标题文字设置

图6-28　标题段落格式设置

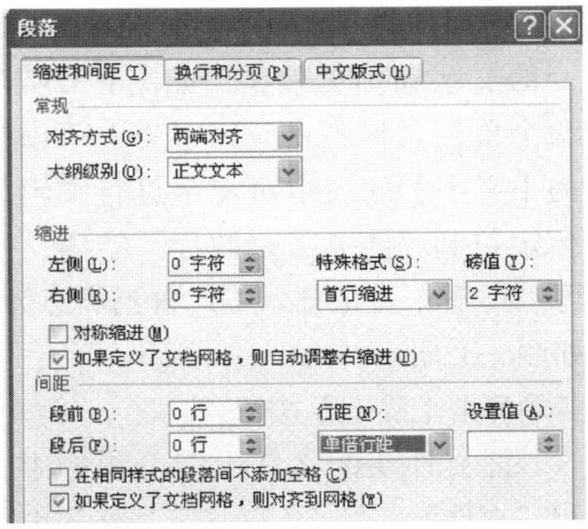

图6-29　正文段落格式设置

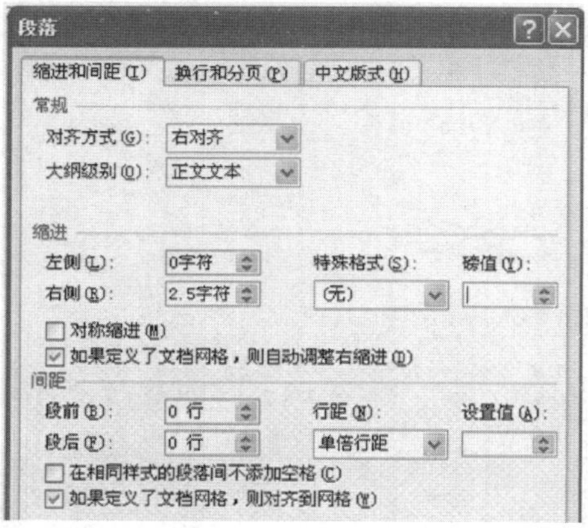

图6-30　落款单位段落格式设置

选中正文第2段到第5段，单击【开始】菜单，再单击【段落】功能区右下角的扩展按钮，在弹出的【段落】对话框中，对齐方式设置为"两端对齐"，特殊格式设置为"首行缩进"、磅值设置为"2字符"，行距设置为"单倍行距"，如图6-29所示。

选中落款单位段落，单击【开始】菜单，再单击【段落】功能区右下角的扩展按钮，在弹出的【段落】对话框中，对齐方式设置为"右对齐"，缩进右侧设置为"2.5字符"，如图6-30所示。

同理设置落款时间。

5. 利用双行合一制作文件头

公文的文件头由发文机关名称和"文件"二字组成。如果是由两个机关联合发文，一般应将两个机关名称合并在一行内显示，置于"文件"二字前面，应使用"双行合一"的功能来达到这种效果。操作步骤如下：

（1）选定发文机关名称"江苏省环境保护厅江苏省财政厅"。

（2）单击【开始】菜单中的【字符缩放】按钮，在其下拉列表中选择【双行合一】功能，如图6-31所示。

图6-31　双行合一功能

（3）在弹出的对话框中，可以看到要进行双行合一的文字和预览效果，如图6-32所示。为了使两个单位名称各占一行对齐，可以在对话框中的【文字】列表中对文字进行编辑处理。把光标定位到"江苏省财政厅"字内，按空格键（可以边操作边预览效果，直到满意为止），效果如图6-32所示。

（4）单击【确定】按钮。

（5）把文件头的文字内容全部选中（发文机关和"文件"二字），将其字符格式设置为黑体、50号、红色、加粗。段落格式设置为分散

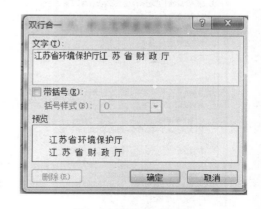

图6-32　调整字体效果

对齐、段前和段后间距2行，固定行距70磅，如图6-33所示。

（6）完成设置后，单击【保存】按钮。

※ 提示：如果发文机关个数在两个以上，就应使用插入表格的方法来完成。

江 苏 省 环 境 保 护 厅
江 苏 省 财 政 厅 文件

图6-33　两个发文机关合一效果

6. 设置发文号

发文号设置为楷体，三号，居中。操作步骤如下：

选中第二行的发文号，单击【开始】菜单，选中【字体】功能区中的【字体】，在其下拉列表中选择"楷体"，在【字号】下拉列表中选择"三号"，再将段落设置为"居中"。

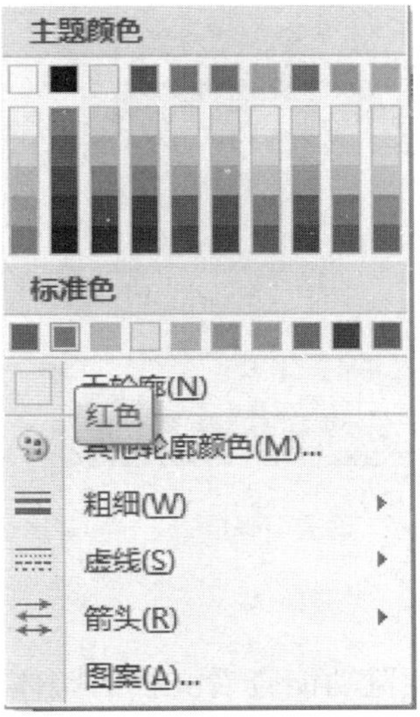

7. 绘制水平直线

在公文中，标题和发文号之间有一条水平直线，直线颜色为红色，线型宽度为2.25磅。操作步骤如下：

（1）单击【插入】菜单，选择【插图】功能区里的【形状】，再选择里面【线条】中的【直线】，光标会变成"十"字，在合适的位置，按住鼠标左键拖曳出一条直线。

※ 提示：如需绘制水平\垂直的直线，按住鼠标左键时，同时按住【Shift】键，拖动鼠标即可。

（2）选中直线，使其处于可编辑状态。单击【绘图工具\格式】菜单中的【形状样式】功能区右下角的扩展按钮，在弹出的对话框中，单击【线条颜色】将线条颜色设置为红色，如图6-34所示；单击【线型】将线型宽度设置为2.25磅，如图6-35所示。

图6-34　线条颜色设置

（3）单击【关闭】按钮。

8. 插入页码

公文中都要求插入页码，以显示公文的严谨性。公文页码要求位于页面底端，普通数字2，页码格式为：-1-、-2-、……，起始页码为-1-。操作步骤如下：

（1）单击【插入】菜单，选择【页眉和页脚】功能区中的【页码】。在其下拉列表中选择页码放置位置【页面底端】【普通数字3】，即可插入页码，同时弹出【页眉和页脚工具】菜单，如图6-36所示。

（2）单击【页眉和页脚工具】菜单中的【页眉和页脚】功能中【页

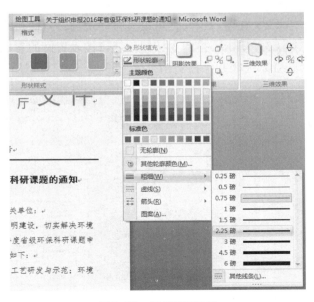

图6-35　线条粗细设置

码】，在其下拉列表中选择【设置页码格式...】，在弹出的对话框中进行如图6-37所示的设置，单击【确定】按钮。

（3）单击【关闭页眉和页脚】按钮。

图6-36　插入页码

图6-37　设置页码格式

9. 打印"通知"

文档编排完成后就可以准备打印。打印前，一般使用打印预览功能查看文档的整体编排，满意后再打印。操作步骤如下：

（1）单击左上角图标【文件】，选择【打印】，显示如图6-38所示的打印界面，在窗口右侧可预览打印效果。

（2）在窗口中间，可设置打印份数、打印机等参数。

（3）单击【打印】按钮，就可按设置好的参数进行文档打印。

10. 关闭并保存文档

图6-38　文档打印界面

任务2 办公表格制作

小李应环境规划与生态保护科领导的要求，制作一份该局管辖区域内某工厂应缴纳的污染处罚表格，并统计各项明细的罚款数额以及总金额。效果如图6-39所示。任务实施步骤如下。

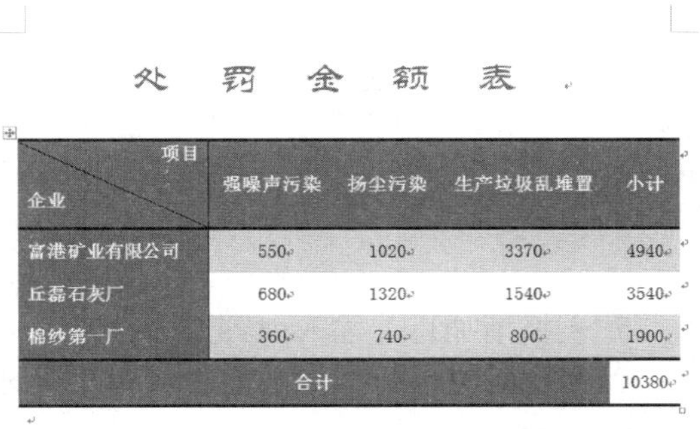

1. 新建Word文档并保存

新建Word文档"处罚金额表.docx"，并保存到D盘的"环保局文件"文件夹下，操作步骤如下：

（1）启动Word 2010程序，新建空白文档"文档1"。

图6-39 "处罚金额表"效果图

（2）将新建的文档以"处罚金额表"为文件名，保存到"D:\环保局文件"文件夹中。

2. 输入表格标题

新建Word文档时，插入点在工作区的左上角闪烁，这时就可以输入标题文字，标题下方是表格。操作步骤如下：

（1）在文档的开始位置输入该文件的表格标题"处罚金额表"。

（2）按【回车键】，新起一个段落。

3. 创建表格

此时光标停留在标题的下一行，需要创建一个4行5列表格以便完成任务。操作步骤如下：

（1）单击【插入】菜单，再单击【表格】功能区中【表格】下拉箭头，在其下拉列表中单击【插入表格】命令，打开【插入表格】对话框。

（2）在【表格尺寸】项目中，列数输入：5、行数输入：4，如图6-40所示。

（3）单击【确定】按钮，创建如图6-41所示的简单表格。

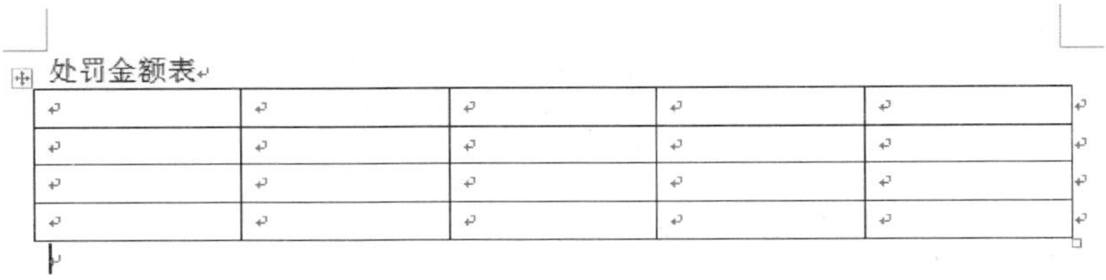

图6-40 【插入表格】对话框

图6-41 4行5列表格

4. 输入表格内容

如图6-42效果所示，输入表格中的内容。

处罚金额表	强噪声污染	扬尘污染	生产垃圾乱堆置	小计
棉纱第一厂	360	740	800	
富港矿业有限公司	550	1020	3370	
丘磊石灰厂	680	1320	1540	

图6-42 表格文字内容

5. 表格增加行并输入内容

在创建的表格中最下面新增一行，将4行表格修改为5行。操作步骤如下：

（1）用鼠标点击表格最下一行中任何一个单元格，在出现的【表格工具】中，选择【布局】菜单，在【行和列】功能区选中【在下方插入】，就会新建一个新行。最终的表格如图6-43所示。

处罚金额表	强噪声污染	扬尘污染	生产垃圾乱堆置	小计
棉纱第一厂	360	740	800	
富港矿业有限公司	550	1020	3370	
丘磊石灰厂	680	1320	1540	

图6-43 5行5列表格

（2）选择最后一行第一个单元格，输入"合计"。

6. 合并单元格

在Word中只要是相邻的单元格都可以合并，现要将最后一行的前四个单元格合并为一个单元格。操作步骤如下：

选中表格最后一行的前4个单元格，单击【表格工具】菜单，选择【布局】选项卡，接着单击【合并】，再单击【合并单元格】命令，即可完成合并，如图6-44所示。

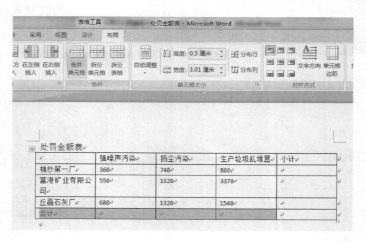

图6-44 选中连续单元格合并

7. 利用公式或函数进行计算并排序

在Word 2010中，用户可以使用其提供的数学运算功能对表格中的数据进行数学计算，利用运算符号或者函数可以实现加、减、乘、除及求和、求平均数等常见计算。在Word 2010中，用户也可以通过排序功能对数据按照某种次序重新排列。现要对表格计算各企业的处罚金额小计和罚款合计，并按小计的降序重新排序。操作步骤如下：

（1）用光标点击第二行最后一个单元格，单击【表格工具】菜单，选择【布局】选项卡，接着单击【数据】中的【公式】命令，如图6-45所示，接着在"公式对话框"输入公式，如图6-46所示。

图6-45　"公式"按钮

（2）用相同的方式将其他两个企业的小计计算出来。

（3）用相同的方式将3个企业的合计计算出来，此时要将公式的参数改为"ABOVE"，如图6-47所示。

图6-46　公式对话框

图6-47　修改参数

（4）表格的数据按小计的降序重新排序。选中表格的前四行，单击【表格工具】菜单，选择【布局】选项卡，接着单击【数据】中的【排序】命令，如图6-48所示，接着在"排序对话框"选中"有行标题"，关键字为"小计"，方式是"降序"，如图6-49所示。

图6-48　表格排序按钮

图6-49　排序对话框

8. 设置文字格式

操作步骤如下：

（1）鼠标点击表格左上角的图标""，选中整张表格，点击【开始】菜单，选择【字体】选项卡，设置字体为"宋体"，字号为"小四号"，如图6-50所示。

（2）选中第一行标题文字，点击【开始】菜单，选择【字体】选项卡，设置字体为"华文隶书"，字号为"一号"，颜色为标准色"蓝色"。

接着点击字体下拉对话框按钮"　"，在对话框的"字符间距"选项卡中，点击"间距"，设置为"加宽"，磅值为：15磅，如图6-51所示。接着再点击段落下拉对话框按钮"　"，在对话框的"缩进和间距"选项卡中，点击"对齐方式"，设置为"居中"，设置段前间距为0.5行，段后间距为1行，如图6-52所示。

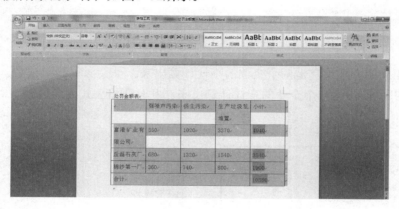

图6-50　选中表格设置文字格式

图6-51　设置字符加宽对话框

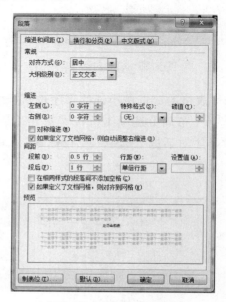

图6-52　段落设置对话框

值为：2厘米，行高值是：最小值，如图6-53所示。

（2）用相同的方法设置表格的第2~5行行高为：1厘米。

（3）鼠标点击表格左上角的图标""，选中整张表格，单击右键，在弹出的×框中选中"自动调整"，在下一级菜单中点击"根据内容调整表格"，如图6-54所示。着单击右键，在弹出的对话框中选中"自动调整"，在下一级菜单中点击"根据窗口调表格"。

图6-53　设置表格首行行高

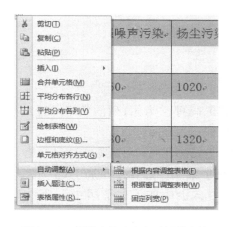

图6-54　根据表格内容自动调整表格

10. 美化表格

（1）鼠标点击表格左上角的图标""，选中整张表格，选中表格的第1行，单击格工具】菜单，选择【设计】选项卡，接着单击【表样式】中的【其他】命令，如图6所示。接着在"下拉选择框"中选择"内置-中等深浅底纹2，强调文字颜色1"。

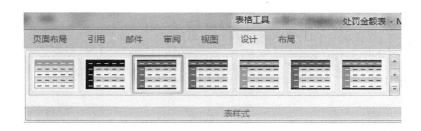

图6-55　表格样式命令

（2）选中表格最后一行，单击【表格工具】菜单，选择【设计】选项卡，接着单击图边框】的下拉框""命令。在"边框和底纹对话框"中设置宽度值为：2.25磅，用于"单元格"，点击上边框线后应用，如图6-56所示。

图6-56　设置并应用边框线

（3）同理，为第1列的第1～4行添加0.75磅的□框线。

（4）选中第1行的处罚项目单元格，单击【表□工具】菜单，选择【布局】选项卡，接着单击□齐方式】中的【水平居中】命令，如图6-57□示。

（5）同理，用同样方法设置表中的数值单元格□"合计"单元格为"水平居中"，3个企业名称□为"中部两端对齐"。

11. 绘制斜线表头

（1）在表的第一个单元格第1行输入文字"项□，设置为：右对齐，接着，按两次回车，输入□"企业"。

（2）点击【开始】菜单，选择【段落】选项卡，□【下框线】的其他按钮，在弹出的对话框中□择"斜下框线"，如图6-58所示。

12. 保存关闭文档

图6-57　对齐方式命令

图6-58　绘制下框线命令

任务3 办事流程图制作

小李应环境规划与建设科领导的要求，制作一个"建设项目竣工环境保护验收审批流程图"，以便需要办理业务的相关人员更清楚整个审批流程，如图6-59所示。

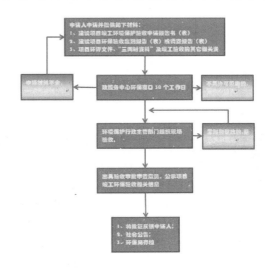

图6-59 "建设项目竣工环境保护验收审批流程图"效果图

1. 新建Word文档

新建Word文档，并以"建设项目竣工环境保护验收审批流程图.docx"命名，保存到D盘的"环保局文件"文件夹下，操作步骤如下：

（1）单击【开始】→【所有程序】→【Microsoft Office】→【Microsoft Word 2010】，启动Word 2010程序。

（2）单击工具栏上的【保存】按钮 ，选择保存路径，输入文件名："建设项目竣工环境保护验收审批流程图.docx"。

2. 文档页面设置

修改文档的页边距为1厘米，操作步骤如下：

（1）选择【页面布局】菜单/【页面设置】命令，打开【页面设置】对话框。

（2）在【页边距】选项卡中，设置上下边距为"1厘米"，左右边距为"1厘米"，完成后单击【确定】按钮。

3. 制作流程图的标题

基本工作环境设置好之后就开始制作流程图的标题，操作步骤如下：

（1）选择【插入】功能区的【文本】分组，单击【插入艺术字】按钮，弹出【艺术字库】下拉菜单。选择第5行第5列（填充-蓝色，强调文字1，塑料棱台，映像）艺术字样式，如图6-60所示。在矩形里输入"建设项目竣

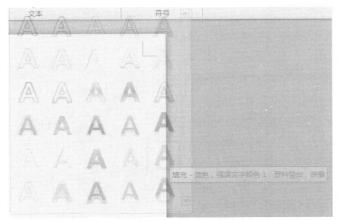

图6-60 艺术字样式

工环境保护验收审批流程图"。

（2）接下来回车换行，输入"审批流程图"文字，并将其字体设置为"华文新魏""30""加粗"，对齐方式为"居中对齐"，到这里为止标题就制作完成了，效果如图6-61所示。

图6-61　标题效果

图6-62　设置"艺术字"
　　　　与文字的关系

（3）选中艺术字，在【绘图工具】分组中选择【格式】，单击【自动换行】按钮，在弹出的对话框选择"嵌入型"，如图6-62所示。

4. 绘制流程图

要把流程图形大致布局并在其中输入文字，绘制在画布中，操作步骤如下：

（1）在艺术字后回车换行。

（2）打开Word 2010文档窗口，切换到【插入】功能区，在【插图】分组中单击【形状】按钮，并在打开的菜单中选择【新建绘图画布】命令，如图6-63所示。

※ 提示：必须使用画布，如果直接在Word 2010文档页面中直接插入形状会导致流程图之间无法使用连接符连接。

（3）拖动"画布"右下角控制点，使其扩大面积到页面底部边缘，以便能容纳流程图的其他图形。

图6-63　新建绘图画布

（4）选中绘图画布，在【插入】菜单的【插图】分组中单击【形状】按钮，并在"基本形状"类型中选择【矩形】，如图6-64所示，在画布中拖出一个长长的矩形，如图6-65所示。

（5）选中该矩形，在【绘图工具】分组中选择【格式】，单击【大小】下拉按钮 ，设置矩形的高为：2.5厘米、宽为：12厘米，如图6-66所示。

（6）选中该矩形，单击右键，弹出的菜单中选择【添加文字】命令，这时可以看到光标在矩形框内闪动，表示等待添加文字，如图6-67所示。

图6-64　选择"矩形"图形

图6-65　绘制矩形

图6-66　设置矩形大小

图6-67　在矩形中添加文字

（7）用同样的方法，绘制其他图形，并在其中输入相应的文字，完成后效果如图6-68所示。

5. 添加连接符

连接符可以让阅读者更准确快速地把握工作流程的走向。操作步骤如下：

（1）在【插入】功能区的【插图】分组中单击【形状】按钮，并在"线条"类型中选择【箭头】命令，如图6-69所示。

（2）将鼠标指针指向第一个流程图图形（不必选中），则该图形四周将出现4个红色的连接点，如图6-70所示。鼠标指针指向其中一个连接点，然后按下鼠标左键拖动箭头至第二个流程图图形，则第二个流程图图形也将出现红色的连接点。定位到其中一个连接点并释放左键，则完成两个流程图图形的连接，如图6-70所示。成功连接的连接符两端将显示红色的圆点，如图6-71所示，表示成功连接流程图图形。

图6-68　全部矩形添加文字后效果

图6-69　选择连接箭头命令

图6-70　连接符定位到矩形效果

图6-71　绘制连接符

（3）用同样的方法为其他图形间添加直箭头连接符。在这个过程中，如果需要对某个图形进行移动，可选中图形后用方向键移动，如图6-72所示。

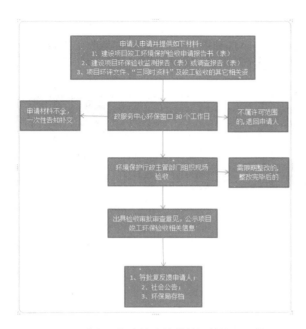

图6-72　全部添加直线连接符并调整位置后效果

图6-73　添加肘形连接线效果

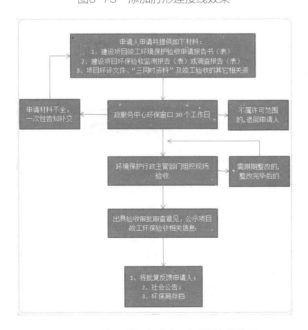

图6-74　流程图添加全部肘形连接线效果

（4）在【插入】菜单的【插图】分组中单击【形状】按钮，并在"线条"类型中选择【肘形箭头连接符】命令。

（5）先在"图像处理"图形上方的连接点点一下，接着向左上方拖动鼠标，在"采集图像"图形右侧的连接点上点一下即可。完成后可以看到连接线上有一个黄色的小点，利用鼠标拖动这个小点可以调整肘形线的幅度，如图6-73所示。

（6）用同样的方法为其他图形间添加肘形箭头连接符，如图6-74所示。

6. 美化流程图的步骤

（1）按住Ctrl键，选中中间这一列图形，右键单击，在弹出的菜单中选择【设置对象格式】。在填充选项卡里设置填充颜色为"纯色"，自定义颜色为红色：85，绿色：142，蓝色：213。设置三维格式为棱台顶端宽3磅，高3磅。深度为0磅，轮廓线为0磅，材料为暖色粗糙，如图6-75所示。

（2）按住Ctrl键，选中剩下的3个图形，右键单击，在弹出的菜单中选择【设置对象格式】。在填充选项卡里设置填充颜色为"渐变颜色"，预设颜色

图6-75　设置形状三维格式对话框

为"薄雾如云",方向为"线性向下",如图6-76所示。

（3）按住Ctrl键，选择图形中的所有"连接线"，右键单击，在弹出的菜单中选择【设置对象格式】。在线型选项卡里设置宽度为"2.5磅"，如图6-77所示。

 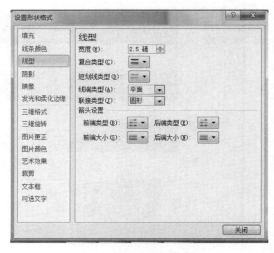

图6-76 设置形状填充对话框   图6-77 设置形状线型对话框

（4）选择第一个方框图形中的字体，字体修改为"华文琥珀"、字号修改为"五号"、字体颜色修改为"标准色黄色"，对齐方式修改为"文本左对齐"。使用格式刷应用到其他方框图形，如图6-78所示。

（5）选择画布中的所有图形，右键单击，在弹出的菜单中选择"组合"，在下一级菜单中再选择"组合"，如图6-79所示。

7. 保存关闭文档

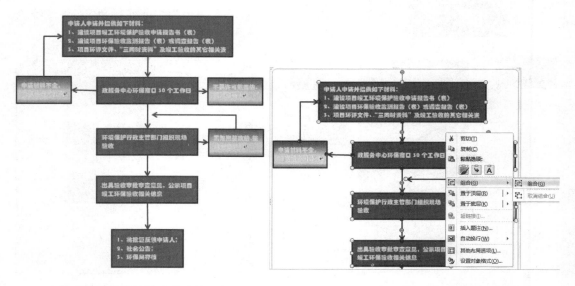

图6-78 设置矩形文字格式效果图   图6-79 组合命令

任务4　成绩单及信封批量制作

环保厅组织了环保知识竞赛，需要将竞赛成绩单快速地打印出来并邮寄给参赛选手，小李负责这项工作。成绩单除了单位，个人姓名，总分，排名外，其他内容的格式都是完全一样的。利用手工填写，或复制粘贴的方法，都容易出错。而利用Word中的"邮件合并"功能就能批量快速生成文档，效果图如图6-80、图6-81所示。

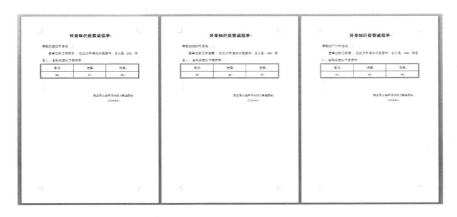

图6-80　邮件合并后的成绩单效果图

1. 建立"成绩报告单"数据源

使用Excel表格制作参赛人员成绩单工作表，结果如图6-82所示。

2. 建立主文档

新建Word文档并命名为"环保知识竞赛成绩单"，操作步骤如下：

（1）单击【开始】→【所有程序】→【Microsoft Office】→【Microsoft Word 2010】，启动Word 2010程序，命名保存。

图6-81　信封效果图

	A	B	C	D	E	F	G	H	I
1	单位	姓名	地址	邮编	常识	法律	低碳	总分	排名
2	湛江环保局	林凯东	湛江市人民大道中32号	524022	96	97	98	291	1
3	深圳环保局	许佳芸	深圳市福田区红荔西路8007号	518040	96	96	97	289	2
4	广州环保局	陈捷	广州市环市中路311号	510091	97	93	98	288	3
5	佛山环保局	钟伟	佛山市禅城区市东下路12号	528000	94	97	94	285	4
6	韶关环保局	陈国青	韶关市新华北路36号	512020	90	99	95	284	5
7	惠州环保局	刘琦雯	惠州市下埔横二三路四号	516001	94	92	96	282	6
8	江门环保局	郑琪	江门市农林西路43号	529000	91	96	93	280	7

图6-82　"环保知识竞赛成绩"工作表

（2）输入首行标题文字"环保知识竞赛成绩单"，设置字号为：小二，字形：加粗，居中对齐。

（3）如图6-83所示，编辑正文。正文文字为四号字体；落款单位是小四号字体，1.5倍行距，右缩进2个字符；落款时间是小四号字体，1.5倍行距，右缩进8个字符。

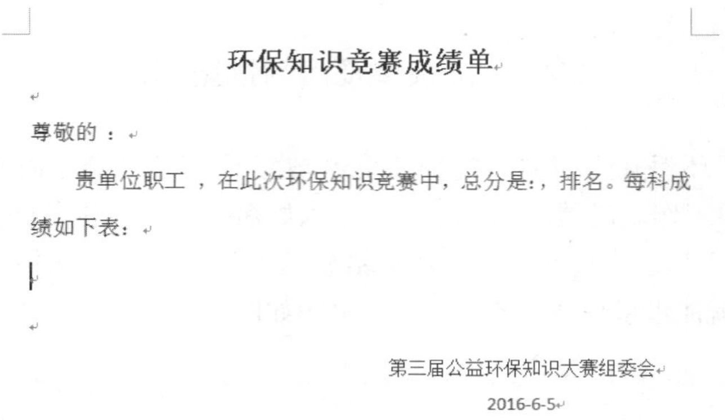

环保知识竞赛成绩单

尊敬的 ：

　　贵单位职工 ，在此次环保知识竞赛中，总分是：，排名。每科成
绩如下表：：

第三届公益环保知识大赛组委会
2016-6-5

图6-83　输入并设置信函文字

（4）光标点击正文最后一段，切换到【插入】菜单，在【表格】组单击【插入表格】，
如图6-84所示。在弹出的【插入表格】对话框中设定行、列数，单击"确定"，如图6-85所示。

图6-84　插入表格

图6-85　设置行列数

（5）选中表格，单击鼠标右键，选择【边框和底纹】，在弹出的对话框中选择线型"双
实线"设置边框，如图6-86所示。然后应用到表格的外边框，设置内容如图6-87所示。

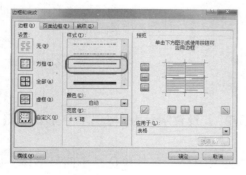

图6-86　设置表格边框

图6-87　应用边框

（6）输入表格中每份成绩单都相同的文字内容，并设定好文字字号大小为四号；选中表格，单击鼠标右键，选择【单元格对齐方式】选择正中的选项，即水平居中，垂直居中，如图6-88所示。

3. 邮件合并

准备好主文档"环保知识竞赛成绩单.docx"和数据源"环保知识竞赛数据源.docx"之后，就可以进行邮件合并了，操作步骤如下：

（1）在"环保知识竞赛成绩单"Word文档中，切换到【邮件】功能区，此时【编写和插入域】组中的按钮呈现灰色，需要激活才能邮件合并，如图6-89所示。

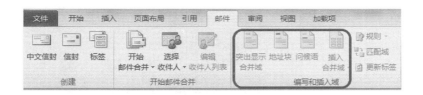

图6-88　制作完成的成绩单效果图

图6-89　邮件功能区

（2）在【开始邮件合并】组中，单击【开始邮件合并】右侧的下三角按钮，从弹出的菜单中选择【信函】命令，如图6-90所示。

（3）在【开始邮件合并】组中，单击【选择联系人】右侧的下三角按钮，从弹出的菜单中选择【使用现有列表】命令，如图6-91所示。

图6-90　"信函"命令

图6-91　"使用现有列表"命令

（4）在弹出【选择数据源】对话框中，选择数据源文件，也就是前面我们创建的"环保知识竞赛数据源"Excel工作簿，如图6-92所示。单击【打开】按钮，弹出【选择表格】对话框，从中选择表"环保知识竞赛数据源"Excel工作簿，选中"Sheet1"工作表，如图6-93所示。

（5）现在设置邮件合并将光标定位于"环保知识竞赛成绩单"的Word文档中"尊敬的"后面空白处，选择【插入合并域】，如图6-94所示。然后单击图中的学号插入"单位"项，依次插入其他项，完成后如图6-95所示。

图6-92　选择数据库

图6-93　选中工作表

图6-94　插入合并域

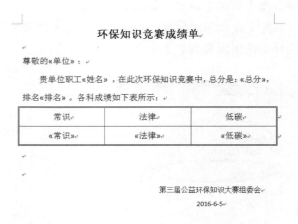

图6-95　插入合并域后的效果图

（6）设置好邮件合并后，我们可以在邮件区的预览结果组中，单击预览结果按钮进行预览，如图6-96所示，预览效果如图6-97所示。

图6-96 预览按钮

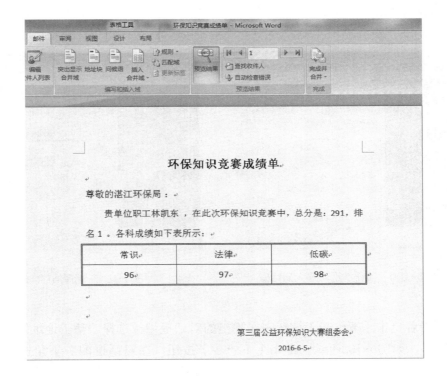

图6-97 预览效果图

（7）如果对预览合并后的效果满意，就可以完成邮件合并的操作了。在【完成】组中，单击【完成并合并】按钮，在弹出的菜单中，选择【编辑单个文档】如图6-98所示。在弹出的【合并到新文档】对话框中，设置合并的范围，如图6-99所示。

图6-98 选择"编辑单个文档"

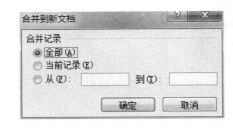

图6-99 "合并到新文档"对话框

4. 批量制作信封

比赛选手的成绩单打印完成后，需要打印寄往每个单位的信封，以便完成寄送工作。这项工作可以使用邮件合并中专门的信封制作向导或者邮件合并分步向导来完成。操作步骤如下：

（1）新建文档，切换到【邮件】功能区，在【创建】组中，单击【中文信封】按钮，弹出"信封制作向导"对话框。单击【下一步】按钮，打开如图6-100所示的对话框。根据实际情况选择信封样式及选项，如图6-101所示。

图6-100 "信封制作向导"对话框

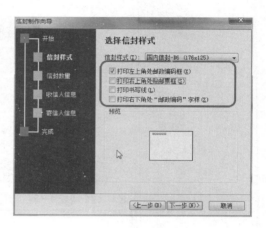

图6-101 选择信封样式

（2）接着单击【下一步】按钮，在弹出的对话框中，选择"基于地址簿文件，生成批量信封"，如图6-102所示。单击【下一步】按钮，在对话框的右下角选择文件类型为"Excel"类型，然后选择所需的"环保知识竞赛数据源"寄送信封工作簿，如图6-103所示。

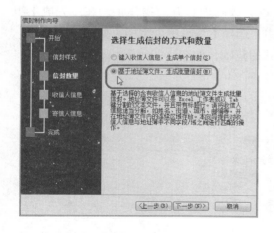

图6-102 选择"基于地址簿文件，生成批量信封"

图6-103 选择地址簿文件

（3）单击【打开】按钮，返回到"信封制作向导"对话框。在【匹配收件人信息】列表中进行相应的配置，如图6-104所示。单击【下一步】按钮，在弹出的对话框中，输入寄件人的信息，如图6-105所示。

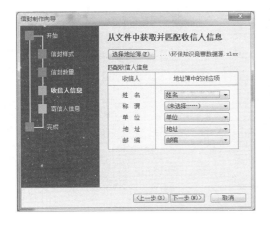

图6-104　"匹配收件人信息"列表

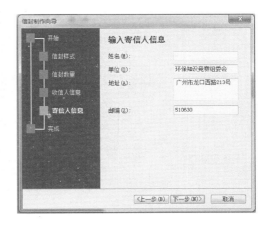

图6-105　输入寄件人的信息

（4）继续单击【下一步】按钮，弹出如图6-106所示的对话框。

（5）点击完成，生成的信封效果图如图6-107所示。

图6-106　完成对话框

图6-107　合并生成信封

实践训练6

1. 制作一份通知文件，效果如图6-108所示，具体要求如下：

（1）新建Word文档"公文制作.docx"，并保存。

（2）启动中文输入法，输入公文相关内容。

（3）字符格式设置：将标题设置为黑体、小二号，加粗；将正文设置为仿宋体、三

图6-108　通知效果图

号，其中，"各农资生产经营单位"加粗显示；将公文"发文机关""发文日期""抄送机关"和"发文单位"及"印发日期"设置为仿宋体、三号；将"主题词"设置为宋体、三号、加粗；将公文中的"××质技监〔2013〕3号"文本设置为仿宋、三号，居中对齐。

（4）段落格式设置：将标题设置为"居中对齐"，段前1行，段后1行；将公文正文第2段到第9段设置为"两端对齐、首行缩进2个字符、单倍行距"。

（5）利用双行合一功能制作文件头，将其设置为黑体、50号、红色、加粗，设置字段格式为分散对齐、段前和段后间距2行、固定行距70磅。

（6）绘制水平直线：在发文号与标题之间画一条水平直线，红色，2磅；分别在文档最后的"主题词""抄送"和"××市质量技术监督局"行下面画"黑色、1.25磅水平直线""黑色、0.75磅水平直线"和"黑色、1磅水平直线"。

（7）在公文中插入页码，要求页码位于页面底端，普通数字2显示，页码格式为：-1-，-2-，-3-，…，起始页码为-1-。

（8）页面设置：纸张采用A4纸，纵向，上、下、左、右页边距均为2.5厘米，每页23行。

2. 利用表格操作，完成转账凭证的制作，如图6-109所示，具体要求如下：

（1）创建9×7表格，并输入相应的文字。

（2）合并单元格：合并A1和B1单元格、合并A2：A5单元格、合并

课程表

节次\星期		星期一	星期二	星期三	星期四	星期五
上午	1					
	2					
	3					
	4					
下午	5					
	6					
	7					
	8					

图6-109　转账凭证效果图

A6：A9单元格。

（3）设置对方方式：第一个单元格中的"星期""右对齐"；其他的单元格"中部居中"。

（4）设置文字方向：将"上午"和"下午"文字垂直显示。

（5）添加表格线：绘制斜线表头；外侧框线为"上粗下细型""3磅"；内侧框线为"单实线""0.75磅"；第一行下框线为"单实线""2.25磅"；在"上午"和"下午"之间设置为一条"1.25磅""双实线"。

（6）设置列宽为1.8cm。

（7）修饰表格：在表格前输入标题"课程表"，设置为"黑体""二号""加粗""居中"；表格在页面中水平居中；上表头和左表头单元格设置"黄色"底纹。

（8）根据个人情况填写课程名称。

3. 利用图形绘制功能，绘制流程图，如图6-110所示，具体要求如下：

（1）创建一个空白文档，设置上下左右边距为"1厘米"。

（2）新建绘图画布，调整画布。

（3）在画布中拖出一个长长的矩形，高约为2.61厘米，设置填充颜色为自定义颜色，红：255，绿：192，蓝：0。

（4）选中该矩形，添加艺术字（第三行第四列），标题文字"茂名职业技术学院计算机工程系"，回车换行，输入"网络处理图像流程图"文字，并将其字体设置为"宋体""14""加粗""黑色"，对齐方式为"右对齐"。

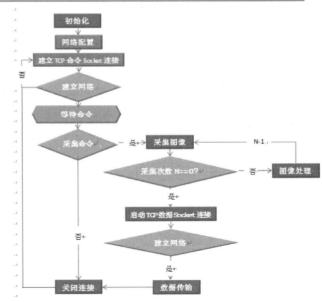

图6-110　流程图效果图

（5）在画布的恰当位置绘制图形，并在其中输入相应的文字。

（6）为流程图的各个图形之间添加连接符。调节各图形，使左侧的图形为左右对齐。

（7）美化流程图的步骤如下："初始化"的过程图形，设置填充颜色为"纯色"，自定义颜色为红色：85，绿色：142，蓝色：213。设置三维格式为棱台顶端宽3磅，高3磅。深度为0磅，轮廓线为0磅，材料为暖色粗糙。用同样方法，为其他过程图形也设置这种填充格式；"建立网络"的决策图形，设置填充颜色为"纯色"，自定义颜色为红色：250，绿色：145，蓝色：6。设置三维格式为棱台顶端宽3磅，高3磅。深度为0磅，轮廓线为0磅，材料为暖色粗糙。用同样方法，为其他决策图形也设置这种填充格式；"等待命令"的过程图形，设置填充颜色为"纯色"，自定义颜色为红色：243，绿色：121，蓝色：

159。设置三维格式为棱台顶端宽3磅，高3磅。深度为0磅，轮廓线为0磅，材料为暖色粗糙。用同样方法，为其他过程图形也设置这种填充格式；"建立网络"的准备图形，设置填充颜色为"渐变颜色"，预设颜色为"薄雾如云"，方向为"线性向上"。用同样方法，为其他准备图形也设置这种填充格式。

4. 利用邮件合并功能，完成如下成绩单的制作。具体要求如下：

（1）创建数据源，如图6-111所示。

	A	B	C	D	E	F	G	H	I	J	K	L	M	N	O	F
1	姓名	学号	操作系统	OS学分	编译原理	BY学分	数据库应用	SJKYY学分	心理学	XLX学分	网络软件开发	WLRJ学分	计算机教学与CAI	CAI学分	总学分	
2	常晓燕	20107101	78	5	80	5	85	5	80	3	78	5	90	3	26	
3	陈向前	20107103	90	5	78	5	65	5	79	3	94	5	89	3	26	
4	党超	20107104	70	5	78	5	93	5	82	3	70	5	87	3	26	
5	向晓燕	20107107	88	5	79	5	73	5	85	3	87	5	87	3	26	
6	刘丽丽	20107108	78	5	78	5	68	5	63	3	83	5	89	3	26	
7	王亚亚	20107106	75	5	89	5	69	5	67	3	80	5	90	3	26	
8	脱一美	20107105	91	5	91	5	79	5	63	3	80	5	95	3	26	

图6-111　数据源数据

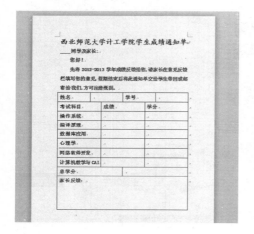

图6-112　"学生成绩通知单"（模板）

（2）启动Word 2010，打开一个空白的Word文档，制作一张如图6-112所示的没有具体数据的"学生成绩通知单"（模板）的文档。

（3）单击"下一步正在启动文档"，在选择开始文档时使用系统默认的"使用当前文档"，单击"下一步选取收件人"，在"选择收件人"中选择"使用现有列表"，单击"浏览"，出现"选择数据源"窗口，在此窗口中选择要用的数据源。

（4）选择工作表，单击"确定"，弹出邮件合并收件人，单击"确定"。

（5）在"成绩单"中插入合并域，在已经打开的"成绩单"（模板）中插入数据源的合并域，操作步骤如下：单击"下一步撰写信函"，将插入点放在"成绩单"（模板）的"横线"上，单击"邮件合并"工具栏上的"插入合并域"按钮，打开"插入合并域"下拉菜单，选择"《姓名》"，此时在"成绩单"（模板）的"横线"上面就会插入域"《姓名》"。

（6）用同样的方法在成绩单的对应位置插入其他的域。所有域插入完成后，保存成绩单的设置结果。

（7）单击"下一步预览信函"出现预览结果。

（8）单击"邮件合并"工具栏上的"上一记录"按钮或"下一记录"按钮，可以查看其他记录的数据。单击"首记录"按钮，可以显示第一条记录的数据，单击"尾记录"按钮，可以显示最后一条记录的数据。

（9）单击"下一步完成合并"，单击"编辑单个信函"会弹出"合并到新文档"，选择"全部"，单击"确定"。最后将生成的新文档让打印机打印输出或者保存后供下次打印。

◆ 项目7　Word2010高级应用

📖 项目背景

在某市环保局实习的小张，为了在环保日宣传环保知识，领导让他完成一份绿色环保宣传小册子的制作，同时他撰写了一篇毕业论文，请指导老师帮他看看格式是否规范。

📖 知识储备

一、特殊格式

1. 分栏

在页面排版时，还可以对文档进行分栏设置。选定文本，单击"页面布局"→"页面设置"→"分栏"，弹出"分栏"窗口。分栏任务窗格预设了五种分栏版式："一栏""两栏""三栏""偏左"和"偏右"。选择"更多分栏"选项，弹出"分栏"对话框。

2. 页面背景

页面背景主要用于Web浏览器，可为联机查看创建更有趣的背景。可以在除普通视图和大纲视图以外的Web版式视图和大多数其他的视图中显示背景。

（1）页面颜色。选择"页面布局"→"页面背景"组→"页面颜色"→"填充效果"，弹出"填充效果"对话框，可将渐变、图案、图片、纯色、纹理或水印等作为背景，渐变、图案、图片和纹理将以平铺方式或重复的方式填充页面。

图7-1　分栏对话框

图7-2　页面背景设置对话框

图7-3 水印设置对话框

（2）水印。水印是显示在文档文本后面的文字或图片，以此可以增加趣味或标识文档的状态。

选择"页面布局"→"页面背景"→"水印"下拉菜单，单击选中类型即可。如果内设类型均不满意，可以选择"水印"下拉菜单下方的"自定义水印"选项，弹出"水印"对话框，可以选择用图片或者文字作为水印。

3. 图形对象的处理

Word 2010提供的强大的图片处理功能，可以使文档更加生动。

（1）插入剪贴画。单击"插入"→"插图"→"剪贴画"，则会弹出"剪贴画"任务窗格。

（2）插入来自文件图片。单击要插入图片的位置。单击"插入"→"插图"→"图片"。在"查找范围"下拉列表中选择合适的文件。

（3）编辑图片。当将剪贴画或图片插入到文档中时，系统会自动开启"图片工具"的"格式"上下文选项卡。

①"调整"组。

②"图片样式"组。

③"排列"组。

④"大小"组。

图7-4 图像编辑菜单栏

4. 样式

样式是指一组已经命名的字符和段落格式，可同时应用很多属性。它规定了文档中标题、题注以及正文等各个文本元素的格式。使用样式还可以构筑大纲，使文档更有条理，编辑和修改更简单，使用样式还可以用来生成目录。

选中需要应用样式的文本，然后选择"开始"选项卡的"样式"组，单击所需的样式。如果没看到所需的样式，请单击箭头展开"快速样式"库。

图7-5 样式菜单栏

5. 项目符号和编号

项目符号主要用于区分Word 2010文档中不同类别的文本内容，使用原点、星号等符号表示项目符号；而编号主要用于Word 2010文档中相同类别文本的不同内容，一般具有顺序性。编号一般使用阿拉伯数字、中文数字或英文字母，两者都是以段落为单位进行标识。

6. 首字下沉

为了强调段首或章节的开头，可以将第一个字母放大以引起注意，这种字符效果叫作首字下沉。单击"插入"→"文本"→"首字下沉"，则会弹出"首字下沉"任务窗格。

选择"首字下沉"选项，会弹出"首字下沉"对话框，可以设置字体、下沉行数和距离正文的距离。

图7-6　首字下沉设置

二、题注

1. 添加题注

（1）添加题注。选择要添加题注的对象，单击"引用"选项卡→"题注"组→"插入题注"。在"标签"列表中，选择最能恰当地描述该对象的标签。如果列表中未提供正确的标签，请单击"新建标签"，在"标签"框中键入新的标签，然后单击"确定"。

（2）向浮动对象添加题注。如果你希望能让文本环绕在对象和题注周围，或者希望能够一起移动对象和题注，则需要将对象和题注都插入到文本框中。

图7-7　题注菜单栏

图7-8　题注设置对话框

2. 在题注中包括章节号

要在题注中包括章节号，必须向章节标题应用唯一的标题样式。选择要添加题注的项目，单击"引用"选项卡→"题注"组→"插入题注"→"设置标签"→"编号"，弹出"题注编号对话框"。

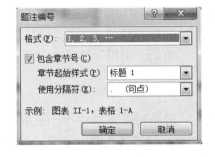

图7-9　题注编号对话框

3. 删除题注

从文档中选择要删除的题注，按【Delete】。删除了题注后，用户可以更新剩余的题注。

三、目录

1. 标记目录项

（1）使用内置标题样式标记项。选择要应用标题样式的标题，在"开始"选项卡上的"样式"组中，单击所需的样式。

（2）标记各个文本项。选择要在目录中包括的文本，再单击"引用"选项卡→"目录"组→"添加文字"，如图7-10所示，完成标记目录。

2. 创建目录

（1）用内置标题样式创建目录。单击要插入目录的位置，在"引用"选项卡上的"目录"组中，单击"目录"，然后单击所需的目录样式。

（2）用自定义样式创建目录。单击要插入目录的位置，单击"引用"选项卡→"目录"组→"目录"→"插入目录"→"选项"。在"有效样式"下，查找应用于文档中的标题的样式。

图7-10　目录菜单栏

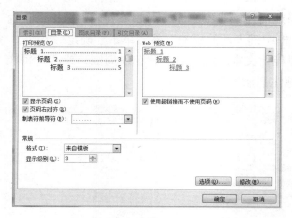

图7-11　目录对话框

图7-12　目录样式设置对话框

3. 更新目录

单击"引用"选项卡→"目录"组→"更新目录"→"只更新页码"或"更新整个目录"。

4. 删除目录

单击"引用"选项卡→"目录"组→"目录"→"删除目录"。

四、插入分隔符

分页符是文档中上一页的结束及下一页开始的位置，表示一页的结尾或者另一页的开始。节是文档的一部分，可在其中设置某些页面格式选项。若要更改例如行编号、列数或页眉和页脚等属性，请插入一个新的分节符。

1. 插入分页符

单击"页面布局"选项卡→"页面设置"组→"分隔符"下拉菜单→"分页符"。

2. 插入分节符

要创建分节符，单击文档中需要设置节的位置→"页面布局"选项卡→"页面设置"组→"分隔符"下拉菜单→"分节符"。

五、页眉和页脚

1. 在整个文档中插入相同的页眉和页脚

单击"插入"选项卡→"页眉和页脚"组→"页眉"或"页脚"。选择所需的页眉或页脚设计。更改页眉或页脚只需重新选择样式即可。

2. 删除首页中的页眉或页脚

单击"页面布局"选项卡→"页面设置"对话框启动器→"版式"选项卡→"页眉和页脚"→"首页不同"复选框，页眉和页脚即被从文档的首页中删除。

3. 对奇偶页使用不同的页眉或页脚

单击"页面布局"选项卡→"页面设置"对话框启动器→"版式"选项卡→"奇偶页不同"复选框，在偶数页上插入用于偶数页的页眉或页脚，在奇数页上插入用于奇数页的页眉或页脚。

图7-13　页面设置页眉页脚

4. 更改页眉或页脚的内容

单击"插入"选项卡→"页眉和页脚"组→"页眉"或"页脚"。选择文本并进行修订。

5. 删除页眉或页脚

单击文档中的任何位置→"插入"选项卡→"页眉和页脚"组→"页眉"或"页脚"→"删除页眉"或"删除页脚"。页眉或页脚即被从整个文档中删除。

任务1　环保宣传小报制作

环保局为迎接"地球环保日"，宣传环保意识，要制作宣传海报，小张负责海报的设计和制作。环保宣传海报需要注重版面的整体规划、艺术效果和个性化创意，并运用文本框、表格、分栏、图文混排、艺术字等排版技术对宣传海报进行艺术化排版设计，如图7-14所示，具体操作步骤如下。

1. 新建Word文档"环保小报.doc"，并根据小报的版面要求进行页面设置

操作方法如下：

启动Word 2010，新建一个空白文档；切换到【页面布局】菜单。在【页面设置】分

图7-14　环保小报效果图

组中依次单击【页边距】【纸张大小】和【纸张方向】按钮，分别设置"页边距"的值：上下边距设为2.5厘米，左右边距设为2厘米，"纸张大小"设置为A4。

2. 为小报添加1个空白版面

操作方法如下：

切换到【插入】菜单，在【插入】分组中单击【分页】按钮，得到一个新的页面。

3. 设置小报的页眉为"环保小报第n版"

操作方法如下：

（1）切换到【插入】菜单，在【插入】分组中单击【页眉】按钮，弹出【页眉】对话框，再在【页眉】对话框中单击【编辑页眉】按钮；出现"页眉"编辑框。

（2）切换到【开始】菜单，在【段落】分组中单击【两端对齐】按钮，将插入点置于页眉左端，输入"环保小报"；按4次Tab键，移动光标到页眉的最右边；切换到【插入】菜单，单击【页眉和页脚】分组中的【页码】按钮；单击【设置页码格式】按钮，在打开的【页码格式】对话框中选择数字格式"一,二,三（简）……"；添加其他文字，构成"第n版"的形式，编辑好的页眉如图7-15所示。

图7-15　编辑完成后的"页眉"效果图

4. 编辑版面

与很多报刊一样，"环保小报"版面最大的特点是各篇文章（或图片）都是根据版面均衡协调的原则划分为若干"条块"进行合理"摆放"的，这就是版面布局，也叫版面设计。每篇文章分到某个条块后，再根据文章自身的特色进行细节编排。根据各版面的特点，可以采用"表格法"或"文本框法"进行版面布局。

用"表格法"设计第一版的版面布局，操作步骤如下：

（1）切换到【插入】菜单，在【表格】分组中单击【绘制表格】按钮，绘制如图7-16所示的表格，绘制出第一版整体布局的基本轮廓。

（2）将各篇文章的素材复制到相应的单元格中。调整表格线的位置直至各个单元格比较紧凑，单元格内尽量不留空位，又刚好显示每篇文章的所有内容。第一版的排版目标与版面布局的对应关系如图7-16所示。

本章的"环保小报"报头用到了艺术字、艺术化横线等方法来实现小报报头的艺术化设计。

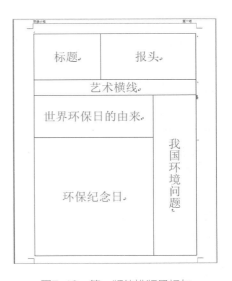

图7-16　第一版的排版目标与表格布局的对应关系

5. 插入艺术字标题

下面以设置"环保"二字为艺术字来说明艺术字的插入及格式设置。

插入"艺术字"的操作方法及步骤如下：

（1）将插入点置于第一版左上角报头标题的位置，在【插入】功能区中，单击【文本】分组中的【艺术字】按钮，并在打开的艺术字预设样式面板中选择艺术字样式（本实例选择第1行第5列的样式）。

（2）打开艺术字文字编辑框，在其中输入要制作成"艺术字"的文字，本例为"环保"两字，并设置"艺术字"的字体格式，本例为"华文行楷"，字号为"70"、加粗。

（3）设置艺术字的文本效果，选中"环保"两字，在打开的【绘图工具/格式】功能区中，单击【艺术字样式】分组中的【文本效果】按钮，打开文本效果菜单，选择【发光】|【发光变体】中第3行第3列的发光效果。

6. 插入艺术化横线

下面以插入第二根横线为例，介绍插入了艺术化横线的方法及步骤，如下：

（1）将插入点定位在要放置第二根横线的位置，在打开的【表格工具/设计】功能区中，单击【表格样式】分组中的【边框】按钮，在打开的边框列表中选择【边框和底纹】，打开"边框和底纹"对话框。

（2）在【边框和底纹】对话框中单击左下角【横线】按钮，打开"横线"对话框，在"横线"对话框中选择第二根横线的样式，如图7-17所示。

图7-17　插入艺术横线

7. 添加新的项目符号

选中"世界环保日的由来"一文中需要添加项目符号的段落。在【开始】功能区的【段落】分组中单击【项目符号】下拉三角按钮。在下拉列表中的【定义新项目符号】，打开"定义新项目符号"对话框，在"定义新项目符号"对话框中单击【图片】按钮，进入"图片项目符号"对话框中，搜索"方形"，单击【确定】按钮，选择某个图片即可设为当前的项目符号。

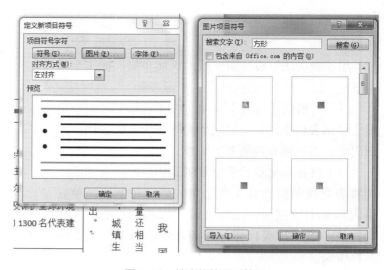

图7-18 搜索新的项目符号

8. 插入图形图片

在"插入"功能区的"插图"分组中单击所需要插入图形的按钮，如要在文档中插入保存在磁盘中的"图片"，则单击"插图"分组中的"图片"按钮，如果用户要插入"剪贴画"，则单击"插图"分组中的"剪贴画"按钮。为环保小报插入一张图片作为背景。

操作方法：

（1）单击"插图"分组中的"图片"按钮，选择文件中存放的图片。

（2）在文档中单击图形图片后，便会自动打开【图片工具|格式】功能区。在【格式】功能区的【图片样式】分组中，设置图片大小为110%。

（3）在打开的【图片工具/格式】功能区中，单击【排列】分组中的【位置】按钮，在打开的预设位置列表中选择"衬于文字下方"，如图7-19所示。

9. 插入艺术字标题

操作方法及步骤：

（1）点击【插入】功能区，选择艺术字（第4行第2列样式）。

（2）输入文字"保护环境光荣 破坏环境可耻"。

10. 分栏

在各种报纸和杂志中运用最广泛的排版方式是"分栏"，"分栏"也是文档排版中最常用的一种版式。它使页面在水平方向上分为几个栏，文字是逐栏排列的，填满一栏后才转到下一栏，文档内容分列于不同的

图7-19 插入图片

栏中，这种分栏方法使页面排版灵活，阅读
方便。

使用Word 2010可以在文档中建立不同版
式的分栏，并可以随意更改各栏的栏宽及栏
间距。

操作方法及步骤：

（1）选中第二版需要设置分栏的文本。

（2）单击【页面布局】功能区，然后在【页
面设置】分组中单击【分栏】按钮。

（3）设置分栏：两栏等宽，加分栏线。

提示：分栏如果包括最后一段的段落标记

图7-20　分栏之后的效果

不能包含进来，就会出现少了一栏的情况。 如
果要在这样的情况下做的话，那一定要在最后一段的最后按一次回车，或者在选择的时
候千万不能包括这个回车

11. 隐藏那些不要框线的单元格的表格线

操作方法如下：

选中第一版中的表格，切换到【表格工具】菜单，在【设计】分组中单击【边框】按
钮旁边的下拉选框，在弹出的各种边框线中选择"无框线"即可。

任务2　论文排版编辑

小张还是某大学的应届毕业生，需要完成毕业论文的撰写，并且撰写的论文格式要
符合学院的论文格式要求。这就要求小张熟练应用Word排版技巧，将毕业论文按要求编
辑排版。本章通过实例，掌握页面设置、标题样式的创建和应用、多级符号的使用、图
表的自动编号、分节符的插入、页眉页脚的设置等Word基本操作。

1. 新建Word文档并保存

新建Word文档"餐饮管理系统.docx"，并保存到D盘的"毕业论文"文件夹下，操作
步骤如下：

（1）启动Word 2010程序，新建空白文档"文档1"。

（2）将新建的文档以"餐饮管理系统"为文件名，保存到"D:\毕业论文"文件夹中。

2. 页面设置

要设置文档页边距上下为2.5厘米，左右边距为2厘米，"纸张方向"为纵向，"纸张大
小"为16开纸，每页30行，每行40个字符。操作步骤如下：

（1）依次单击【页面布局】菜单/【页面设置】命令，打开页面设置对话框，在【页
边距】选项卡，设置"页边距"：上下边距为2.5厘米，左右边距为2厘米。

（2）然后设置"纸张方向"为纵向，切换到【纸张】选项卡，设置"纸张大小"为16
开纸。

（3）切换到【文档网格】选项卡，设置每页30行，每行40个字符。其他设置保持默认

值。单击【确定】按钮，完成页面设置，如图7-21所示。

3. 插入分节符

根据论文的组成部分：封面、中文摘要、目录、第一章、第二章、致谢、参考文献，在文档插入6个分节符，以方便页眉页脚的编辑，操作步骤如下：

（1）依次单击【开始】/【段落】选项卡/【显示|隐藏编辑标记】命令，使该标记高亮显示；

（2）在摘要的内容结尾处，依次单击【页面布局】/【分隔符】/【下一页】命令，完成第一节的插入，如图7-22所示；

图7-21　文档网格设置对话框

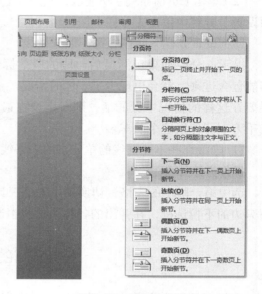

图7-22　插入分节符

（3）在目录的内容结尾处，依次单击【页面布局】/【分隔符】/【下一页】命令，完成第二节的插入；

（4）在论文第一章的内容结尾处，依次单击【页面布局】/【分隔符】/【下一页】命令，完成第三节的插入；

（5）用同样方法，在第二章结尾处，第三章结尾处……插入【下一页】分隔符。这样，就把论文分成了可以设置不同页眉页脚的几个部分。

4. 自定义样式

一般，学校会对论文的字体大小、样式等格式进行统一规定，学生需要根据学校的规定，设置论文的排版格式。所以，编写完论文时，需要先自定义格式样式。操作步骤如下：

（1）在【开始】选项卡的【样式】选项组中，单击对话框启动器按钮，如图7-23所示。

（2）在随即打开的【样式】任务窗格

图7-23　单击对话框启动器按钮

中，单击【新建样式】按钮，如图7-24所示。

（3）在随即打开的"根据格式设置创建新样式"对话框中，根据学校规定的样式进行设置，如，在"名称"文本框中输入标题名称，将"样式类型""样式基准"和"后续段落样式"分别设置为"段落""标题1"以及"正文"等，并设置字体、字号及颜色等，如图7-25所示。

（4）单击【格式】按钮，在随即打开的下拉列表中单击"段落"选项，如图7-26所示。

图7-24　新建样式

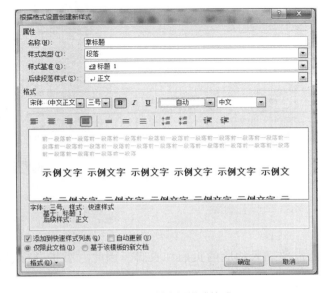

图7-25　创建新样式格式

图7-26　选择段落

（5）在随即打开的"段落"对话框中，在"缩进和间距"选项卡的"常规"区域中将"对齐方式"和"大纲级别"分别设置为"居中"和"1级"，在"间距"区域，将"行距"及"设置值"分别设置为"多倍行距"和"1.25"。设置完成后，单击【确定】按钮，关闭"段落"对话框，如图7-27所示。

（6）返回到"根据格式设置创建新样式"对话框中后，单击【确定】按钮，一个新的格式样式创建成功。

（7）同理创建节标题新样式：字体是四号，左对齐，基于标题2，后续样式：正文，修改正文样式：字号为小四，首行缩进2个字符，1.5倍行距。

（8）相似操作，可以继续根据学校要求创建其他格式样式。自己创建的格式样式，均会显示在

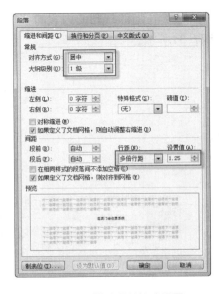

图7-27　样式段落格式设置

"样式"任务窗格中，如图7-28所示。

5. 应用样式

将学校规定的论文格式都设定为Word文档中的样式后，只需在"样式"任务窗格中轻松单击，就可以将自定义的这些样式快速应用到相应的文本段落中，如图7-29所示。

图7-28　新建样式效果图　　　　　　　　图7-29　样式应用

6. 插入页眉和页脚

根据学校的要求，在论文中还需要插入相应的页眉和页脚，因此，小张进行了下列操作来达到目的。操作步骤如下：

（1）打开论文文档，切换到"插入"选项卡，并在"页眉和页脚"选项组中，单击【页眉】按钮，如图7-30所示。

（2）在随即打开的内置的"页眉样式库"中，根据学校要求选择"传统型"样式，如图7-31所示。

图7-30　插入页眉命令　　　　　　　　图7-31　插入页眉操作

（3）在"页眉"中的"标题"控件中输入"毕业论文"字样，在"选取日期"控件输入或选择实际日期，如图7-32所示。

（4）由于默认的"页眉"格式样式中添加了"边框线"，而使得此时的页眉效果不理想，因此需要取消该边框线条。

（5）在"样式"任务窗格中，单击"页眉"下三角按钮，并执行下拉列表中的"修改"命令，如图7-33所示。

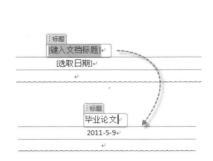

图7-32　插入日期　　　　　　　　　　　图7-33　修改样式

（6）在随即打开的"修改样式"对话框中，单击左下角的【格式】按钮，并执行下拉列表中的【边框】命令，如图7-34所示。

（7）在"边框和底纹"对话框中，将边框类型设置为"无"，此时，可在右侧的预览区域预览效果，如图7-35所示。

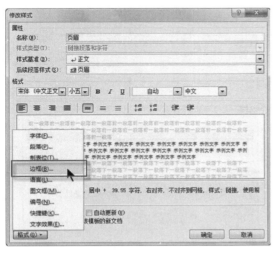

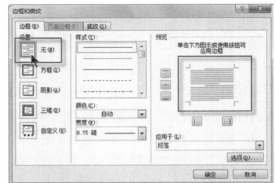

图7-34　修改样式的边框格式　　　　　　图7-35　边框设置对话框

（8）依次单击【确定】按钮，分别关闭"边框和底纹"和"修改样式"对话框。至此，"页眉"的格式修改完成，如图7-36所示。

（9）因为，论文的首页需要作为封面，不需要添加页眉，所以，双击页眉进入编辑状态，在"页眉和页脚工具"的"设计"上下文选项卡的"选项"选项组中，选中"首页不同"复选框，如图7-37所示。

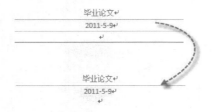

图7-36　页眉修改后效果图

图7-37　"首页不同"命令

（10）在"设计"上下文选项的"页眉和页脚"选项组中，单击【页脚】按钮，如图7-38所示。

（11）在内置的"页脚样式库"中，选择"传统型"页脚，如图7-39所示，鼠标单击即可将其插入到页面底部，如图7-40所示。

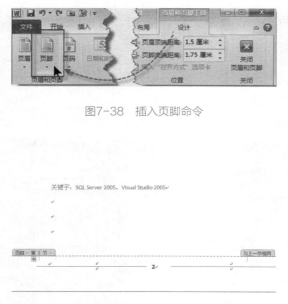

图7-38　插入页脚命令

图7-40　页脚插入后效果图

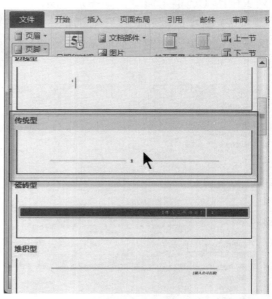

图7-39　插入页脚样式

（12）修改页码起始数字，将中文摘要页码改为1。点击"插入"选项卡，并在"页眉和页脚"选项组中，单击【页码】按钮。在其子菜单选择【设置页码格式】命令，在对话框中，将起始页码设置为"1"，如图7-41所示。

7. 图、表自动编号

插入题注的操作步骤如下：

（1）选中第一章里第一个需要设置编号的图。

（2）依次单击【引用】菜单/【题注】分组/【插入题注】命令，打开【题注】对话框。

（3）单击【编号】按钮，将【编号】设置为阿拉伯数字，位置为所选项目下方。

图7-41　设置起始页码值

（4）因为预设标签里没有"图1-"的标签，我们只能单击【新建标签】按钮，在【新建标签】对话框中的【标签】文本框中输入"图1-"，如图7-42所示。

（5）单击【确定】按钮，回到【题注】对话框，再次单击【确定】按钮，图编号就出现在了图的下一行。

（6）在图的编号后输入图的文字说明。

图7-42　自动编号新建标签对话框

（7）当需要对第一章的第二个图加题注的时候，只需要选中图，单击【引用】菜单/【题注】选项卡/【插入题注】命令，选项标签里选中对应的标签【图1-】。单击【确定】。这样，图的题注自动会出现在图的下一行，再手工输入图的文字说明。

8. 快速生成论文目录

目录一般放置在论文正文的前面，是论文的导读图，为读者阅读和查阅所关注的内容提供便利。Word 2010提供了内置的自动目录样式，轻松单击鼠标，即可快速将其应用到自己的文档中。操作步骤如下：

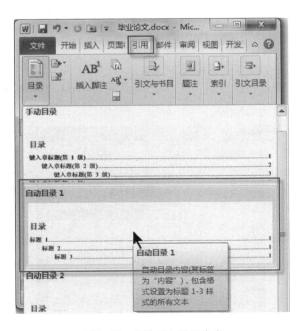

图7-43　自动插入目录命令

（1）将鼠标定位到论文正文的最前面，然后切换到"引用"选项卡，在"目录"选项组中单击【目录】按钮，并在随即打开的下拉列表中选择一种自动目录样式，如"自动目录1"，如图7-43所示。

（2）单击所选目录，即可快速生成当前文档所对应的目录，并插入到文档中，如图7-44所示。

9. 将论文转换为答辩演示文稿

写好论文是论文答辩获得好成绩的前提，答辩演示文稿是论文答辩的重要环节！一想到要将论文中的相应内容，一点点地复制到演示文稿中，好多同学就感到很苦恼。在默认情况下，基于Word文档快速生成演示文稿的命令，并未直接显示在Word 2010的用户操作界面中，

图7-44　目录生成效果图

若要使用该命令，可以自定义"快速访问工具栏"。操作步骤如下：

（1）在论文文档中，单击【文件】选项卡，打开"后台视图"，如图7-45所示。

（2）在左侧导航窗格中单击【选项】按钮，如图7-46所示。

（3）在随即打开的"Word选项"对话框的导航窗格中，单击【快速访问工具栏】选项，如图7-47所示。

（4）在"从下列位置选择命令"下拉列表框中，选择"不在功能区中的命令"选项，如图7-48所示。

图7-45　文件命令

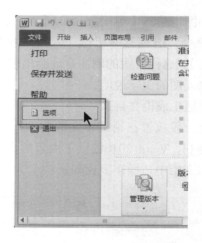

图7-46　选项命令

图7-47　快速访问工具栏命令

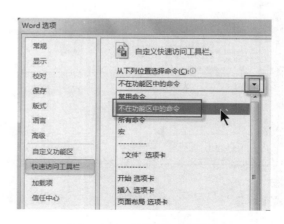

图7-48　不在功能区中的命令

实践训练7

1. 如图7-53所示，制作一张"环保低碳电子报"。

图7-53 环保低碳电子报

具体要求如下：

（1）新建并保存文档。

（2）设置页面：纸张为A4，横向，页面边距，上为4.5厘米，下为1.8厘米，左右为1.5厘米。

（3）制作电子报刊头。设置页眉：从左往右添加日期，文本设置：一号，标准色绿色；主题"环保·低碳"，文本设置为方正舒体，小初；刊名"绿色环保专刊"，文本设置为方正姚体，初号。并设置页眉下框线线条颜色为"绿色（R：100，G：200，B：0）"，粗细为4.5磅。

（4）插入素材图片"家"，设置"衬于文字下方"，大小为80%，放置在左上角。

（5）插入艺术字"有了'我'——家才美丽"，样式为第1行第5列，放置在图片上面。

（6）编辑"环保宣言"板块。

① 在页面右下角绘制一个文本框，并添加内容。

② 设置标题"环保宣言"字体为宋体、四号、加粗、蓝色、居中。正文字体为宋体、小四号、左缩进1字符，并添加"★"项目符号。

③ 插入"边框"画，设置"衬于文字下方"，并调整图片大小和位置。

（7）编辑"植树的意义"板块。

① 在页面左下角绘制一个文本框，输入内容，文字为宋体，小四号。

② 首行缩进2字符，第2段文字左缩进1.5字符，将文本框设置为无轮廓。

③ 插入素材中的图片1，将它设置为"衬于文字下方"，并适当调整图片大小。

④ 插入艺术字"植树的意义"，字体为华文彩云，形状为"右牛角形"、文本轮廓为"深红色"，并适当旋转艺术字，设置为"浮于文字上方"，放置在图片左下角。

（8）编辑"低碳绿色出行"板块。

① 插入一个圆角矩形，并添加内容，设置文本为宋体，小四号，段前间距1行。

② 设置圆角矩形无填充色，边框为"绿色（R：0，G：200，B：0）"，线型为：短划线，粗细为2.25磅。

③ 绘制文本框，输入内容"低碳绿色出行"，字体为华文新魏，三号。文本框设置为无轮廓，并放置在圆角矩形右上角。

2. 编辑论文，具体格式要求如下：

（1）摘要字体为宋体小四号，1.5倍行距。

（2）"关键词"字样，三号宋体加粗，左对齐，关键词3~5个，词间空一格，小四宋体。

（3）自动生成目录，目录只含一级和二级标题，字体为宋体，小四号；1.5倍行距，右边页码要对齐。

（4）一级标题为"1"，三号，宋体加粗居中，二级标题为"1.1"，四号，宋体，加粗；三级为"1.1.1"，小四，宋体；标题前后间距一行，二级和三级标题每个一级标题左对齐。

（5）正文宋体小四，行距1.5倍。

（6）从正文第一章设置页眉，奇数页页眉左侧是"广东环境保护工程职业学院毕业论文（设计）"，字体小五，宋体；偶数页页眉右侧是"该论文题目"，字体小五，宋体。

（7）表标题和表内容为五号宋体，表序、标题在表的上方标明，自动编序。

（8）图标题和图内文字为五号宋体，图序和标题在图的下方居中标明，自动编序。

（9）发送到PPT软件，自动生成新的演示文稿。

模块四

EXCEL 2010电子表格应用

🔍 模块介绍

Excel 2010是目前应用最广泛的电子表格制作软件，具有强大的数据计算、分析和统计功能，可以通过图表、图形等多种形式将数据处理结果形象地显示，并能与Office 2010中的其他软件相互调用数据，实现资源共享。

同时Excel也是全国计算机技能鉴定考试（办公软件应用）的必考项目，在本章的学习中，既要完成考试要求的知识内容，也要锻炼学生在实际生活中的应用。

本模块主要介绍如何使用Microsoft Excel 2010，分成认识Excel2010、数据运算、分析管理数据表三个项目，通过大量的实例与素材，详细讲解电子表格的制作与设计方法。

【知识目标】

1. 熟练操作应用Excel 2010单元格的编辑处理数据；

2. 熟悉公式与函数的使用；

3. 掌握使用Excel 2010处理各种报表的基本方法；

4. 掌握数据的处理以及图表的操作。

【技能目标】

1. 通过对多个工作表的制作学习，掌握如何创建工作簿与工作表、单元格的基本操作、设置单元格格式，公式与函数的运用。

2. 通过项目驱动，对指定工作表进行排序、筛选、分类汇总、合并计算、制作数据透视表、生成图表、修改图表等操作，学会运用Excel 2010的最重要功能——数据分析。

【素质目标】

1. 培养学生严谨细致的工作作风；

2. 加强学生自主学习探索学习的意识；

3. 培养学生的创新意识；

4. 培养学生信息化处理工作的意识和能力。

项目8　认识Excel 2010

项目背景

为统计和查看数据信息，一般需要先制作相应的表格，虽然也可以利用Word实现，但遇到需要计算的单元格时，只能依靠手工输入公式完成计算，效率低下。而使用Excel进行高效的计算和分析操作，可以便捷地实现计算和填充的功能。

知识储备

一、Excel 2010工作界面

Excel 2010工作界面由标题栏、快速访问工具栏、功能选项卡、工具按钮、名称框、编辑栏、工作表格区、缩放控制按钮等元素组成，如图8-1所示。

1. 标题栏

"标题栏"位于界面窗口的最顶部，显示当前文件名及正在运行的程序名等信息，新建的工作簿，在保存之前默认名称是"工作簿1"。

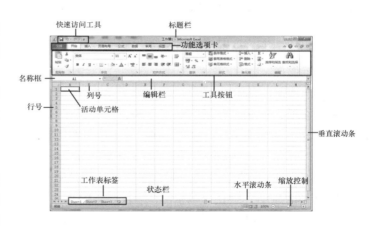

图8-1　Excel2010工作界面

"快速访问工具栏"位于标题栏最左边，显示了常用的工具按钮，例如保存、恢复、撤销等。点击"自定义快速访问工具栏" ，可以选择显示"新建""打开""电子邮件""打印预览和打印"等按钮。

2. 功能区

Excel 2010的功能区是由"功能选项卡"和选项卡中的各种"工具按钮"组成，功能选项卡包含【文件】【开始】【插入】【页面布局】【公式】【数据】【审阅】【视图】等。单击【文件】后，在菜单中显示一些基本命令，如新建、打开、保存、打印、选项等。

某些选项卡只有在对象被选定时才显示，例如生成图表后，选中图表对象时，显示【图标工具】选项卡，及其子选项卡【设计】【布局】和【格式】，没有选定图表对象时则不显示。

3. 名称框和编辑栏

名称框：显示了活动单元格的地址，名称框的内容可以修改，单击名称框进行编辑，按"回车"键确认编辑，即修改了单元格的名称。

编辑栏：用于显示和编辑当前单元格中的内容或数据，当单元格中的内容需要由公式函数计算得出的时候，在编辑栏中输入公式函数，单元格中显示出计算结果。

4. 状态栏

状态栏位于Excel窗口底部，用来显示当前工作区的状态。状态栏的左端显示"就绪"，表明工作表正在准备接受新的信息；当向单元格中输入数据时，显示为"输入"；对单元格中的数据进行编辑时，显示为"编辑"。

5. 其他元素

工作表编辑区：Excel 2010的表格编辑区是其操作界面最大且最重要的区域，该区域主要由工作表、工作表标签、行号和列号组成。

工作表标签：用于显示工作表的名称，默认为三张工作表，单击工作表标签选择当前要编辑的工作表，双击工作表标签可以重命名。

行号与列号：显示数据所在的行与列，也是用来选择整行或整列的工具。

缩放控制：滑动缩放控制滑块 ▽ ，可以放大或缩小工作表的显示比例。

二、Excel 2010中的基本概念

1. 工作簿

工作簿是Excel使用的文件架构，可以将它想象成一个文件夹，在这个文件夹里边有许多工作纸，这些工作纸就是工作表。工作簿是Excel 2010中处理和存储数据的文件，系统默认的扩展名为.xlsx，它是Excel 2010存储在磁盘上的最小的独立单位。在工作簿中，用户可以单击工作表标签查看不同工作表中的内容。启动Excel后，系统会自动建立一个名为"工作簿1"的空白工作簿。新建工作簿的默认名称为工作簿1、工作簿2等，在每个新建的工作簿中，默认包含3个工作表，分别是Sheet1、Sheet2和Sheet3，并显示在工作表标签中，可以选择"文件"→"选项"命令打开"Excel 选项"对话框，在"常规"标签中设定新建工作簿时包含的工作表数，在该对话框中还可设置默认的字体、字体大小及视图方式等。

2. 工作表

工作表是Excel的核心，对数据的存放和处理操作均在工作表中进行，它是由多行和多列的单元格排列在一起构成的，也称为电子表格，每张表由16384列和1048576行构成。各张工作表由工作表标签来标识，用户可以单击工作表标签来实现不同工作表之间的切换。

3. 单元格

单元格是Excel工作界面中的矩形小方格，是组成Excel表格的基本单位，同时也是存储数据的最小单元。每一个单元格由对应的列标和行号来唯一标识，用户输入的所有内容都将存储和显示在单元格内，所有单元格组合在一起构成一个工作表。

4. 活动单元格

活动单元格是指处于选中状态的单元格，其周围会出现黑色边框线，并且名称框中将显示该单元格的名称，同时该单元格所对应的列序号和行序号以黄色显示。

5. 单元格地址

（1）单元格地址。每个单元格的地址由对应的列号和行号来确定，活动单元格的地址显示在左上角的名称框中。如图8-2所示，当前活动单元格的地址是B1。

（2）区域地址。区域是由一个或多个连续单元格组成的矩形范围，区域表示方法为"左上角单元格地址：右下角单元格地址"。

如图8-3所示，左图选定的区域是B2：C4，右图选定的区域是A3：C3。

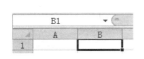

图8-2　单元格名称　　　　　　　　　图8-3　单元格的区域表示

6. 单元格区域

单元格区域是指由两个或两个以上相邻或不相邻的单元格组成的区域。选中某一单元格区域，该区域则会高亮显示，单击区域外的任一单元格，则会取消对该区域的选择。单元格区域的名称可以用左上和右下角的单元格地址表示，也可以直接在编辑栏左边的名称框中命名，如B3：E5、A1：G7。

任务1　Excel 2010基本设置

一、Excel的启动与退出

1. 启动Excel

Microsoft Excel 2010正常安装后，可按以下方法启动Excel：

方法一：双击桌面上Excel的快捷图标。

方法二：单击【开始】→【所有程序】→【Microsoft Office】→【Microsoft Excel 2010】命令。

2. 退出Excel

打开Microsoft Excel 2010后，退出Excel的方法有以下几种：

方法一：单击工作界面右上方的"关闭"按钮 ▧ 。

方法二：在工作界面中按【Alt+F4】组合键。

方法三：单击【文件】→ 📄 关闭 ，可以关闭当前的工作簿。

方法四：单击【文件】→ ▣ 退出 ，可以关闭Excel软件。

二、工作簿的操作

1. 新建工作簿

启动Excel时即自动创建了一个新的工作簿。

除此以外，在编辑过程中也可以创建新的工作簿，还可以根据模板来创建带有样式的新工作簿。

（1）创建一个新的空白工作簿。单击【文件】→【新建】，如图8-4所示，在【可用模板】列表框中选择【空白工作簿】选项，单击【创建】按钮，即可新建一个空白工作簿。

（2）通过Excel模板新建工作簿。单击【文件】→【新建】命令，在【可用模板】列表中选择【样本模板】，再选择一个Excel模板，如图8-5所示，右侧显示出该模板的预览效果，单击【创建】按钮，即可根据所选的模板新建一个工作簿。

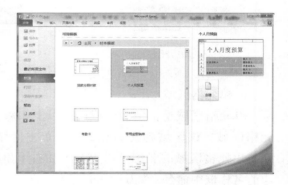

图8-4 【可用模板】列表框　　　　　　图8-5【样本模板】列表框

2. 打开工作簿

打开已有的工作簿的方法有：

方法一：直接双击已有的Excel文件，即可打开已有的工作簿。

方法二：双击桌面的Excel快捷图标，单击【文件】→【打开】，找到Excel文件的存储路径，双击对应文件即可打开。

3. 保存工作簿

保存：在Excel 中创建新工作簿后，应尽快按保存按钮 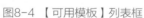 保存，同时选择保存路径、输入文件名，保存类型默认为Excel工作簿，即扩展名为".xlsx"的文件。

另存为：对当前工作簿需要修改保存位置、名称、或再存一份时，选择【文件】→【另存为】，操作方法与Word中的另存操作一样。

现在，需要新创建一个工作簿"大气污染情况.xlsx"，具体操作如下：

选择【开始】→【所有程序】→【Microsoft Office】→【Microsoft Excel 2010】命令，启动Excel 2010应用程序，即默认新建了一个空白工作簿。

在标题栏中看到当前文档的名称为"工作簿1"，此时是没有保存到硬盘中的状态，如图8-6所示。

单击左上角快速访问工具栏中的【保存】按钮 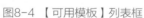，或者单击【文件】→【保存】，

打开【另存为】对话框，如图8-7所示。在左框中选择工作簿文件保存在E盘下（E:\），将【文件名】文本框中将"工作簿1"修改为"大气污染情况"，扩展名.xlsx保留不变。单击【保存】按钮，保存工作簿。

Excel 2010工作簿保存后，继续编辑过程中再点击【保存】时，内容会自动覆盖之前的工作簿。若需要另外存储一份，可以点击【文件】→【另存为】工作簿。

下面将刚创建的"大气污染情况"工作簿在桌面上另存一份，具体操作如下：

在"大气污染情况"工作簿中单击【文件】→【另存为】，在左框中选择保存位置为桌面。单击【保存】按钮，即在桌面上保存了该工作簿，此时继续编辑的是桌面上的工作簿。

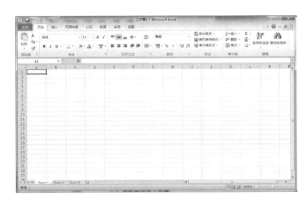 

图8-6　新建的空白工作簿　　　　　　　　　　图8-7　保存工作簿

三、工作表的操作

Excel新建一个空白工作簿时，会自动在其中添加三个空白的工作表 Sheet1、Sheet2、Sheet3，可以自行添加和删除工作表，工作簿与工作表的关系就像书本与书页的关系。

1. 选定工作表

（1）选定一张工作表：直接单击工作表标签。

（2）选定多张工作表：按住【Ctrl】键并单击多个工作表标签选定不相邻的多张工作表，按住【Shift】键可以选定相邻的多张工作表。

2. 插入工作表

使用Excel分析处理数据时，可以在工作簿中插入多张工作表。

在"大气污染情况"工作簿中插入一张新工作表，有两种操作方法：

方法一：打开"大气污染情况"工作簿后，单击左下方的"插入工作表"　　　按钮，可以在Sheet3后面插入新工作表Sheet4。

方法二：右键单击任一工作表标签，选择【插入】，弹出如图8-8所示对话框，选择【工

图8-8　插入新工作表

作表】→【确定】，可以在原工作表前面插入一张新的工作表。

3. 重命名工作表

默认情况下，工作表名称为Sheet1、Sheet2……，重新命名工作表能更加直观地标示内容，方便管理。

将"大气污染情况"中的4张工作表依次命名为"二氧化硫""污染统计""烟粉尘""氮氧化物"，操作如下：

方法一：打开"大气污染情况"工作簿，双击工作表标签【Sheet1】，使其变为黑底白字 ▶▶| **Sheet1** ╱Sheet2╱Sheet3 时，输入新的名称"二氧化硫"，按【Enter】键确认，工作表标签显示为 ▶▶| 二氧化硫 ╱Sheet2╱Sheet3 。

对Sheet2、Sheet3、Sheet4工作表用同样的方法，分别输入"污染统计""烟粉尘"和"氮氧化物"。

方法二：右键单击需要改名的工作表标签，选择【重命名】，使其变为黑底白字时输入新的名称，按【Enter】键确认。

4. 移动或复制工作表

Excel中，各张工作表的位置可以移动，工作表也可以整体被复制，以提高制表效率。

在"大气污染情况"工作簿中，将工作表"污染统计"移至最后，然后将"二氧化硫"复制一份放在工作表"污染统计"前面，具体操作如下：

（1）移动工作表。

方法一：左键选定工作表标签"污染统计"并按住不放，拖动时出现小黑三角指示位置，如图 污染统计╱烟粉尘╱氮氧化物╲ ，拖至"氮氧化物"后面时松开鼠标即可。

方法二：右键单击工作表标签"污染统计"，在弹出菜单中选择【移动或复制】，弹出如图8-9左边的对话框，选择【（移至最后）】→【确定】。

（2）复制工作表。

方法一：右键单击工作表"二氧化硫"，在弹出菜单中选择【移动或复制】，弹出如图8-9右边的对话框时，勾选【建立副本】复选框，放在工作表"污染统计"之前，【确定】。复制后的工作表标签为 二氧化硫╱烟粉尘╱氮氧化物╲二氧化硫（2）╱污染 。

方法二：按住【Ctrl】键，同时左键按住工作表标签"二氧化硫"，拖动至工作表标签"污染统计"的前面。

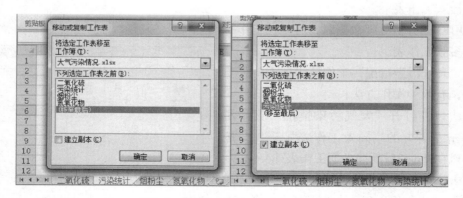

图8-9 【移动或复制工作表】对话框

5. 删除工作表

工作表可以自行删除。

将工作表"二氧化硫（2）"删掉：

右键单击工作表标签"二氧化硫（2）"，从弹出菜单中选择【删除】即可。

如果被删的工作表中存有数据，将弹出如图8-10所示的对话框，选择【删除】按钮。

图8-10 删除提示框

任务2 单元格基本操作

Excel以表格方式进行数据运算和数据分析，而表格的基本组成元素是单元格，在向工作表中输入数据时，应该先选定单元格或单元格区域。

一、单元格地址与选定

1. 单元格选定

（1）选定一个单元格。单击某个单元格时，即选定了这个单元格，被选定的这个单元格称为"活动单元格"。

（2）选定一个区域。按住鼠标划过多个单元格时，即选定了一个区域，区域由连续的单元格组成。

（3）选定不连续的多个单元格。按住【Ctrl】键的同时，单击要选择的单元格。

（4）选定整行。光标移动到左侧行号位置，变成 ➡ 形状时单击，即选定了一整行。

在行号上按下鼠标并划过多个行号时，则选定了连续的多行；按住【Ctrl】键的同时，单击多个行号，可以选定不连续的多行。

（5）选定整列。光标移动到上方列号位置，变成 ⬇ 形状时单击，即选定了一整列。

在列号上按下鼠标并划过多个列号时，则选定了连续的多列；按住【Ctrl】键的同时，单击多个列号，可以选定不连续的多列。

（6）选定整张工作表。单击左上角行号与列号交叉处的【全选】按钮 ◢，即选定整张工作表；或者同时按【Ctrl】+【A】键，选定整张工作表。

2. 单元格区域地址修改

单元格地址是默认的单元格名称，但用户可以自行定义单元格或区域的名称。在左上角名称框中，将原来的地址修改为自定义的名称，按【Enter】键确认修改。

如图8-11所示，A1单元格的名称修改为"应用基础"，B2：D3区域的名称修改为"环境指数"。

图8-11 单元格的名称

二、输入数据内容

单元格在编辑状态时，向单元格中输入的数据和文本，主要是文本、数值、货币、日期、时间等类型的内容。

1. 输入文本

（1）输入普通文本。输入文本的方法有两种，既可以直接向单元格中输入，也可以在编辑栏里输入。

在"二氧化硫"工作表中，输入表格标题"全国二氧化硫排放量（万吨）"和列标题"年份""工业排放""生活排放"，具体操作如下：

打开"大气污染情况"工作簿，选中输入标题的单元格A1，输入文本内容"全国二氧化硫排放量（万吨）"，输入完后按【Enter】键确认。

选中单元格A2，输入列标题"年份"（或单击A2单元格后再单击编辑框，输入"年份"），单击编辑栏上的【输入】按钮 ✓，或单击其他任意单元格也可以确认输入。

在B2、C2单元格中分别输入"工业排放""生活排放"文本。

（2）数字作为文本输入。默认情况下，在Excel单元格中输入的数字将以数值的形式显示，即自动右对齐。如果单元格中输入的数字需要作为文本符号显示，如编号、电话号码、证件号码等，可以将输入的数字设置为文本类型。

在"大气污染情况"工作簿中新建一张工作表Sheet6，在C2单元格中输入自己的身份证号码，具体操作如下：

图8-12 【设置单元格格式】对话框

当直接输入身份证号码后，按【Enter】键确认时，号码显示为 4.40123E+17，而编辑栏中看到的后四位都变为0。如何正确地输入身份证号码？

右键单击C2单元格，在弹出菜单中选择【设置单元格格式】，弹出【设置单元格格式】对话框，选择【数字】选项卡→【文本】→【确定】按钮，如图8-12所示。

返回工作表的编辑页面，在C2单元格中重新输入身份证号码，即可正确显示。

如果多个单元格中都需要输入身份证号码，应先选中区域，按上述方法设置【文本】类型后，再在单元格中输入身份证号码，以提高效率。

2. 输入数字

（1）输入整数、小数、分数、百分比数字。在单元格中，可以输入各种类型的数字内容。

在"二氧化硫"工作表中，如图8-13所示，输入工业排放量和生活排放量数据。

输入完成后，修改工业排放量和生活排放量数据的小数位数，统一显示为小数点后保留1位小数，具体操作如下：

选中区域B3：C10，右键单击区域，在弹出菜单中选择【设置单元格格式】，在如图8-14所示的对话框中选择【数字】选项卡→【数值】→"小数位数"修改为"1"→【确定】，返回工作表编辑页面。

图8-13　输入数据　　　　　　　图8-14　设置小数位数

增加和减少小数位数，也可以点击【开始】→【数字】组中的 按钮，每次增加或减少一位小数位数。

例如：需要在单元格中输入分数时，先在单元格中输入数值如"0.5"，确认输入，再选中此单元格，单击【开始】→【数字】组中的【数字格式】下拉按钮，如图8-15所示，从下拉列表中选择【分数】，可以看到单元格中的数值被改写为"1/2"。

如果需要在单元格中输入百分数，先在单元格中输入数值如"1.5"，确认输入，再选中此单元格，单击【开始】→【数字】组中的【数字格式】下拉按钮，如图8-18所示，从下拉列表中选择【百分比】，可以看到单元格中的数值被改写为"150%"。

图8-15　数字显示形式

（2）输入日期和时间。Excel在默认情况下，输入的日期和时间都被作为数字处理，因此，需要先将单元格设置为日期或时间格式。

在"二氧化硫"工作表的B12单元格中输入文本"制表日期："，在B13单元格中输入今天的日期。

对于单元格B13的日期格式，可以先以简单的方式输入，如"2016-1-1"，再修改为所需要的显示形式。修改操作为：右键单击B13单元格→【设置单元格格式】→【数字】选项卡中的【日期】→【区域设置】为"中文（中国）"，在【类型】中选择所需的显示样式，如"2016年1月1日"，如图8-16所示，单击【确定】按钮返回编辑页面。

如果输入当前的电脑系统日期，可以按【Ctrl】+【；】组合键快捷输入。

如果输入当前的电脑系统时间，可以按【Shift】+【Ctrl】+【；】组合键快捷输入。

（3）输入其他数字类型数据。Excel还可以显示其他多种类型的数据，如货币、科学记数、会计专用等类型。需要先输入数字，再将单元格格式设置为货币格式。

例如：需要将数值改为货币型数据时，选中单元格或区域，右键单击→【设置单元格格式】→【数字】选项卡中选择【货币】，设置【小数位数】【货币符号】，如图8-17所示，单击【确定】。返回工作表编辑页面，可以看到被修改的单元格或区域，每个数字前面加上了货币符号。

图8-16 设置日期样式类型

图8-17 设置货币格式

三、编辑单元格

1. 填充数据

在制作表格时，常常要输入一些相同的数据或序列数据，若手动输入会浪费时间。在Excel中使用填充柄填充数据，能简化输入步骤、提高输入效率，数据填充可以分为序列填充和复制填充。

（1）序列填充。

在"大气污染情况"工作簿的"二氧化硫"工作表中，使用填充柄功能在A3：A10区域快速填充年份，具体操作如下：

在A3和A4单元格中分别输入"2006"和"2007"，选定A3和A4单元格，将光标移至A4单元格右下角的控制柄处，光标形状变成 ▉ 时，按下鼠标并拖动至A10单元格，如图8-18左图所示，填充后的效果如图8-18右图所示。

上面实例中，A3、A4单元格的数字2006和2007相差1，称为"步长是1"，序列填充时先选中A3和A4单元格，就将以"步长1"依次填充后面的单元格。

图8-18　填充柄的序列填充

序列填充非常实用，如图8-19所示，可以进行多种序列填充以满足实际需求。

（2）复制填充。

当单元格中输入文本内容时，拖动填充柄将进行复制填充，效果和复制粘贴类似。数字也可以进行复制填充，当两个单元格中的数字相同时，步长为0，拖动填充柄将进行复制填充。

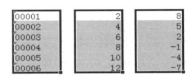

图8-19　序列填充

序列填充与复制填充既可以在纵向区域内填充，也可以在横向区域内填充。

2. 行和列的操作

（1）插入行。

方法一：选中一整行，在选中的区域点击右键→【插入】，将在选中行的上方插入一行。

方法二：选中一个单元格，点击右键→【插入】，弹出如图8-20所示对话框，选择【整行】→【确定】，将在被选单元格上方插入一行。

在"二氧化硫"工作表的第2行前面插入一行空行。

单击左侧的行号"2"选中第2行，在选中的区域中单击右键，从弹出菜单中选择【插入】，则在原来第2行上方插入了一行。

图8-20　插入一整行

（2）插入列。

方法一：选中一整列，在选中的区域点击右键→【插入】，将在选中列的左边插入一列。

方法二：选中一个单元格，点击右键→【插入】，弹出如图8-20所示对话框，选择【整列】→【确定】，将在被选单元格左边插入一列。

（3）删除行/列。

方法一：选中准备删除的行/列，单击右键，从快捷菜单中选择【删除】选项。

方法二：选中准备删除的行/列中的一个单元格，点击右键→【删除】，在弹出对话框中选择【整行】或【整列】→【确定】，将删除单元格所在的整行/整列。

（5）在"不在功能区中的命令"列表中，向下滚动垂直滚动条，找到并选中"发送到 Microsoft PowerPoint"命令，然后单击【添加】按钮，如图7-49所示。

（6）将"发送到Microsoft PowerPoint"命令添加到"自定义快速访问工具栏"区域后，单击【确定】按钮关闭对话框，命令添加成功，如图7-50所示。

图7-49　发送命令　　　　　　　　　　图7-50　添加成功

（7）返回页首。

（8）在"快速访问工具栏"中单击【发送到 Microsoft PowerPoint】按钮，如图7-51所示。

（9）此时，系统将自动基于当前Word文档大纲创建一个内容一致的新演示文稿，如图7-52所示。

关闭并保存文档。

图7-51　快速访问工具栏效果图

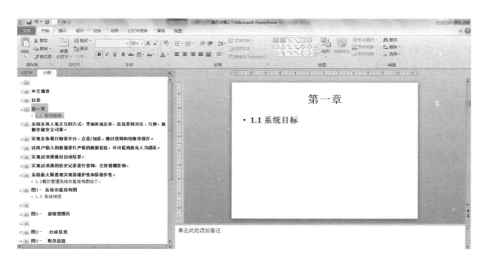

图7-52　生成新演示文稿效果图

3. 复制单元格

复制单元格内容既可以使用填充柄，也可以使用复制、粘贴的方法。

当不连续的单元格中需要输入相同内容时，使用复制单元格的方式更方便。默认情况下，复制单元格时，将连同原来的格式一起被复制。

复制方法：选中被复制的单元格，单击【开始】→【复制】按钮 📋（或者右击→弹出菜单中选【复制】，或者【Ctrl】+【C】组合键），再选中目标单元格→【粘贴】（或者【Ctrl】+【V】组合键）。当选中了多个目标单元格时，可以在这些单元格中一次性粘贴多份。

4. 移动单元格

在编制工作表时，有时需要移动表格中的内容，可以通过剪切或直接拖动等方法移动单元格。

（1）"剪切"移动。

在"二氧化硫"工作表中，将单元格B13剪切至B2中。

选中单元格B13，单击【开始】→【剪切】按钮 ✂（或者右击→弹出菜单中选【剪切】，或者【Ctrl】+【X】组合键），再选中B2，单击【粘贴】按钮 📋（或者【Ctrl】+【V】组合键）。

（2）直接拖动。

在"二氧化硫"工作表中，将单元格C13剪切至C2中。

选中单元格C13，光标放在选中区域的边框处时，变为 ✛ 形状，此时按下鼠标并拖动至目标位置C2。调整后的效果如图8-21所示。

5. 插入单元格

选中一个单元格，点击右键→【插入】，弹出界面如图8-22所示，选择【活动单元格右移】或者【活动单元格下移】→【确定】，将在被选单元格左边或者上面插入一个单元格。

插入单元格后，将影响到其他部分单元格的地址，使原来的地址发生了变化。

6. 修改单元格数据

输入数据时如果出现错误，可以对单元格中的数据进行修改。

单击或双击工作表中的单元格，修改该单元格中的数据。

在"二氧化硫"工作表中，将2013年的工业排放量"1835.2"修改为"1856.7"。

单击需要修改数据的单元格B11（或双击单元格进入编辑状态），输入新的数据"1856.7"，按【Enter】键确认输入。

还可以选中要修改内容的单元格，在编辑栏中输入新的数据，按【Enter】键或 ✔ 按钮确认输入。

	A	B	C
1	全国二氧化硫排放量（万吨）		
2		制表日期：	2016年1月1日
3	年份	工业排放	生活排放
4	2006	2234.8	354.0
5	2007	2140.0	328.1
6	2008	1991.3	329.9
7	2009	1866.1	348.3
8	2010	1864.4	320.7
9	2011	2017.2	200.4
10	2012	1911.7	205.7
11	2013	1835.2	208.5

图8-21　移动后的效果　　　　　　　　图8-22　"插入"对话框

7.删除单元格

（1）清除单元格内容。需要清除选中单元格或区域的数据，有两种操作方法：

方法一：选中单元格或区域，然后按【Delete】键即可清除内容。

方法二：选中单元格或区域，单击【开始】→【编辑】组中单击【清除】按钮→【清除内容】，即可完成删除单元格中数据的操作，如图8-23所示。

（2）删除单元格。如果连同单元格一起需要被删除，选中单元格或区域，右键单击→【删除】，从弹出的对话框中选择合适的项。

图8-23　清除单元格内容

Excel中的"清除"按钮还可以清除格式、清除批注、清除超链接等功能，在如图8-23所示的下拉菜单中设置。

四、行高和列宽

向单元格输入内容时，有时会出现这样的现象：有的单元格中的文字只显示了一半；有的单元格中显示的是一串"#"号，而在编辑栏中却能看见对应单元格的数据。

这是因为单元格的宽度不够，不能正确显示内容，只要调整单元格的宽度就行了。

1. 设置行高

将鼠标移至界面左边行号的两行交界处时，光标变成了 ✛ 形状，此时按下鼠标并拖动，可以调整上方一行的行高。

如果需要精确定义行高，则在右键菜单的【行高】中定义。

设置"二氧化硫"工作表中表格标题行的行高为35。

选中第1行，右键单击，从弹出菜单中选择【行高】，在如图8-24所示的【行高】文本框中输入35，单击【确定】，即可将第1行的高度设置为35。

2. 设置列宽

将鼠标移至界面上方列号的两列交界处时，光标变成了 ✛ 形状，此时按下鼠标并拖动，可以调整左边一列的列宽。

如果需要精确定义列宽，则在右键菜单的【列宽】中定义。

设置"二氧化硫"工作表中，"年份"列的列宽为10，"工业排放"和"生活排放"列的列宽为15，具体操作如下：

选择第A列，在选区中右键单击→【列宽】，弹出如图8-25所示的【列宽】文本框，输入"10"，单击【确定】。同时选择B、C列，在列号上右键单击，用上面相同的方法，设置列宽为"15"，单击【确定】。

图8-24　【行高】对话框

3. 自动调整行高和列宽

对于行高和列宽的设置，除了手动调整和定义数值外，Excel还有自动调整的功能。

图8-25　【列宽】对话

（1）自动调整行高。光标移动到被调整行左侧的行号下线位置，变成形状 ✛ 时双击鼠标，本行即调整到合适的高度。

（2）自动调整列宽。光标移动到被调整列上方的列号右边线位置，变成形状 ✛ 时双击鼠标，本列即调整到合适的宽度。

任务3　格式设置

一、合并和拆分单元格

1. 合并单元格

在制作表格时，为了需要，通常会将几个单元格合并为一个单元格，可以使表格更加美观。

（1）合并后居中。

在"大气污染情况"工作簿的"二氧化硫"工作表中，将A1：C1单元格合并，标题内容居中放置，具体操作如下：

选中准备合并的单元格区域A1：C1，单击【开始】→【对齐方式】组中的 国合并后居中 · 按钮。合并后的效果如图8-26所示。

可以看到，表格标题"全国二氧化硫……"放到了区域A1：C1的正中间，并且区域A1：C1合并成一个大单元格，地址是A1。

要达到"合并后居中"的效果，还有其他的操作方法。

对"烟粉尘"工作表，也将A1：C1单元格合并，标题内容居中放置。

选中单元格区域A1：C1，右键单击该区域→【设置单元格格式】→选择【对齐】选项卡，设置【水平对齐】为"居中"、【垂直对齐】为"居中"，并勾选【合并单元格】复选框，如图8-27所示，单击【确定】按钮，即可完成单元格的合并操作。

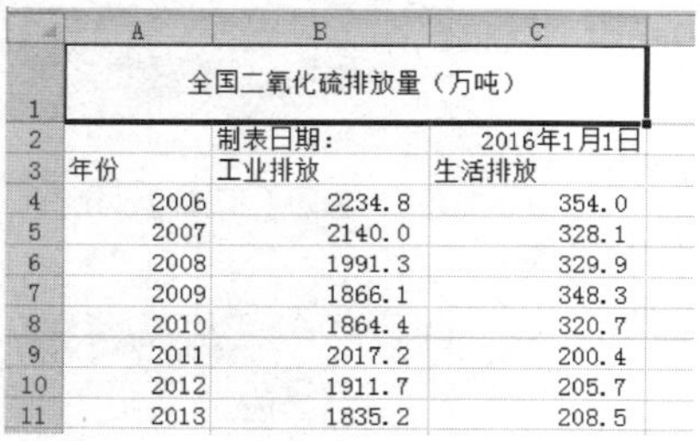

图8-26　合并后居中

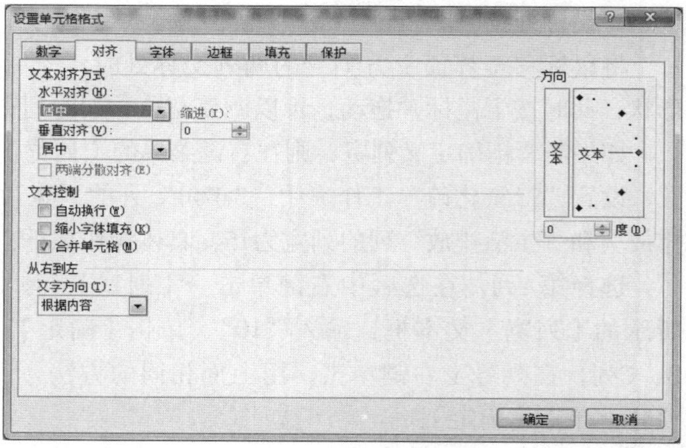

图8-27　设置合并与居中

（2）跨列居中。

设置一个单元格的数据内容置于多列的正中间，但不需要合并单元格，可以用"跨列居中"来实现。

对"氮氧化物"工作表，也将标题内容跨A1∶C1区域居中，但不要合并单元格。

选中A1∶C1区域，右键单击→【设置单元格格式】→【对齐】→【水平对齐】下拉框中选择【跨列居中】，如图8-28所示。

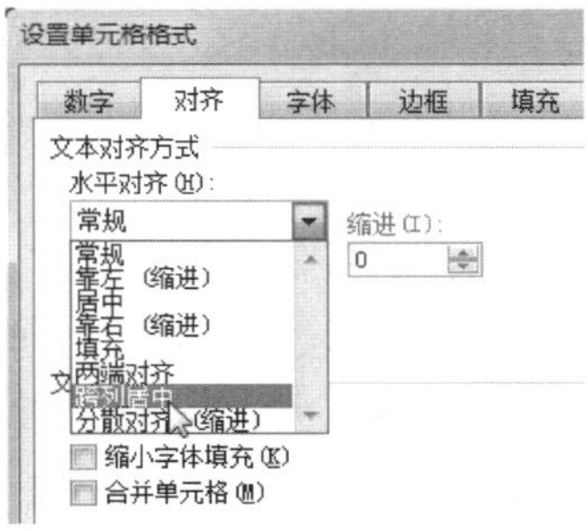

2. 取消合并单元格

对于合并了的区域，需要还原为单元格状态时的操作很简单。

选中区域→点击【开始】→【对齐方式】组中的 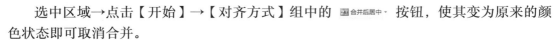 按钮，使其变为原来的颜色状态即可取消合并。

注意：单元格是Excel表格中的最小单位，单元格不可以像Word表格一样拆分。

图8-28　跨列居中

二、设置表格格式

在单元格中输入数据后，可以对其中的数据进行格式化操作，用户可以通过使用【开始】选项卡中的命令按钮来设置单元格格式，或右击选中的单元格→打开【设置单元格格式】对话框进行设置。

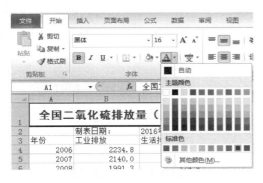

图8-29　字体格式设置

1. 设置字体格式

为了使工作表看上去更清晰和美观，需要对单元格进行各种设置。

对"大气污染情况"工作簿中的"二氧化硫"工作表，设置：

（1）第1行标题的字体格式为黑体、加粗、16磅、字体颜色为深蓝色；

（2）第3行列标题的格式为华文楷体、加粗、13磅、颜色为黑色。

选中标题所在的A1单元格，利用【开始】→【字体】工具栏设置【黑体】、加粗按钮 **B** 、字号20，在【颜色】 下拉列表框中选择"深蓝色"，如图8-29所示。

选中列标题区域A3∶C3，利用【开始】→【字体】工具栏设置【华文楷体】、加粗按钮 **B** ，字号需输入"13"后按【Enter】键，在【颜色】下拉列表框中选择"自动"。

设置字体格式，还可以选中单元格或区域→右键单击→ 设置单元格格式(F)... ，打开【设置单元格格式】对话框→【字体】选项卡中进行各项设置。

2. 设置对齐方式

默认情况下，单元格中的文本靠左对齐、数字靠右对齐，通过【对齐方式】组中的命令按钮，可以修改单元格内容的对齐方法。

在"二氧化硫"工作表中，设置：

（1）区域A3：C11的内容水平居中对齐、垂直居中对齐；

（2）将B2单元格的内容"制表日期："剪切到C2单元格内容的前面，合并区域A2：C2，文本水平右对齐，字体设置为微软雅黑，10磅，颜色为"蓝色，强调文字颜色1，深色25%"。

选中区域A3：C11，利用【开始】→【对齐方式】组中的按钮 ≣≣≣ 设置水平对齐方式，按钮 ≡≣≡ 设置垂直对齐方式。选中单元格B2，在"编辑栏"中进行单元格内容的剪切，再选中单元格C2，在"编辑栏"中粘贴，对A2：C2合并区域并设置字体格式，完成后的效果如图8-30所示。

在【设置单元格格式】对话框的【对齐】选项卡中，可以对文本的对齐方式进行详细设置，如合并单元格、水平与垂直对齐方式、旋转单元格内容的角度等，如图8-31所示。

图8-30　合并区域效果图

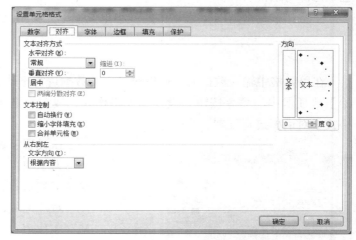

图8-31　【对齐】选项卡

3. 设置边框和底纹

Excel单元格在默认情况下并没有边框线，我们看到的都是虚框，在打印时不会显示出来。因此，用户经常添加一些边框线，使工作表更美观、容易阅读。

同样，底纹也是为了使工作表更加美观易读，用底纹为单元格加上合适的色彩和图案，不仅可以突出显示重点内容，还可以美化工作表。

在"二氧化硫"工作表中，设置：

（1）为区域A2：C11添加粗外框线、细内边线；

（2）为列标题A3：C3添加图案颜色"水绿色，强调文字颜色5，深色25%"，图案样式"12.5% 灰色"；

（3）为区域A5：C5，A7：C7，A9：C9，A11：C11添加背景色"茶色，背景2，深色10%"。

选中区域A2：C11，单击【开始】→【字体】组中的边框下拉按钮 ▦▾ → ▦ 其他边框(M)... 按钮，打开【设置单元格格式】对话框的【边框】选项卡，在【样式】列表框中选择粗线样式，在【预置】列表框中单击【外边框】按钮，设置区域的外框线；继续在【样式】列表框中选择细线样式，在【预置】列表框中单击【内部】按钮，设置区域的内边线；可以预览边框效果，如图8-32所示，单击【确定】返回表格页面。

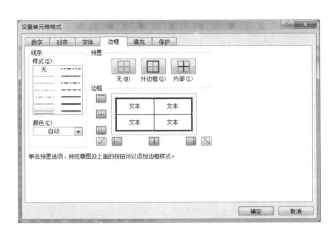

图8-32　设置内外边框线

选中列标题所在区域A3：C3，右键单击→【设置单元格格式】→【填充】选项卡，在【图案颜色】中选择"水绿色，强调文字颜色5，深色25%"，【图案样式】中选择"12.5% 灰色"，单击【确定】。

按住【Ctrl】键，同时选择区域A5：C5，A7：C7，A9：C9，A11：C11，单击【开始】→【字体】组中的边框下拉按钮→【填充】选项卡，在【背景色】面板中选择颜色"茶色，背景2，深色10%"，如图8-33所示，单击【确定】。设置后的效果如图8-34所示。

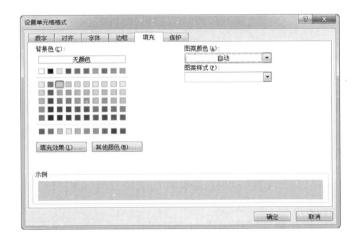

图8-33　设置背景色

图8-34　边框底纹效果图

4. 自动套用表格格式

Excel的自动套用格式功能提供了多种表格样式，用户可以选择需要的样式快速美化工作表。

在"烟粉尘"工作表中，为区域A2：C10自动套用"表样式中等深浅20"格式。

选中区域A2：C10，单击【开始】→【样式】组中的【套用表格格式】按钮 ，弹出如图8-35所示列表项，从其中选择【表样式中等深浅20】。

弹出【套用表样式】对话框，其中【表数据的来源】保持默认的区域A2：C10，并勾选【表包含标题】，单击【确定】按钮，效果如图8-36所示。

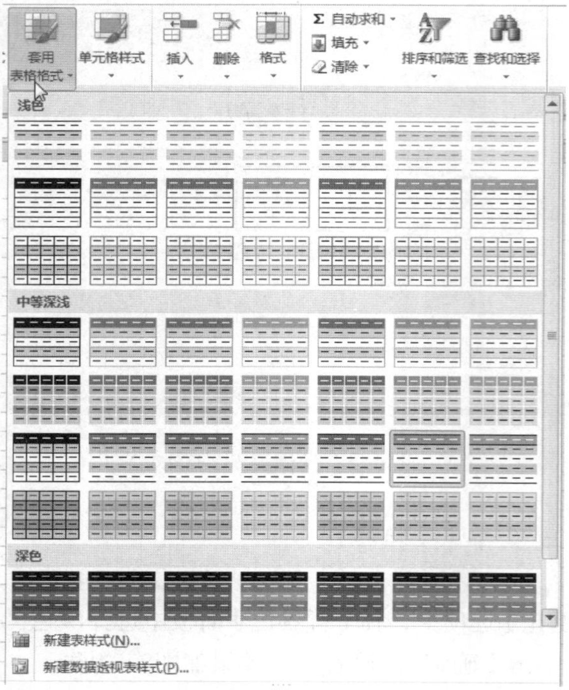

图8-35　表格样式

	A	B	C
1	全国烟（粉）尘排放量（万吨）		
2	年份	工业排放	生活排放
3	2006	1672.9	224.3
4	2007	1469.8	215.5
5	2008	1255.6	230.9
6	2009	1128	243.3
7	2010	1051.9	225.9
8	2011	1100.9	177.9
9	2012	1029.3	205
10	2013	1094.6	183.5
11			

图8-36　套用格式效果

任务4　美化工作表

一、工作表背景与标签颜色

1. 设置工作表背景

在Excel中，除了可以为选定的单元格区域设置底纹样式或填充颜色之外，用户还可以为整个工作表添加背景效果。

为“大气污染情况”工作簿中的“氮氧化物”工作表添加背景图片。

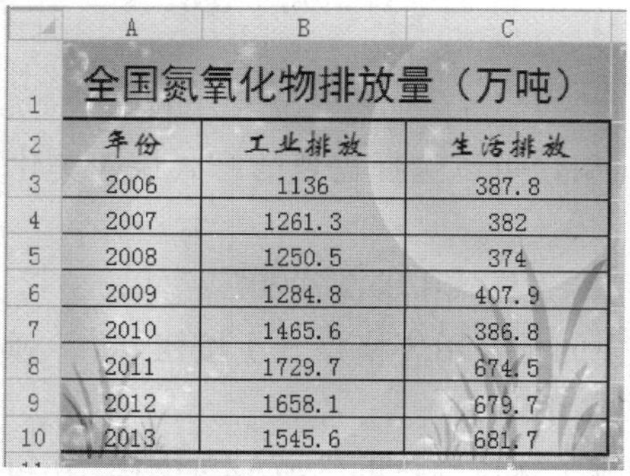

	A	B	C
1	全国氮氧化物排放量（万吨）		
2	年份	工业排放	生活排放
3	2006	1136	387.8
4	2007	1261.3	382
5	2008	1250.5	374
6	2009	1284.8	407.9
7	2010	1465.6	386.8
8	2011	1729.7	674.5
9	2012	1658.1	679.7
10	2013	1545.6	681.7

图8-37　工作表背景效果

单击【页面布局】→【页面设置】组中的【背景】按钮 ，找到图片存储位置，选择“背景图片.jpg”文件→【插入】，即可为“氮氧化物”工作表设置背景图片，效果如图8-37所示。

如果需要取消工作表的背景图片，在【页面布局】选项卡的【页面设置】组中，单击【删除背景】按钮即可。

2. 设置工作表标签颜色

Excel可以通过设置工作表标签颜色，达到突出显示该工作表的目的。

将"二氧化硫"工作表标签设置为橙色,"烟粉尘"工作表标签设置为"茶色,背景2,深色75%"。

右击"二氧化硫"工作标签→【工作表标签颜色】→在"标准色"中选择"橙色"。用同样的方法设置"烟粉尘"工作表标签颜色。

设置后的效果如右图所示:

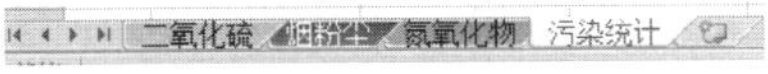

若要取消工作表标签颜色,在【工作表标签颜色】菜单中选择【无颜色】命令即可。

二、条件格式

条件格式功能,可以将单元格中的数据,按一定的条件或规则突出显示出来,例如,将成绩表中超过90分的分数显示为红色。

Excel中提供了多种条件格式规则,以下是几种常用的条件格式类型:

(1)突出显示单元格规则,可使用大于、小于、介于、等于、文本包含、发生日期等规则,设定满足条件的单元格显示格式。

(2)项目选取规则,可使用值最大的10项或10%项、值最小的10项或10%项、高于平均值、低于平均值等。

(3)数据条,包括渐变填充的多种数据条、实心填充的多种数据条以及其他规则,数据条的长度表示单元格值的大小。

(4)色阶,在单元格中显示多色渐变的底纹,由数据的相对值大小决定底纹的颜色。

(5)图标集,在每个单元格中显示图标集中的一种图标。

在"烟粉尘"工作表中,为生活排放的数据设置条件格式:小于200的数据用"绿填充色深绿色文本"突出显示。

为"氮氧化物"工作表的工业排放数据设置"红-黄-绿色阶"。

选中"烟粉尘"工作表的C3:C10区域,单击【开始】→【样式】组中的【条件格式】按钮 ![icon] →【突出显示单元格规则】→【小于】,打开【小于】对话框,文本框中输入"200",在【设置为】下拉列表中选择【绿填充色深绿色文本】,如图8-38所示。

选中"氮氧化物"工作表的B3:B10区域,单击【开始】→【样式】组中的【条件格式】按钮 ![icon] →【色阶】→【红-黄-绿色阶】。两个工作表设置后的效果如图8-39所示。

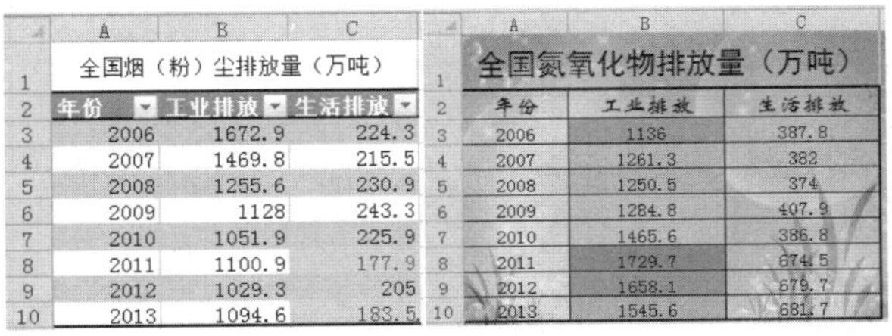

图8-38　条件格式对话框

三、页面设置与预览

1. 页面设置

Excel表格需要打印时,应先进行页面设置,包括设置纸张大小、纸张

图8-39　条件格式效果

方向、页边距、打印相关设置等。一般默认设置是A4纸张大小，方向为"纵向"，页边距为上下各1.91厘米、左右各1.78厘米，页眉和页脚各0.76厘米，根据用户需要可以改变设置。

设置页面格式后，在工作表中看不到效果，但会出现虚线框标识页面的分隔。只有在打印预览或打印出来时才能看到效果。可用以下两种方法进行页面设置：

（1）使用工具按钮，在【页面布局】功能选项卡中，可对页面进行各种设置。【页面布局】工具按钮如图8-40所示。

图8-40 【页面布局】工具

图8-41 "页面设置"对话框

（2）在【页面设置】选项卡中设置，单击【页面布局】→【页面设置】右下角按钮，打开如图8-41所示的"页面设置"对话框，在"页面""页边距""页眉/页脚"和"工作表"选项卡中分别进行设置。

为"二氧化硫"工作表进行页面设置：A5纸张大小，方向"横向"，页边距为上下各1.25，左右各2.25，页眉和页脚各0.7。

单击【页面布局】→【页面设置】右下角按钮，在【页面】选项卡和【页边距】选项卡中分别进行设置。

2. 打印预览

使用打印预览，可以看到工作表的打印效果。

单击【文件】→【打印】，看到如图8-42所示的打印预览视图，可以进一步设置打印相关参数。

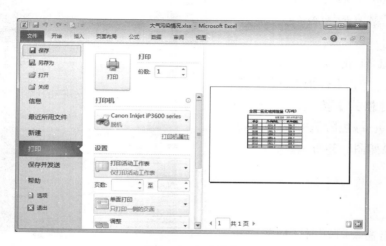

图8-42 打印视图

单击右下角【显示边距】按钮 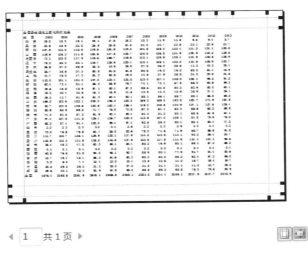，如图8-43所示，可以显示工作表打印时的页边距及页眉、页脚。

◀ 1 　共1页 ▶

图8-43　预览工作表时显示边距

实践训练8

1. 新建Excel工作簿，文件名为"大气污染情况"，存储在E盘下。

2. 将工作表Sheet1、Sheet2、Sheet3分别命名为"烟粉尘""氮氧化物""污染统计"。

3. 打开下发的工作簿"二氧化硫排放表.xlsx"，将其中的工作表"二氧化硫"整表复制到工作簿"大气污染情况.xlsx"中"烟粉尘"工作表的前面。

4. 按照图8-44所示，为工作表"烟粉尘"和"氮氧化物"输入具体数据，制作"全国烟（粉）尘排放量表"和"全国氮氧化物排放量表"。

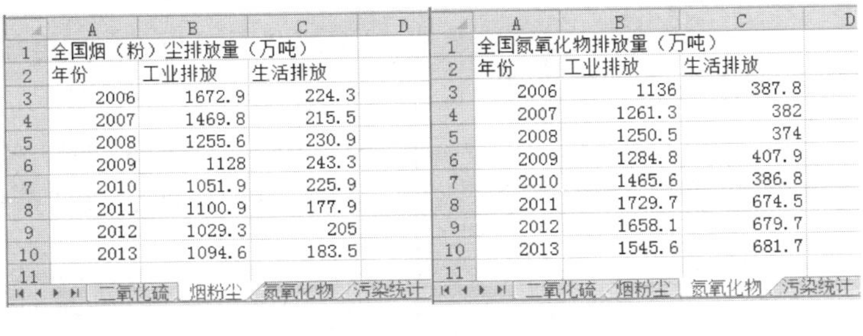

图8-44　工作表"烟粉尘"和"氮氧化物"数据

5. 按照图8-45所示，在工作表"污染统计"中，A1单元格输入表格标题，并将其他工作表中合适的内容复制过来。

	A	B	C	D	E	F	G
1	我国2006-2013年大气污染情况						
2	年份	工业二氧化硫	生活二氧化硫	工业烟粉尘	生活烟粉尘	工业氮氧化物	生活氮氧化物
3	2006	2234.8	354.0	1672.9	224.3	1136	387.8
4	2007	2140.0	328.1	1469.8	215.5	1261.3	382
5	2008	1991.3	329.9	1255.6	230.9	1250.5	374
6	2009	1866.1	348.3	1128	243.3	1284.8	407.9
7	2010	1864.4	320.7	1051.9	225.9	1465.6	386.8
8	2011	2017.2	200.4	1100.9	177.9	1729.7	674.5
9	2012	1911.7	205.7	1029.3	205	1658.1	679.7
10	2013	1835.2	208.5	1094.6	183.5	1545.6	681.7
11							

二氧化硫 / 烟粉尘 / 氮氧化物 / 污染统计

图8-45 “污染统计”工作表

6. 对工作表“污染统计”进行以下操作：

（1）修改第2行的内容，与上图8-45一致；

（2）除年份以外，对所有其他数据设置保留1位小数；

（3）将C列（生活二氧化硫）与F列（工业氮氧化物）内容交换位置；

（4）将E列（生活烟粉尘）内容移动到H列；

（5）删除空白的E列单元格；

（6）在第二行上面插入一行空行，在单元格B2中输入内容“工业排放”，单元格E2中输入“生活排放”。

7. 对工作表“污染统计”进行格式设置：

（1）第1行行高33，区域A1：G1合并后居中，标题字体设置为华文楷体、22磅、加粗，颜色为“深蓝，文字2，深色25%”，垂直居中对齐；

（2）单元格B2和E2文字设置为方正姚体、15磅、加粗，颜色为“橙色，强调文字颜色6，深色50%”；

（3）区域A3：G3文字设置黑体、12磅，自动换行；

（4）第A~G列设置列宽为9，第2行行高为22，第3行行高为30，第4~11行行高为20；

（5）区域A2：G11设置垂直居中、水平居中；

（6）设置区域B2：D2跨列居中，E2：G2跨列居中；

（7）合并A2和A3单元格，使“年份”垂直水平居中对齐；

（8）为区域A2：G11添加框线，先添加“所有框线”，再添加外框“粗匣框线”；

（9）对区域A4：G4、A6：G6、A8：G8、A10：G10添加底纹“茶色，背景2，深色10%”。

工作表“污染统计”的效果如图8-46所示。

	A	B	C	D	E	F	G
1	我国2006-2013年大气污染情况						
2	年份	工业排放			生活排放		
3		工业二氧化硫	工业氮氧化物	工业烟粉尘	生活二氧化硫	生活氮氧化物	生活烟粉尘
4	2006	2234.8	1136	1672.9	354.0	387.8	224.3
5	2007	2140.0	1261.3	1469.8	328.1	382	215.5
6	2008	1991.3	1250.5	1255.6	329.9	374	230.9
7	2009	1866.1	1284.8	1128	348.3	407.9	243.3
8	2010	1864.4	1465.6	1051.9	320.7	386.8	225.9
9	2011	2017.2	1729.7	1100.9	200.4	674.5	177.9
10	2012	1911.7	1658.1	1029.3	205.7	679.7	205
11	2013	1835.2	1545.6	1094.6	208.5	681.7	183.5

图8-46 污染统计表效果图

8. 对工作表“烟粉尘”进行格式设置：

（1）为区域A2：C10套用表格样式

"表样式浅色10";

（2）区域A2：A10设置单元格样式"60%-强调文字颜色2"，设置文字加粗；

（3）区域A1：C1合并后居中，设置文字华文细黑、16磅、加粗；

（4）第1行行高30，第2~10行行高18；第A~C列列宽13；

（5）区域A1：C10设置垂直居中、水平居中对齐。

工作表"烟粉尘"的效果如图8-47所示。

	A	B	C
1	全国烟（粉）尘排放量（万吨）		
2	年份	工业排放	生活排放
3	2006	1672.9	224.3
4	2007	1469.8	215.5
5	2008	1255.6	230.9
6	2009	1128	243.3
7	2010	1051.9	225.9
8	2011	1100.9	177.9
9	2012	1029.3	205
10	2013	1094.6	183.5

图8-47　"烟粉尘"工作表效果图

项目9　数据运算

项目背景

Excel具有强大的数据运算和数据分析功能，这是因为在其应用程序中包含了丰富的函数。对于一些复杂的数据运算，用户可以使用公式和函数。公式是函数的基础，它是单元格中一系列值、单元格引用、名称或运算符的组合；函数是预定义的或者说是内置的，可以进行算术、文本、逻辑运算等。

使用公式可以对工作表中的数据进行分析和处理。它不仅用于算术运算，也可用于字符运算、逻辑运算、日期和时间计算等。

知识储备

一、公式

Excel中使用的公式遵循一定规则：最前面是英文符号的等号"="，接着是需计算的数据对象和运算符。数据对象可以是数值、单元格或单元格区域、函数或运算式等，运算符最常用的有加、减、乘、除（+、-、*、/）等。

1. 运算符

（1）算术运算符。首先选中放置结果的单元格，再在编辑栏中输入公式，确认输入后，单元格中将显示运算得到的结果。

表9-1列出了几个基本的公式使用示例（假设A2单元格中输入了数字"2"，B3中输入了"7"）。

表9-1   公式使用示例

算术运算符	含义	编辑栏中输入公式	单元格中显示结果
+（加号）	加	=3+5	8
－（减号）	减法或表示负数	=B3-1或=-B3	6或-7
*（星号）	乘	=A2*B3	14
/（正斜杠）	除	=14/B3	2
^（插入符号）	乘方	=B3^2	49

（2）比较运算符。比较运算符用来比较两个值的大小，其结果为逻辑值true或false。

常用的比较运算符有 =（等于）、>（大于）、<（小于）、>=（大于等于）、<=（小于等于）、<>（不等于），在比较运算符两边需要放数值、单元格、运算式等，例如A2=2、A2<=B3-4、A2*3>5。

2. 单元格地址引用

标识单元格地址的方法称为引用，公式中常用单元格引用来标识使用数据的单元格或单元格区域，结合之前的引用运算符，例如，A5：C20表示在A列5行到C列20行之间的单元格区域。单元格引用有相对引用、绝对引用和混合引用三种。

（1）相对引用。相对引用使用单元格的列标字母和行号数字作为单元格地址。如，F3。

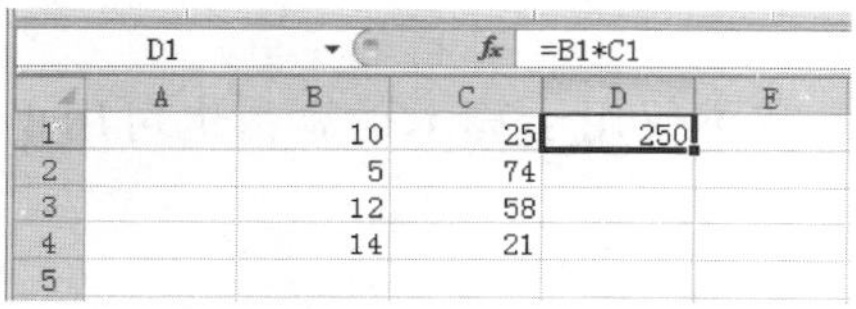

相对引用的特点：使用相对引用的公式，与所引用单元格的位置有关，当相对位置发生变化时，所引用的单元格也发生变化。

例如，在单元格D1中有公式"=B1*C1"，如图9-1所示。当把单元格D1中的公式复制到单元格D4时，则D4中的公式变为"=B4*C4"，如图9-2所示。当要用同一公式计算连续的某一区域时，可用拖动填充柄填充的方法实现公式的复制，如图9-3所示。

利用相对引用的特点，可以很方便地在不同的单元格中使用相同的公式，对不同行或列中的数据进行计算。如前面对"存款单"工作表中"本息"列的计算，公式中引用的单元格就采用了相对引用。

图9-1　单元格D1中有公式"=B1*C1"

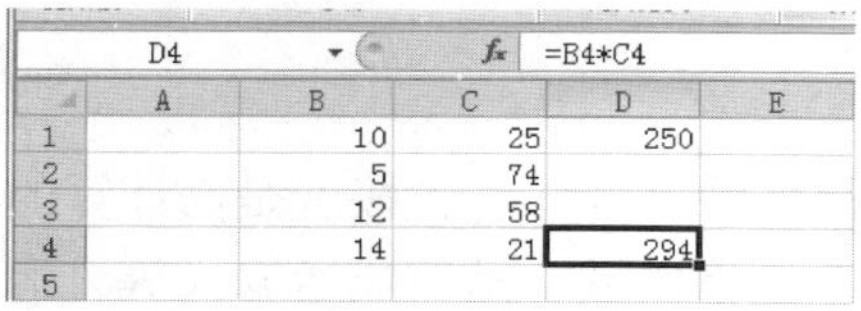

图9-2　把单元格D1复制到单元格D4

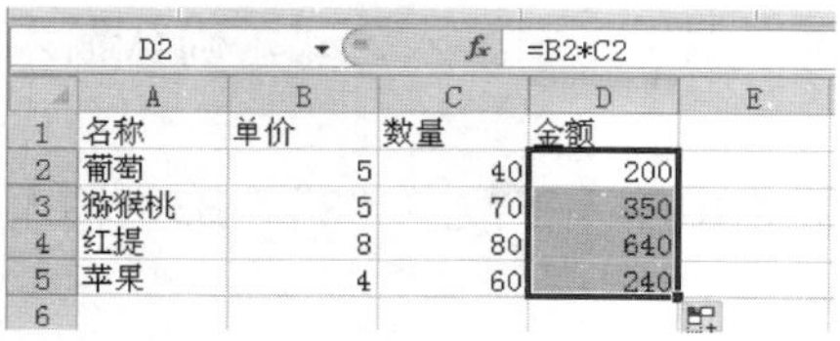

图9-3　填充柄填充效果

（2）绝对引用。绝对引用是在相对引用的列字母和行数字前分别加一个美元符号"$"。如，$F$3。

绝对引用的特点：使用绝对引用的公式，所引用的单元格位置是固定的，即使相对位置发生变化，所引用的单元格也不变。

例如，将单元格B3中的公式改为"=$B$1*B2"并复制到C3单元格，结果如图9-4所示，由于在B3单元格的公式中B1用的是绝对引用（即不变），B2用的是相对引用，因此复制公式以后，C3单元格内的公式相应地变成了"=$B$1*C2"，结果也发生了

图9-4　绝对引用效果

变化。相对引用也称相对地址，绝对引用也称绝对地址。

（3）混合引用。混合引用是指在一个单元格地址中列标或行号有一个采用相对引用，另一个采用绝对引用。例如：$B2，表示列为绝对引用，行为相对引用。当使用这个引用的公式被移动或复制到新的位置时，所引用的列不变，仍然为B，所引用的行与新位置有关。

小技巧：相对引用与绝对引用的转换非常简单，只要将鼠标放置在相对引用处并按F4键即可。如鼠标在公式中的B1处，按4次F4键，B1分别变为$B$1、B$1、$B1、B1，其中B$1和$B1为混合引用，B$1为相对列绝对行引用，$B1为绝对列相对行引用。

二、函数

使用Excel函数比输入公式进行计算更加快捷和方便，同时减少了错误的发生。

1. 函数的结构

函数在使用过程中需要注意以下要求：

（1）函数开头：与公式类似，函数也是以"="开头，然后是函数的主体部分。

插入函数时，先选中单元格，再点击编辑栏中的"插入函数"按钮 *fx*，这时系统会自动在函数前面添加"="，表示将"="后面的函数计算结果显示在该单元格中。

（2）函数的组成：由函数名和参数两个部分组成，格式为：函数名（参数1，参数2，……）

其中，函数名是需要执行运算的函数名称，一般是英文单词或缩写；

参数是函数运算所使用的单元格、区域、数值或表达式，必须符合函数的要求才能计算出有效值，否则会得到如"#N/A"等错误的值。

函数中出现的"=" "（ ）" "，"等符号都是英文输入法的符号。

（3）函数的嵌套：函数中还可以包含函数，即函数的嵌套，被嵌套的函数将作为母函数的一个参数进行运算。

（4）函数的参数：不同的函数需要的参数个数也不同，参数之间用英文输入法的"，"分隔开。没有参数的函数则为无参数函数，无参数函数的格式为：函数名（ ）。

2. 几种常用函数

（1）统计函数。统计函数提供了很多属于统计学范畴的函数，但也有些函数在日常生活中是很常用的，比如求班级平均成绩、排名等。常见的统计函数见表9-2。

表9-2 统计函数

函数名	说 明
AVERAGE	返回其参数的算术平均值，参数可以是数值或包含数值的名称、数组或引用
COUNT	计算包含数字的单元格以及参数列表中的数字的个数
COUNTBLANK	计算某个区域中空单元格的数目
COUNTIF	计算某个区域中满足给定条件的单元格数目
MAX	返回一组数值中的最大值，忽略逻辑值及文本
MIN	返回一组数值中的最小值，忽略逻辑值及文本
RANK	返回某数字在一列数字中相对于其他数值的大小排位

（2）逻辑函数。用来判断真假值，或者进行符合检验的Excel函数，我们称之为逻辑函数。在excel中提供了六种逻辑函数，见表9-3。

表9-3 逻辑函数

函数名	说 明
AND	检查是否所有参数均为TRUE，如果所有参数值均为TRUE，则返回TRUE
FALSE	返回逻辑值FALSE
IF	判断一个条件是否满足，如果满足返回一个值，如果不满足则返回另一个值
NOT	对参数的逻辑值求反：参数为TRUE时返回FALSE；参数为FALSE时返回TRUE
OR	如果任一参数值为TRUE，即返回TRUE；只有当所有参数值均为FALSE时才返回FALSE
TRUE	返回逻辑值TRUE

（3）财务函数。财务函数是财务计算和财务分析的工具，在提高财务工作效率的同时，保障了财务数据计算的准确性。常用的财务函数见表9-4。

表9-4 财务函数

函数名	说 明
FV	基于固定利率和等额分期付款方式，返回某项投资的未来值
IPMT	返回在定期偿还、固定利率条件下给定期次内某项投资回报（或贷款偿还）的利息部分
PMT	计算在固定利率下，贷款的等额分期偿还额
PV	返回某项投资的一系列将来偿还额的当前总值（或一次性偿还额的现值）
SLN	返回固定资产的每期线性折旧费

任务1　公式的使用

与普通输入的单元格数据不同，公式和函数是以等号"="开头的计算式，由数值、单元格引用、运算符等元素组成，而函数则是Excel自带的具有特定运算功能的公式，可以直接使用。单元格中显示由公式和函数计算得到的值。

1. 输入公式

打开"大气污染情况"工作簿的"二氧化硫"工作表，在D3单元格中输入文本"总排放量"，在区域D4：D11中计算得到每一年的排放总量。

选中D3单元格，输入"总排放量"；选中D4单元格，将光标定位到【编辑栏】中，输入"=B4+C4"，按【Enter】键（或单击【编辑栏】中的确认输入按钮 ✔ ）；拖动D4单元格右下角的填充柄 ✚ ，将公式填充到D5：D11区域中。计算结果如图9-5所示。

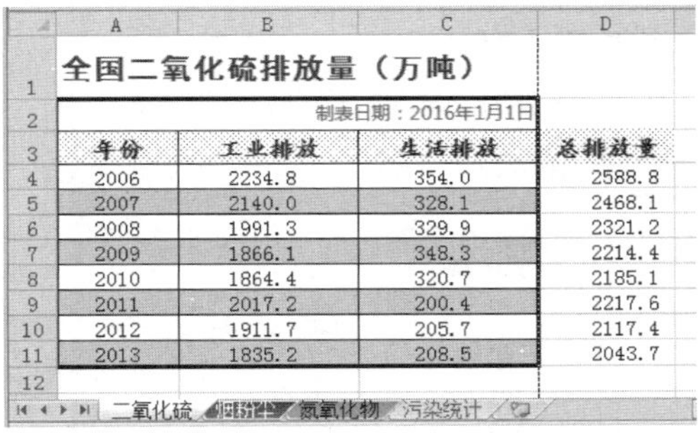

图9-5　公式计算结果

2. 修改和删除公式

如果对已输入的公式需要进行修改或删除，可以在编辑栏中进行。

修改公式：先选中需修改公式的单元格，再将光标定位到【编辑栏】中进行修改，按【Enter】键或点击 ✔ 按钮确认修改。

删除公式：先选中需删除公式的单元格，按【Delete】键【Backspace】键删除公式内容。

任务2　函数的使用

一、几种常用函数的使用

（1）SUM函数。

用途：计算参数区域中所有数值之和。

语法：SUM（number1，number2，...）。

参数：number1，number2，...为1~255个需要求和的区域、数值、引用等。

实例：如果A1=1、A2=2、A3=3，则函数"=SUM（A1：A3）"的值为6。

函数"=SUM（A1：A3，5）"的值为11。

在"大气污染情况"工作簿的"污染统计"工作表中，使用SUM函数分别计算各个年份的污染排放量。

选中单元格H4，点击编辑栏中的"插入函数"按钮 *fx* →打开如图9-6所示【插入函数】对话框→选择SUM函数→【确定】→打开如图9-7所示【函数参数】对话框→点击"选择区域"按钮 ▦ →选择区域B4：G4→点击"返回"按钮 ▦ →【确定】，将在H4单元格中得到区域B4：G4数值的和，即2006年的污染排放量。

使用填充柄，将H4单元格的函数填充到H5：H11单元格中，得到各个年份的污染排放量。

在H3单元格中输入文本"排放总量"，A12中输入"平均排放量"，A13中输入"最大排放量"，A14中输入"最小排放量"。

图9-6　所示【插入函数】对话框

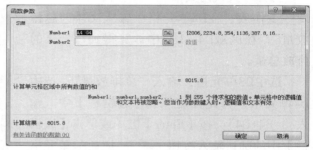

图9-7　设置函数参数

（2）AVERAGE函数。

用途：计算参数区域中所有数值的算术平均值。

语法：AVERAGE（number1，number2，...）。

参数：number1、number2、..为1~255个需要求平均值的区域、数值、引用等。

在"污染统计"工作表中，用AVERAGE函数分别计算每种污染源在2006—2013年的平均排放量。

选中单元格B12，点击编辑栏中的"插入函数"按钮 f_x →打开【插入函数】对话框→选择AVERAGE函数→【确定】→打开【函数参数】对话框→点击"选择区域"按钮 →选择区域B4：B11→点击"返回"按钮 →【确定】，将在B12单元格中得到区域B4：B11数值的平均值，即二氧化硫2006—2013年的平均排放量。

使用填充柄，将B12单元格的函数填充到C12：G12单元格中，得到每种污染源在2006—2013年的平均排放量。结果如图9-8所示。

	A	B	C	D	E	F	G	H
1	我国2006-2013年大气污染情况							
2		工业排放			生活排放			
3	年份	工业二氧化硫	工业氮氧化物	工业烟粉尘	生活二氧化硫	生活氮氧化物	生活烟粉尘	排放总量
4	2006	2234.8	1136	1672.9	354.0	387.8	224.3	6009.8
5	2007	2140.0	1261.3	1469.8	328.1	382	215.5	5796.7
6	2008	1991.3	1250.5	1255.6	329.9	374	230.9	5432.2
7	2009	1866.1	1284.8	1128	348.3	407.9	243.3	5278.4
8	2010	1864.4	1465.6	1051.9	320.7	386.8	225.9	5315.3
9	2011	2017.2	1729.7	1100.9	200.4	674.5	177.9	5900.6
10	2012	1911.7	1658.1	1029.3	205.7	679.7	205	5689.5
11	2013	1835.2	1545.6	1094.6	208.5	681.7	183.5	5549.1
12	平均排放量	1982.6	1416.5	1225.4	287.0	496.8	213.3	

图9-8　平均值函数

（3）MAX函数。

用途：返回参数区域中最大数的数值。

语法：MAX（number1，number2，…）

参数：number1，number2，…是要从中找出最大值的1~255个区域、数值、引用等。

在"污染统计"工作表中，使用MAX函数分别计算每种污染源在2006—2013年间的最大排放量，具体操作如下：

选中单元格B13，点击编辑栏中的"插入函数"按钮 f_x →打开【插入函数】对话框→选择MAX函数→【确定】→打开【函数参数】对话框→点击"选择区域"按钮 →选择区域B4：B11→点击"返回"按钮 →【确定】，将在B13单元格中得到区域B4：B11数值的最大值，即二氧化硫2006—2013年间的最大排放量。

使用填充柄，将B13单元格的函数填充到C13：G13单元格中，得到每种污染源在2006—2013年间的最大排放量。

（4）MIN函数。

用途：返回参数区域中最小数的数值。

语法：MIN（number1，number2，…）。

参数：number1，number2，…是要从中找出最小值的1~255个区域、数值、引用等。

在"污染统计"工作表中，使用MIN函数分别计算每种污染源在2006—2013年间的最大排放量，具体操作如下：

选中单元格B14，点击编辑栏中的"插入函数"按钮 f_x →打开【插入函数】对话框→在"全部函数"中选择MIN函数→【确定】→打开【函数参数】对话框→点击"选择区域"按钮 →选择区域B4：B11→点击"返回"按钮 →【确定】，将在B14单元格中得到区域B4：B11数值的最小值，即二氧化硫2006—2013年间的最小排放量。

使用填充柄，将B14单元格的函数填充到C14：G14单元格中，得到每种污染源在2006—2013年间的最小排放量。结果如图9-9所示。

	A	B	C	D	E	F	G	H
1	我国2006-2013年大气污染情况							
2		工业排放			生活排放			
3	年份	工业二氧化硫	工业氮氧化物	工业烟粉尘	生活二氧化硫	生活氮氧化物	生活烟粉尘	排放总量
4	2006	2234.8	1136	1672.9	354.0	387.8	224.3	6009.8
5	2007	2140.0	1261.3	1469.8	328.1	382	215.5	5796.7
6	2008	1991.3	1250.5	1255.6	329.9	374	230.9	5432.2
7	2009	1866.1	1284.8	1128	348.3	407.9	243.3	5278.4
8	2010	1864.4	1465.6	1051.9	320.7	386.8	225.9	5315.3
9	2011	2017.2	1729.7	1100.9	200.4	674.5	177.9	5900.6
10	2012	1911.7	1658.1	1029.3	205.7	679.7	205	5689.5
11	2013	1835.2	1545.6	1094.6	208.5	681.7	183.5	5549.1
12	平均排放量	1982.6	1416.5	1225.4	287.0	496.8	213.3	
13	最大排放量	2234.8	1729.7	1672.9	354.0	681.7	243.3	
14	最小排放量	1835.2	1136.0	1029.3	200.4	374.0	177.9	
15								

图9-9 最大值和最小值函数

（5）COUNT与COUNTA函数。

① COUNT函数。

用途：返回含有数字的参数的个数。它可以统计单元格区域或数组中含有数字的单元格个数。

语法：COUNT（value1，value2，…）。

参数：value1，value2，...为1~255个需要统计个数的区域、数值、引用等，其中只有数字类型的数据才能被统计。

实例：如果A1=18、A2=环境、A3为空、A4=54、A5=36，则公式"=COUNT（A1：A5）"的值为3。

在"污染统计"工作表中，使用COUNT函数统计年份数。

在B16和D16单元格中分别输入"统计时长（年）："和"指标项数："。

选中单元格C16，点击编辑栏中的"插入函数"按钮 fx →打开【插入函数】对话框→选择COUNT函数→【确定】→打开【函数参数】对话框→点击"选择区域"按钮 →选择区域A4：A11→点击"返回"按钮 →【确定】。在C16单元格中得到数值"8"，即参与统计时长是8年。

② COUNTA函数。

用途：返回有内容的参数的个数。它可以统计单元格区域或数组中含有任何内容的单元格个数。

语法：COUNTA（value1，value2，...）。

参数：value1，value2，...为1~255个需要统计个数的区域、数值、引用等，其中的非空数据就能被统计。

实例：如果A1=90、A2=人数、A3=为空、A4=54、A5=36，则公式"=COUNTA（A1：A5）"的值为4。

在"污染统计"工作表中，使用COUNTA函数统计污染指标项数。

选中单元格E16，点击编辑栏中的"插入函数"按钮 fx →打开【插入函数】对话框→选择COUNTA函数→【确定】→打开【函数参数】对话框→点击"选择区域"按钮 →选择区域B3：G3→点击"返回"按钮 →【确定】，将在E16单元格中得到数值"6"，即参与统计的污染指标共有6项。

二、函数应用进阶

1. IF函数

（1）简单IF函数。

用途：执行逻辑判断，根据逻辑表达式的真、假，来决定该执行的数值或表达式，并返回执行结果。

语法：IF（logical_test，value_if_true，value_if_false）。

参数：logical_test是逻辑式，结果要么为TRUE要么为FALSE；value_if_true是逻辑式logical_test为TRUE时，if函数该返回的值；value_if_false是逻辑式logical_test为FALSE时，if函数该返回的值；其中，value_if_true和value_if_false也可以是一个表达式。

例如：根据C2单元格中的数据是否>=85，判断该在D2单元格中填入"优秀"还是"合格"，显示结果如图9-10所示。

选中单元格D2，在编辑栏中

图9-10　IF函数的运算结果

单击【插入函数】按钮
fx→选择【常用函数】中
的IF函数→【确定】→弹
出如图9-11所示的【函数
参数】对话框→"Logical_
test"逻辑测试式中输入
C2>=85，"Value_if_true"
测试式成立时填入"优秀"，
"Value_if_false"测试式不
成立时填入"合格"→【确
定】，得到判断结果。

图9-11　输入IF函数参数

也可以在D2单元格中直接写入函数 =IF（C2>=85，"优秀"，"合格"）。当C2值为90时D2单元格显示"优秀"，当C2值为80时D2单元格显示"合格"。

（2）IF函数的嵌套。

在"分析管理数据表"工作簿的"成绩表"工作表中，根据每位同学的平均分决定等级，平均分85分（含）以上的等级为"A"、60（含）~85分为"B"、60分以下为"C"。

	A	B	C	D	E	F	G	H
1	学号	姓名	英语	语文	数学	总分	平均分	等级
2	15010201	艾小群	80	87	78	245	82	B
3	15010202	陈美华	80	87	90	257	86	A
4	15010203	关汉瑜	91	90	97	278	93	A
5	15010204	梅颂军	56	72	47	175	58	C
6	15010205	蔡雪敏	90	88	79	257	86	A
7	15010206	林淑仪	73	45	93	211	70	B
8	15010207	区俊杰	45	67	56	168	56	C
9	15010208	王玉强	41	46	61	148	49	C
10	15010209	何那娜	68	77	78	223	74	B
11	15010210	朋小林	90	92	95	277	92	A
12	15010211	李静	70	82	93	245	82	B
13	15010212	唐刚亮	49	79	66	194	65	B
14	15010213	赵明	89	67	66	222	74	B
15	15010214	蔡明威	72	75	80	227	76	B

图9-12　IF嵌套函数运算等级

先选中H2单元格，在编辑栏中输入if函数 =IF（G2>=85，"A"，IF（G2>=60，"B"，"C"））。确认输入后，在H2单元格中显示其等级"B"，拖动填充柄将函数复制到区域H3：H15中，则显示出了每位同学的等级，如图9-12所示。

IF函数的参数既可以是值，也可以是嵌套的函数或表达式。上面实例中，如果将平均分按100~90、89~80，79~60，59~0的分数区间，将等级分为A、B、C、D四等，又该如何改写IF函数呢？

2. COUNTIF条件统计函数

用途：根据指定条件对若干单元格、区域或引用进行计数。

语法：COUNTIF（range，criteria）

参数：range为用于条件判断的单元格区域，criteria是由数字、逻辑表达式等组成的判定条件。

在"成绩表"工作表中，统计每门课程优秀（>=85）的人数。

先选中C16单元格，插入函数countif，参数的设置如图9-13所示，【确定】，再用填充柄填充到D16：E16区域，结果如图9-14所示。

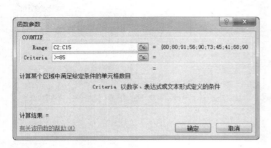

图9-13 countif函数的参数设置

图9-14 countif函数的结果

图9-15 sumif函数参数设置

图9-16 sumif函数参数设置

	A	B	C	D	E	F	G	H
1	学号	姓名	英语	语文	数学	总分	平均分	等级
2	15010201	艾小群	80	87	78	245	82	B
3	15010202	陈美华	80	87	90	257	86	A
4	15010203	关汉瑜	91	90	97	278	93	A
5	15010204	梅颂军	56	72	47	175	58	C
6	15010205	蔡雪敏	90	88	79	257	86	A
7	15010206	林湛仪	73	45	93	211	70	B
8	15010207	区俊杰	45	67	56	168	56	C
9	15010208	王玉强	41	46	61	148	49	C
10	15010209	何那郦	68	77	78	223	74	B
11	15010210	朋小林	90	92	95	277	92	A
12	15010211	李静	70	82	93	245	82	B
13	15010212	唐刚亮	49	79	66	194	65	B
14	15010213	赵 明	89	67	66	222	74	B
15	15010214	蔡明威	72	75	80	227	76	B
16	每门课程优秀的人数：		4	5	5			
17	每门课及格的分数总和：		803	963	976			
18	统计平均分中，等级获得A的同学的分数总和：						356	

图9-17 sumif函数结果

3. SUMIF条件求和函数

用途：根据指定条件对若干单元格、区域或引用进行求和。

语法：SUMIF（range，criteria，sum_range）

参数：range为用于条件判断的单元格区域，criteria是由数字、逻辑表达式等组成的判定条件，Sum_range为需要求和的单元格、区域或引用。

在"成绩表"工作表中，统计每门课程及格的分数总和。

先选中C17单元格，插入函数sumif，参数的设置如图9-15所示，【确定】，再用填充柄填充到D17：E17区域，结果如图9-16所示。

在"成绩表"工作表中，统计等级获得A的同学的平均分总和。

先选中G18单元格，插入函数sumif，参数的设置如图9-17所示，【确定】后得到结果如图9-17所示。

4. FV函数

用途：FV函数基于固定利率及等额分期付款方式，得到某项投资的未来值。

语法：FV（rate，nper，pmt，pv，type）

参数：rate为各期利率；nper为总

投资（或贷款）的付款总期数，例如36个月即nper=36（注意单位的一致性：如果rate指的是年利率，nper就是付款年数，如果rate指的是月利率，nper就是付款月数）；pmt为每期所应支付的金额，如果省略pmt，则必须包含pv参数；pv为现值，即从该项投资开始计算时已经入账的款项，也称本金，如果省略pv，即假设其值为零，则必须包括pmt参数；type为0或1，用来指定各期的付款时间是在每期期末还是每期期初，缺省时默认为0，即每期期末付款。

有一个分期付款的项目，付款期限为2年（24个月），每个月支付5万元，月利率为1%，则运用Excel中的财务函数FV，可计算得到付款的现值之和（单位：万元）：

$$FV（1\%, 24, -5, 0, 0）=134.87 万元$$

或如图9-18所示，对参数进行单元格地址引用，此时FV函数可以写为：

$$FV（B3, B2*12, -B4）=134.87 万元$$

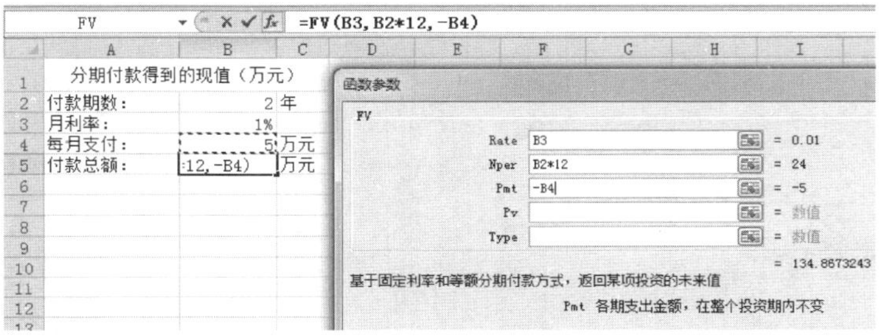

图9-18 FV函数参数设置

5. PMT函数

用途：PMT函数基于固定利率及等额分期付款方式，得到贷款的每期付款额。

语法：PMT（rate, nper, pv, fv, type）

参数：rate为贷款的各期利率；nper为该项贷款的付款总期数；pv为现值，即付款总数（当前值），也称本金；fv为未来值（余值），或在最后一次付款后希望得到的现金余额，如果省略fv，则其值为零；type为0或1，用来指定各期的付款时间是在期末还是期初，缺省时为0。

有一个设备的价格为30万元，准备进行分期付款、按月支付，3年（36个月）内付清，月利率为0.5%，则运用Excel中的财务函数PMT，可计算得每个月月底需要支付：

$$PMT（0.5\%, 36, -300000, 0, 0）=9126.58 元$$

或如图9-19所示，对参数进行单元格地址引用，此时FV函数可以写为：

$$PMT（B4, B3*12, -B2*10000）=9126.58 元$$

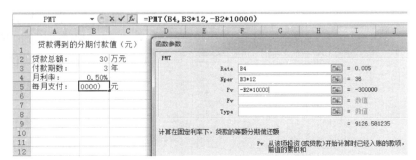

图9-19 PMT函数参数设置

6. RANK排名函数

用途：RANK函数最常用的是求某一个数值在某一区域内的排名。

语法：RANK（number，ref，order）

参数：number为被排名的数值或单元格地址；ref为排名该参照的数值区域，即参数number是在哪个范围内的名次；order一般取0或1，可以缺省，即默认为降序排序的名次，此时不需要输入参数，如果想要升序排序求得名次，order的值取1。

在"成绩表"工作表中，根据平均分得到"艾小群"的名次。

先选中I2单元格，插入函数RANK→参数的设置如图9-20所示，【Number】选择被排名的数值G2单元格→【Ref】选择排名参照的区域G2：G15单元格，【确定】后结果如图9-21所示。

图9-20　RANK函数参数的设置　　　　图9-21　RANK函数计算结果

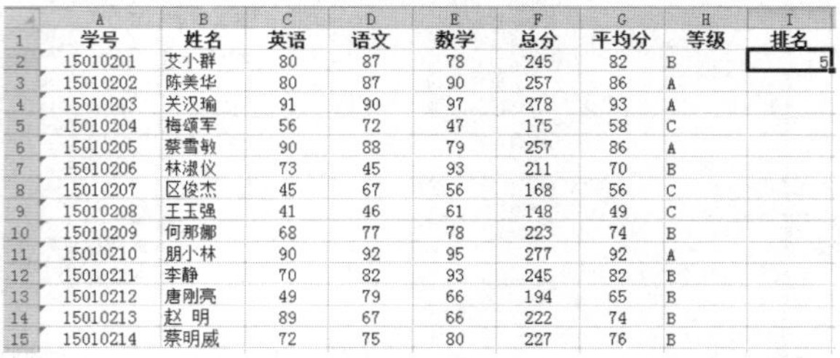

三、地址引用方式

1. 相对引用

工作表"成绩表"中的总分、平均分、等级列，每列使用函数计算出一个值后，即可使用填充柄将函数填充到其他单元格中。此时，函数中的地址使用的是相对地址引用，例如：单元格F2中的函数=sum（C2：E2），是对F2左边相邻区域C2：E2求和，当函数填充到单元格F3时，将同样对F3左边相邻区域C3：E3求和，以此类推。因此，采用相对地址引用时，F2与C2：E2的相对位置关系被复制。

2. 绝对引用

在"成绩表"工作表中，将所有英语成绩乘以单元格K2中的系数，得出英语调整分。

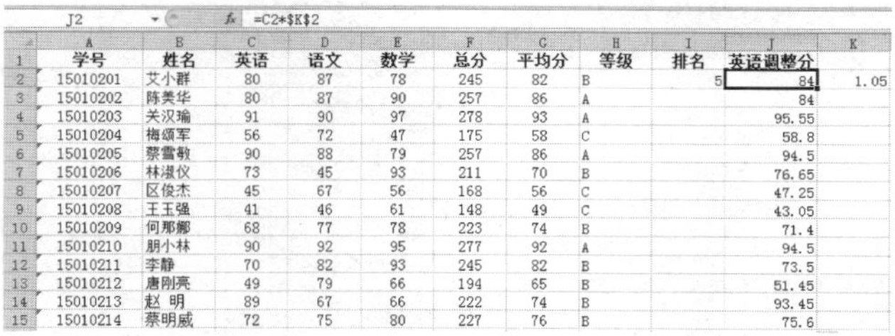

先选中J2单元格，输入公式=C2*$K$2，在J2中得到C2的调整分，并用填充柄填充到区域C3：C15中，如图9-22所示。

图9-22　绝对地址引用

3. 混合引用

在"成绩表"工作表中，根据所有学生的平均分进行排名。

先选中I2单元格，使用RANK

排名函数时将参数Ref选中的区域
G2：G15改为G$2：G$15，即=RANK
（G2，G$2：G$15），再用填充柄将I2
单元格的函数填充到I3：I15区域，
得到其他人的排名，如图9-24所示。

	A	B	C	D	E	F	G	H	I
1	学号	姓名	英语	语文	数学	总分	平均分	等级	排名
2	15010201	艾小群	80	87	78	245	82	B	5
3	15010202	陈美华	80	87	90	257	86	A	3
4	15010203	关汉瑜	91	90	97	278	93	A	1
5	15010204	梅颂军	56	72	47	175	58	C	12
6	15010205	蔡雪敏	90	88	79	257	86	A	3
7	15010206	林爱仪	73	45	93	211	70	B	10
8	15010207	区俊杰	45	67	56	168	56	C	13
9	15010208	王玉强	41	46	61	148	49	C	14
10	15010209	何那娜	68	77	78	223	74	B	8
11	15010210	朋小林	90	92	95	277	92	A	2
12	15010211	李静	70	82	93	245	82	B	5
13	15010212	唐刚亮	49	79	66	194	65	B	11
14	15010213	赵明	89	67	66	222	74	B	9
15	15010214	蔡明威	72	75	80	227	76	B	7

图9-23　混合地址引用

实践训练9

打开"全国各地区二氧化硫排放情况.xlsx"文件，对"各地区二氧化硫排放"工作表完成以下训练要求。

1. 基本格式设置：

（1）设置表格标题：第1行行高40，区域A1：R1合并后居中，字体设置华文中宋、25磅、加粗、颜色为"水绿色，强调文字颜色5，深色50%"、垂直居中对齐；

（2）设置第2行的列标题：行高22，字体设置微软雅黑、12磅、加粗、颜色为"蓝色，强调文字颜色1，深色25%"；

（3）第A列的列宽为11，第B~S列的列宽为9；第3~33行的行高为18，第34~36行的行高为20；

（4）在单元格A34、A35、A36中分别输入文本"年排放总量"，"最高排放量"，"最低排放量"，对区域A34：C34、A35：C35、A36：C36分别设置"跨列居中"；

（5）在单元格P2、Q2、R2、S2中分别输入文本"平均"，"增长量"，"增长比例"，"排名"；

（6）对区域A2：S36文本对齐方式为水平、垂直居中对齐，对正文区域A3：S36设置字体为仿宋、12磅，对区域A3：C36设置文字加粗；

（7）设置边框：为区域A2：S36添加"粗匣框线"外框线、内边线为虚线（样式中第1列第2行的虚线）；

（8）设置底纹：为区域A2：S2填充"茶色，背景2，深色10%"的底纹，为区域A3：C33填充图案颜色"橄榄色，强调文字颜色3"，图案样式为"25%灰色"；

（9）对区域P34：R34、P35：R35、P36：R36分别设置"合并后居中"，并分别输入"统计地区数："""平均排放量超百万吨地区数："""年排放超百万吨的地区排放总量："。

2. 公式函数：

（1）用函数，在区域D34：O34中统计每年的排放总量；

（2）在区域D35：O35中得出每年各地区的最高排放量，在区域D36：O36中得出每年的地区最低排放量；

（3）用函数在区域P3：P33中统计出各个地区的年平均排放量；

（4）用公式在区域Q3：Q33中计算出2013年比2002年排放的增长量，用公式在区域R3：R33中计算出增长比例（增长量/2002年排放量）；

（5）用函数在区域S3：S33中得出每个地区的增长比例排名（增长最少的排第一，增长最多的排最后）；

（6）用函数在单元格S34中计算出参与统计的地区数，在S35中统计出年平均排放量超百万吨的地区数，在S36中统计出2002—2013年各地区的排放量超过百万吨的排放总量。

3. 美化表格：

（1）对区域D3：O33设置条件格式，排放量超过150万吨的单元格显示为“浅红填充色深红色文本”，排放量低于10万吨的单元格显示为“绿填充色深绿色文本”；

（2）对区域Q3：R33设置条件格式，负增长的单元格显示为“黄填充色深黄色文本”；

（3）对区域P3：S33和D34：O36设置字体加粗，颜色为“橙色，强调文字颜色6，深色50%”；对区域Q36：S36设置字体加粗；

（4）对区域P34：S36添加“粗匣框线”外框线，底纹“茶色，背景2”，字体加粗，区域P34：P36设置文字右对齐；

（5）标签与背景：设置工作表标签颜色为“深蓝”色，设置工作表背景为图片“丝绸”；

（6）页面设置：纸张大小为A3，方向为“横向”，页边距为上、下2.5厘米，左、右3厘米，页眉/页脚为页脚显示“第1页，共？页”；

最终效果如图9-24所示：

全国各地近年二氧化硫排放量（万吨）

地区	类型	区域	2002	2003	2004	2005	2006	2007	2008	2009	2010	2011	2012	2013	平均排放	增长量	增长比例	排名
安徽	省	华东	39.6	45.6	48.9	57.1	58.4	57.2	55.6	53.8	53.2	52.9	52.0	50.1	52.0	10.6	26.60%	17
北京	直辖市	华北	19.2	18.3	19.1	19.1	17.6	15.2	12.3	11.9	11.5	9.8	9.4	8.7	14.3	-10.6	-54.69%	1
福建	省	华东	19.3	30.4	32.6	46.1	46.9	44.5	42.9	42.0	40.9	38.9	37.1	36.1	38.1	16.8	87.05%	27
甘肃	省	西北	42.7	49.4	48.4	56.3	54.6	52.3	50.2	50.0	55.2	62.4	57.2	56.2	52.9	13.5	31.62%	19
广东	省	华南	97.4	107.5	114.8	129.4	126.7	120.3	113.6	107.0	105.1	84.8	79.9	76.2	106.2	-21.2	-21.78%	6
广西	自治区	华南	68.3	87.4	94.4	102.3	99.4	97.4	92.5	89.0	90.4	52.1	50.4	47.2	80.9	-21.1	-30.90%	3
贵州	省	西南	132.5	132.3	131.5	135.8	146.5	137.5	123.6	117.5	114.9	110.4	104.1	98.6	123.8	-33.9	-25.56%	5
海南	省	华南	2.2	2.3	2.3	2.2	2.4	2.6	2.2	2.2	2.9	3.3	3.4	3.2	2.6	1.0	47.38%	22
河北	省	华北	127.9	142.2	142.8	149.6	154.5	149.2	134.5	125.3	123.4	141.2	134.1	128.5	137.8	0.6	0.46%	13
河南	省	华中	93.7	103.9	125.6	162.5	162.4	156.4	145.2	135.5	133.9	137.1	127.6	125.4	134.1	31.7	33.83%	20
黑龙江	省	东北	28.7	35.6	37.3	50.8	51.8	51.5	50.6	49.0	49.0	52.2	51.4	48.9	46.4	20.2	70.42%	23
湖北	省	华中	53.9	60.9	69.2	71.7	76.0	70.8	67.0	64.4	63.3	66.6	62.2	59.9	65.6	6.0	11.20%	15
湖南	省	华中	74.3	84.8	87.2	91.9	93.4	90.4	84.0	81.2	80.1	68.6	64.5	64.1	80.4	-10.2	-13.68%	9
吉林	省	东北	26.5	27.2	28.5	38.2	40.9	39.9	37.8	36.3	35.6	41.3	40.3	38.1	35.9	11.6	43.98%	21
江苏	省	华东	112.0	124.1	124.0	137.3	130.4	121.8	113.0	107.4	105.0	105.4	99.2	94.2	114.6	-17.8	-15.92%	8
江西	省	华中	29.3	43.7	51.9	61.3	63.4	62.1	58.3	56.4	55.7	58.4	56.8	55.8	54.4	26.5	90.38%	28
辽宁	省	东北	79.3	82.3	83.1	119.7	125.9	123.4	113.1	105.1	102.2	112.6	105.9	102.7	104.6	23.4	29.61%	18
内蒙古	自治区	华北	73.1	128.8	117.9	145.6	155.7	145.6	143.1	139.9	139.4	140.9	138.5	135.9	133.7	62.8	85.87%	26
宁夏	自治区	西北	22.2	29.3	29.3	34.3	38.3	37.0	34.8	31.4	31.1	41.0	40.7	39.0	34.0	16.8	75.66%	24
青海	省	西北	3.2	6.0	7.4	12.4	13.0	13.4	13.5	13.6	14.3	15.7	15.4	15.7	12.0	12.5	389.67%	31
山东	省	华东	169.0	183.6	182.1	200.3	196.2	182.2	169.2	159.0	153.8	182.7	174.9	164.5	176.5	-4.5	-2.66%	12
山西	省	华北	119.9	136.3	141.5	151.6	147.8	138.7	130.8	126.8	124.9	139.9	130.2	125.5	134.5	5.6	4.71%	14
陕西	省	西北	63.8	76.6	81.8	92.2	98.1	92.7	88.9	80.4	77.9	91.7	84.4	80.6	84.1	16.8	26.35%	16
上海	直辖市	华东	44.7	45.0	47.3	51.3	50.8	49.8	44.6	37.9	35.8	24.0	22.8	21.6	39.6	-23.1	-51.71%	2
四川	省	西南	111.7	120.7	126.4	129.9	128.1	117.9	114.8	113.5	113.1	90.2	86.4	81.7	111.2	-30.0	-26.88%	4
天津	直辖市	华北	23.5	25.9	22.8	26.5	25.5	24.5	24.0	23.7	23.5	23.1	22.5	21.7	23.9	-1.8	-7.66%	10
西藏	自治区	西南	0.1	0.1	0.1	0.2	0.2	0.2	0.2	0.2	0.4	0.4	0.4	0.4	0.2	0.3	319.17%	30
新疆	自治区	西北	29.6	33.1	48.0	51.9	54.9	58.0	58.5	59.0	58.8	76.3	79.6	82.9	57.6	53.3	180.21%	29
云南	省	西南	36.4	45.3	47.8	52.2	55.1	53.4	50.2	49.9	50.1	69.1	67.2	66.3	53.6	29.9	82.17%	25
浙江	省	华东	62.4	73.4	81.4	86.0	85.9	79.7	74.1	70.1	67.8	66.2	62.6	59.3	72.4	-3.1	-4.98%	11
重庆	直辖市	西南	70.0	76.6	79.5	83.7	86.0	82.6	78.2	74.6	71.9	58.7	56.5	54.8	72.8	-15.2	-21.76%	7
各地区总量			1876.4	2168.6	2264.9	2549.4	2585.8	2468.1	2321.2	2214.4	2185.1	2217.9	2117.7	2043.9	统计地区数：			31
最高排放量			169.0	183.6	182.1	200.3	196.2	182.2	169.2	159.0	153.8	182.7	174.9	164.6	平均排放量超百万吨地区数：			10
最低排放量			0.1	0.1	0.1	0.2	0.2	0.2	0.2	0.2	0.4	0.4	0.4	0.4	年排放超百万吨的地区排放总量			15987.795

图9-24 “各地区二氧化硫排放情况”工作表

项目10 分析管理数据表

项目背景

Excel强大的数据运算和数据分析功能不仅体现在它有丰富的函数，还因为它提供了各种数据分析方法：使用排序可以将数据区域按照某列（关键字）的升序或降序排列，使表格的数据行调整成新的排列顺序；利用数据筛选可以将表中满足条件的行保留，其余的行则隐藏起来；分类汇总可以对数据区域按指定的字段（列）的内容进行小计和合计；使用数据透视表可以灵活查看数据的多种汇总结果，可以转换行与列的显示方式，还可以筛选数据，进一步显示细节数据；而利用图表则能直观地反映数据差异及变化情况，方便对数据进行对比和分析。

知识储备

一、排序

排序是将数据区域按照某列（关键字）的升序或降序排列，使表格的数据行调整成新的排列顺序。

排序可以按一个或多个关键字进行排序，当表格的数据以各列标题作为第一行，且只进行一个关键字的排序时，可以直接按【开始】→【排序和筛选】下拉按钮中的 升序(S) 或 降序(O) 进行排序；当表格数据中各列的标题不是第一行，或者要进行多个关键字的排序时，需先选择排序的数据区域，再点击【排序和筛选】按钮中的 自定义排序(U)... 按钮自定义排序。排序操作也可以由【数据】→【排序和筛选】区域中的排序按钮完成。

二、数据筛选

数据筛选可以将表中满足条件的行保留，其余的行则隐藏起来。数据筛选可以分为自动筛选和高级筛选两种，通常在一个工作表中只进行一个数据区域的筛选操作。

1. 自动筛选

自动筛选适用于简单条件的筛选，可实现筛选该列中的某值，或按自定义条件进行筛选。

有两种方法启用自动筛选：先选中需要进行筛选的数据区域；

方法一：点击【开始】→【排序和筛选】按钮中的 筛选(F) ，在数据区域的每个列标题旁出现筛选条件按钮 ，点击 可以设置筛选条件。

方法二：点击【数据】→【排序和筛选】组中的【筛选】按钮 ▼ ，也可以启用自动筛选。

2. 高级筛选

高级筛选可以指定复杂的条件，适合筛选条件较多或者多个条件之间是"或"关系的情况。

启用高级筛选功能之前，必须先建立一个条件区域，输入筛选条件。

条件区域的第一行输入作为筛选条件的列名，列名必须与源数据区域中的列名完全一样，最好采用复制粘贴的方法。条件区域中列名的下方输入对应的筛选条件，当多个条件写在同一行时，表示条件之间是"与"的关系；当多个条件写在不同的行时，表示条件之间是"或"的关系。

注意：条件区域和源数据区域不能粘连相邻，必须至少空出一行或一列将其隔开。

通过点击【数据】→【排序和筛选】组中的【高级】按钮 ✓高级 启用高级筛选。

三、分类汇总

分类汇总是对数据区域按指定的字段（列）的内容进行小计和合计。

分类汇总由字段内容分类和汇总统计两个操作组成，因此需要先按分类的字段进行排序，使分类字段中相同内容的数据排列在一起，再进行分类汇总操作。

Excel中，分类汇总的结果将分级显示，并添加了汇总项的行，最后再添加总计行。左边的 ▬ 可以点击收拢，隐藏行，变为 ✚ 时可以点击展开行。

四、合并计算

Excel的"合并计算"功能，可以汇总或者合并多个数据源区域中的数据，具体方法有两种：一是按类别合并计算，二是按位置合并计算。

合并计算的数据源区域可以是同一工作表中的不同表格，也可以是同一工作簿中的不同工作表，还可以是不同工作簿中的表格。

五、数据透视表

数据透视表是一种交互式表格，能够以多种方式汇总数据，建立交叉列表。

数据透视表可以灵活查看数据的多种汇总结果，可以转换行与列的显示方式，还可以筛选数据，进一步显示细节数据。

创建数据透视表时，需要注意以下操作的含义：

（1）选择创建数据透视表的源数据：可以使用本工作簿中的数据区域，也可以使用其他文件的数据。

（2）选择放置数据透视表的位置：可以生成一张新工作表放置透视表，也可以将透视表放置在现有工作表中。

（3）设置数据透视表的字段布局：拖动选择要分类或要统计的字段，并且可以在行标签、列标签、数值列表框中拖动字段修改布局。

（4）修改数值汇总方式：Excel自动默认的数值汇总方式为求和、文本汇总方式为计数，可以修改成平均值、最大值等其他的汇总方式。

（5）对数据透视表的结果进行筛选：对已经生成的数据透视表，可以打开筛选器设置显示内容。

六、图表

图表能直观地反映数据差异及变化情况，方便对数据进行对比和分析。图表与数据区域相关联，当数据源区域的数据发生变化时，图表也会相应地变化。Excel提供了多种图表，如柱形图、折线图、饼图、条形图、面积图、散点图等，以及迷你图。

制作图表时需要注意：

（1）首先选择制作图表的数据源区域，当数据区域不连续时按住【Ctrl】键选择。

当选择了某列中的数据时，一般需要同时选择本列的列标题，用于图表中显示坐标轴或图示文字。

（2）插入图表时，选择图表的类型与子类型。插入图表后，功能选项卡上将出现【图表工具】选项卡，可以对图表进行各种设置和修改。

（3）确定系列产生在"行"还是"列"，可以由【图表工具】→【设计】→【切换行/列】按钮修改，图表中的每个数据系列会用一种颜色表示。

（4）图表中的元素：

1）图表标题：用于显示图表的名称。

2）图表区：整个图表的背景区域，显示整个图表及其全部元素。

3）绘图区：用来绘制数据的区域。

4）数据系列：图表中数值的表现形式，相同颜色的数据标记组成一个数据系列。

5）图例项：区分各个数据系列的颜色标识和说明。

6）坐标轴：显示图表的坐标标识和刻度，可以设置主网格线和次要网格线。

任务1　数据基础分析

一、排序

1. 按"二氧化硫排放"达标率从高到低的顺序排序

在"大气污染情况"工作簿中的"排序1"工作表中，点击"二氧化硫排放"列中的任意单元格，选择【开始】→【排序和筛选】→【降序】按钮 ，得到按"二氧化硫排放"从高到低的顺序排列的数据，效果如图10-1所示。

	A	B	C	D	E	F	G
1	指标	废水排放	二氧化硫排放	烟尘排放	粉尘排放	固体废物综合利用率	固体废物处置率
2	2008年	92	89	90	89	64	26
3	2007年	92	86	88	88	62	23
4	2006年	91	82	87	83	60	27
5	2005年	91	79	83	75	56	23
6	2004年	91	76	80	71	56	22
7	2002年	88	70	75	62	52	17
8	2003年	89	69	79	65	55	18
9	2001年	85	61	67	50	52	16

图10-1　"二氧化硫排放"降序排序

2. 按"废水排放"达标率降序和"固体废物处置率"升序排序

在"排序2"工作表中，选中区域A2：G10，选择【开始】→【排序和筛选】→【自定义排序】按钮 ↓↑ 自定义排序(U)... ，打开"排序"对话框。

设置主要关键字为"废水排放"，排序依据为"数值"，次序为"降序"。

单击【添加条件】按钮，出现次要关键字，设置为"固体废物处置率"，排序依据为"数值"，次序为"升序"，如图10-2所示，单击【确定】，得到排序结果如图10-3所示。

图10-2 排序关键字的设置

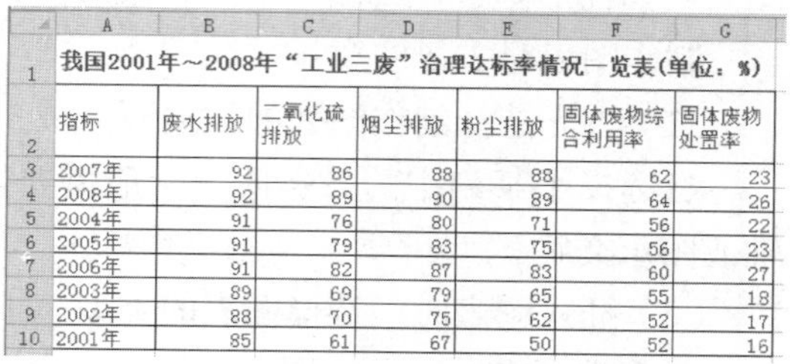

图10-3 多关键字的排序结果

二、数据筛选

1. 自动筛选

（1）自动筛选"废水排放"达标率为91%的数据。

在"自动筛选1"工作表中，选中区域A2：G10，选择【开始】→【排序和筛选】→【筛选】按钮 Y= ，点击列标题"废水排放"旁边的按钮 ▼ ，下拉框中列出了本列的所有数值，去掉其他数值的勾选，只选择"91"，如图10-4左图所示，筛选结果如图10-4右图所示。

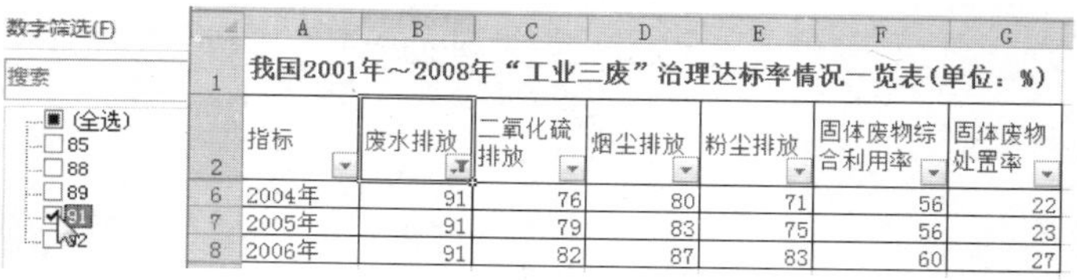

图10-4 自动筛选"废水排放"达标率

从筛选结果可以看出，被筛选过的列标题旁的按钮变为 ⌕▼ ，筛选出的数据行行号变为蓝色。

（2）自动筛选"烟尘排放"达标率达到80%以上、"固体废物处置率"达到25%以上的数据。

在"自动筛选1"工作表中，先取消原有的筛选，点击列标题"废水排放"旁边的按钮 ⌕▼ ，从下拉框中选择 ⌕▼ 从"废水排放"中清除筛选(C) ，回到未被筛选状态。

点击列标题"烟尘排放"旁边的按钮 ▼ ，在下拉框中选择【数字筛选】→【大于或等于】，输入"80"，筛选结果如图10-5所示。再点击列标题"固体废物处置率"旁边的按钮 ▼ ，【数字筛选】→【大于或等于】，输入"25"，最后的筛选结果如图10-6所示。

我国2001年～2008年“工业三废”治理达标率情况一览表(单位：%)

	指标	废水排放	二氧化硫排放	烟尘排放	粉尘排放	固体废物综合利用率	固体废物处置率
6	2004年	91	76	80	71	56	22
7	2005年	91	79	83	75	56	23
8	2006年	91	82	87	83	60	27
9	2007年	92	86	88	88	62	23
10	2008年	92	89	90	89	64	26

图10-5 “烟尘排放”筛选结果

我国2001年～2008年“工业三废”治理达标率情况一览表(单位：%)

	指标	废水排放	二氧化硫排放	烟尘排放	粉尘排放	固体废物综合利用率	固体废物处置率
8	2006年	91	82	87	83	60	27
10	2008年	92	89	90	89	64	26

图10-6 “烟尘排放”与“固体废物处置率”筛选结果

（3）自动筛选“二氧化硫排放”达标率在70%（含70%）至80%的数据。

在“自动筛选2”工作表中，选择“筛选”使列标题出现按钮后，点击列标题“二氧化硫排放”旁边的按钮，在下拉框中选择【数字筛选】→【介于】，在对话框的【大于或等于】后面框中输入“70”，将【小于或等于】点击下拉按钮修改为【小于】，并在【小于】后面的框中输入“80”，筛选结果如图10-7所示。

我国2001年～2008年“工业三废”治理达标率情况一览表(单位：%)

	指标	废水排放	二氧化硫排放	烟尘排放	粉尘排放	固体废物综合利用率	固体废物处置率
4	2002年	88	70	75	62	52	17
6	2004年	91	76	80	71	56	22
7	2005年	91	79	83	75	56	23

图10-7 “二氧化硫排放”筛选结果

（4）自动筛选“粉尘排放”达标率在85%以上和60%以下的数据。

我国2001年～2008年“工业三废”治理达标率情况一览表(单位：%)

	指标	废水排放	二氧化硫排放	烟尘排放	粉尘排放	固体废物综合利用率	固体废物处置率
3	2001年	85	61	67	50	52	16
9	2007年	92	86	88	88	62	23
10	2008年	92	89	90	89	64	26

图10-8 “粉尘排放”筛选结果

在“自动筛选2”工作表中，先取消原有的筛选：点击列标题“二氧化硫排放”旁边的按钮，选择 从“废水排放”中清除筛选(C) ，回到未被筛选状态。

点击列标题“粉尘排放”旁边的按钮，在下拉框中选择【数字筛选】→【自定义筛选】，修改对话框的第一行条件为【大于或等于】，并在后面输入“85”；修改对话框的第二行条件为【小于】，并在后面输入“60”；修改并列条件关系为“或”。筛选结果如图10-8所示。

若要取消自动筛选，单击【数据】→单击【排序和筛选】组中已处于选中状态的【筛选】按钮，取消选中，可以看到列标题旁的筛选按钮消失，回到原来的数据表格状态。

2. 高级筛选

（1）高级筛选“废水排放”达标率为91%，且“二氧化硫排放”达标率小于80%的数据，将筛选结果复制到从A13开始的区域。

打开“高级筛选1”工作表，在I2：J3单元格区域中输入筛选条件，如图10-9所示。

单击【数据】→在【排序和筛选】组中单击【高级】按钮 高级 ，打开【高级筛选】对话框。

列表区域是指被筛选的源数据区域，点击区域选择按钮选取区域A2：G10；条件区域是设置筛选条件的区域，选取区域I2： J3；“复制到”是指结果放置的区域，因为事先不清楚筛选出来的结果将会有多少行，因此通常只指定左上角的单元格，即从此单元格开始显示筛选结果，需要在【方式】中选择“将筛选结果复制到其他位置”，使“复制到”变为可编辑状态，选择A13单元格，如图10-10所示。高级筛选的结果如图10-11所示。

	I	J
	废水排放	二氧化硫排放
	91	<80

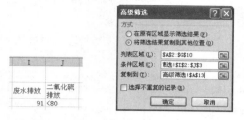

图10-9　筛选条件

图10-10　高级筛选对话框

	A	B	C	D	E	F	G	H	I	J
1	我国2001年～2008年“工业三废”治理达标率情况一览表(单位：%)									
2	指标	废水排放	二氧化硫排放	烟尘排放	粉尘排放	固体废物综合利用率	固体废物处置率		废水排放	二氧化硫排放
3	2001年	85	61	67	50	52	16		91	<80
4	2002年	88	70	75	62	52	17			
5	2003年	89	69	79	65	55	18			
6	2004年	91	76	80	71	56	22			
7	2005年	91	79	83	75	56	23			
8	2006年	91	82	87	83	60	27			
9	2007年	92	86	88	88	62	23			
10	2008年	92	89	90	89	64	26			
11										
12										
13	指标	废水排放	二氧化硫排放	烟尘排放	粉尘排放	固体废物综合利用率	固体废物处置率			
14	2004年	91	76	80	71	56	22			
15	2005年	91	79	83	75	56	23			
16										

图10-11　高级筛选结果

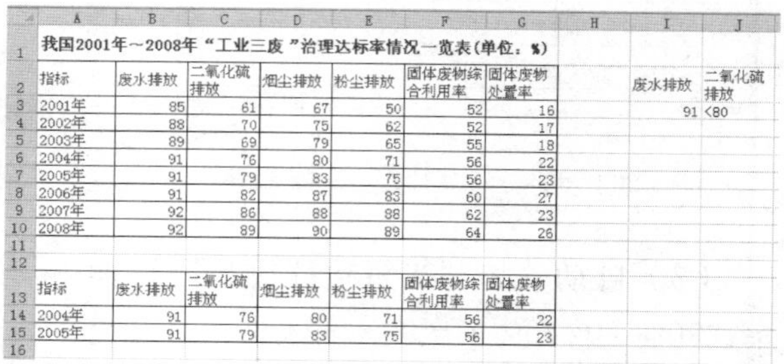

（2）高级筛选“烟尘排放”达标率高于88%（含）和“固体废物综合利用率”低于55%（不含）的数据，条件区域为B12：C14，将筛选结果在原有数据区域显示。

打开“高级筛选2”工作表，在B12：C14单元格区域中输入筛选条件，如图10-12所示。

单击【数据】→在【排序和筛选】组中单击【高级】按钮 高级 ，打开【高级筛选】对话框。选取列表区域和条件区域，【方式】中选择的是“在原有区域显示筛选结果”。筛选的结果如图10-13所示。

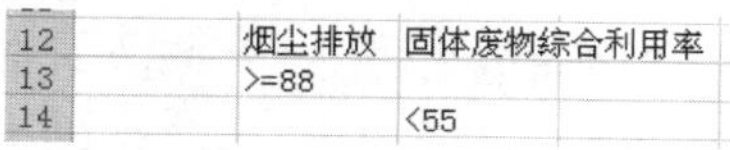

12		烟尘排放	固体废物综合利用率
13		>=88	
14			<55

图10-12　条件区域设置

	A	B	C	D	E	F	G
1	我国2001年～2008年“工业三废”治理达标率情况一览表(单位：%)						
2	指标	废水排放	二氧化硫排放	烟尘排放	粉尘排放	固体废物综合利用率	固体废物处置率
3	2001年	85	61	67	50	52	16
4	2002年	88	70	75	62	52	17
9	2007年	92	86	88	88	62	23
10	2008年	92	89	90	89	64	26
11							
12		烟尘排放	固体废物综合利用率				
13		>=88					
14			<55				

图10-13　高级筛选结果

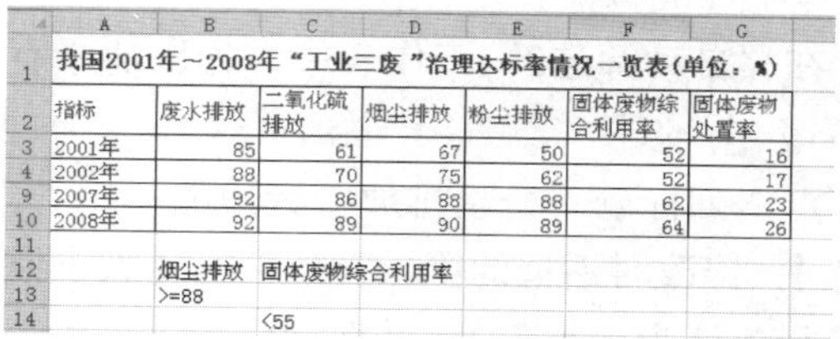

三、分类汇总

1.汇总各个区域在2002年和2004年的二氧化硫排放总量

在“分类汇总”工作表中，先按“区域”列进行排序，使具有相同“区域”的数据行排列在连续的单元格区域中（排序按“升序”还是“降序”需要根据最终的结果要求来定，没有要求时可任意选择）。

选中数据区域的任一单元格，或选中全部数据区域A2：O33，单击【数据】→单击【分级显示】中的【分类汇总】按钮 ，打开【分类汇总】对话框。

【分类字段】下拉按钮选择“区域”（前面进行了排序的字段），【汇总方式】为“求和”，【选定汇总项】中只勾选“2002”和“2004”，其他项都去掉勾选，各项设置如图10-14所示。

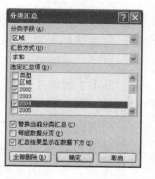

图10-14　分类汇总对话框

分类汇总的结果如图10-15所示。

全国各地区近年二氧化硫排放情况（单位：万吨）

	地区	类型	区域	2002	2003	2004	2005	2006	2007	2008	2009	2010	2011	2012	2013
3	黑龙江	省	东北	28.7	35.6	37.3	50.8	51.8	51.5	50.6	49.0	49.0	52.2	51.4	48.9
4	吉 林	省	东北	26.5	27.2	28.5	38.2	40.9	39.9	37.8	36.3	35.6	41.3	40.3	38.1
5	辽 宁	省	东北	79.3	82.3	83.1	119.7	125.9	123.4	113.1	105.1	102.2	112.6	105.9	102.7
6			东北 汇总	134.5		148.9									
7	北 京	直辖市	华北	19.2	18.3	19.1	19.1	17.6	15.2	12.3	11.9	11.5	9.8	9.4	8.7
8	河 北	省	华北	127.9	142.2	142.8	149.6	154.5	149.2	134.5	125.3	123.4	141.2	134.1	128.5
9	内蒙古	自治区	华北	73.1	128.8	117.9	145.6	155.7	145.6	143.1	139.9	139.4	140.9	138.5	135.9
10	山 西	省	华北	119.9	136.3	141.5	151.6	147.8	138.7	130.8	126.8	124.9	139.9	130.2	125.5
11	天 津	直辖市	华北	23.5	25.9	22.8	26.5	25.5	24.5	24.0	23.7	23.5	23.1	22.5	21.7
12			华北 汇总	363.6		444.1									
13	安 徽	省	华东	39.6	45.5	48.9	57.1	58.4	57.2	55.6	53.8	53.2	52.9	52.0	50.1
14	福 建	省	华东	19.3	30.4	32.6	46.1	46.9	44.6	42.9	42.0	40.9	38.9	37.1	36.1
15	江 苏	省	华东	112.0	124.1	124.0	137.3	130.4	121.8	113.0	107.4	105.0	105.4	99.2	94.2
16	山 东	省	华东	169.0	183.6	182.1	200.3	196.2	182.2	169.2	159.0	153.8	182.7	174.9	164.5
17	上 海	直辖市	华东	44.7	45.0	47.3	51.3	50.8	49.8	44.6	37.9	35.8	24.0	22.8	21.6
18	浙 江	省	华东	62.4	73.4	81.4	86.0	85.9	79.7	74.1	70.1	67.8	66.2	62.6	59.3
19			华东 汇总	447.0		516.3									
20	广 东	省	华南	97.4	107.5	114.8	129.4	126.7	120.3	113.6	107.0	105.1	84.8	79.9	76.2
21	广 西	自治区	华南	68.3	87.4	94.4	102.3	99.4	97.4	92.5	89.0	90.4	52.1	50.4	47.2
22	海 南	省	华南	2.2	2.3	2.3	2.2	2.4	2.6	2.2	2.2	2.9	3.3	3.4	3.2
23			华南 汇总	167.9		211.5									
24	河 南	省	华中	93.7	103.9	125.6	162.5	162.4	156.4	145.2	135.5	133.9	137.1	127.6	125.4
25	湖 北	省	华中	53.9	60.9	69.2	71.7	76.0	70.8	67.0	64.4	63.3	66.6	62.2	59.9
26	湖 南	省	华中	74.3	84.8	87.2	91.9	93.4	90.4	84.0	81.2	80.1	68.6	64.5	64.1
27	江 西	省	华中	29.3	43.7	51.9	61.3	63.4	62.1	58.3	56.4	55.7	58.4	56.8	55.8
28			华中 汇总	251.2		333.9									
29	甘 肃	省	西北	42.7	49.4	48.4	56.3	54.6	52.3	50.2	50.0	55.2	62.4	57.2	56.2
30	宁 夏	自治区	西北	22.2	29.3	29.3	34.3	38.3	37.0	34.8	31.4	31.1	41.0	40.7	39.0
31	青 海	省	西北	3.2	6.0	7.4	12.4	13.0	13.4	13.5	13.6	14.3	15.7	15.4	15.7
32	陕 西	省	西北	63.8	76.6	81.8	92.2	98.1	92.7	88.9	80.4	77.9	91.7	84.4	80.6
33	新 疆	自治区	西北	29.6	33.1	48.0	51.9	54.9	58.0	58.5	59.0	58.8	76.3	79.6	82.9
34			西北 汇总	161.5		214.9									
35	贵 州	省	西南	132.5	132.3	131.5	135.8	146.5	137.5	123.6	117.5	114.9	110.4	104.1	98.6
36	四 川	省	西南	111.7	120.7	126.4	129.9	128.1	117.9	114.8	113.5	113.1	90.2	86.4	81.7
37	西 藏	自治区	西南	0.1	0.1	0.1	0.2	0.2	0.2	0.2	0.2	0.4	0.4	0.4	0.4
38	云 南	省	西南	36.4	45.3	47.8	52.2	55.1	53.4	50.2	49.9	50.1	69.1	67.2	66.3
39	重 庆	直辖市	西南	70.0	76.6	79.5	83.7	86.0	82.6	78.2	74.6	71.9	58.7	56.5	54.8
40			西南 汇总	350.7		385.3									
41			总计	1876.4		2254.9									

图10-15 分类汇总结果

在分类汇总的结果中，可以点击左边的 [-] 按钮收拢行，只显示汇总结果，如图10-16所示。

全国各地区近年二氧化硫排放情况（单位：万吨）

	地区	类型	区域	2002	2003	2004	2005	2006	2007	2008	2009	2010
6			东北 汇总	134.5		148.9						
12			华北 汇总	363.6		444.1						
19			华东 汇总	447.0		516.3						
23			华南 汇总	167.9		211.5						
28			华中 汇总	251.2		333.9						
34			西北 汇总	161.5		214.9						
40			西南 汇总	350.7		385.3						
41			总计	1876.4		2254.9						

图10-16 收拢分类汇总结果

2. 删除分类汇总

如果需要将分类汇总后的数据还原到分类汇总前的原始状态，可以删除分类汇总。

选中数据汇总区域的任一单元格，单击【数据】→单击【分级显示】中的【分类汇总】按钮，在【分类汇总】对话框中，单击【全部删除】按钮，即回到原来的数据状态。

四、合并计算

根据“二氧化硫”“氮氧化物”和“烟粉尘”排放量表，按年份对工业排放量和生活排放量分别做汇总求和计算。

1. 按类别合并计算

打开“合并计算1”工作表，在G2单元格开始的区域，得到合并计算结果。

将光标放在G2单元格，单击【数据】→单击【数据工具】中的【合并计算】按钮 ，打开【合并计算】对话框。

【函数类别】选择"求和"，点击【引用位置】后面的区域选择按钮 ，选取区域A2：D10，点击按钮 回到对话框中，点击【添加】按钮将此区域添加到"所有引用位置："下面；用同样的方法添加区域A14：D22和A26：D34；勾选【标签位置】的"首行"和"最左列"，设置如图10-17所示。合并计算后的结果如图10-18所示。

图10-17 合并计算设置对话框

G	H	I	J
我国大气污染物总排放量（万吨）			
	工业排放	生活排放	合计
2006	5043.7	966.1	6009.8
2007	4871.1	925.6	5796.7
2008	4497.4	934.8	5432.2
2009	4278.9	999.5	5278.4
2010	4381.9	933.4	5315.3
2011	4847.8	1052.8	5900.6
2012	4599.1	1090.4	5689.5
2013	4475.4	1073.7	5549.1

图10-18 合并计算结果

注意：

（1）按类别合并时，数据源区域必须包含行或列标题，并且在"合并计算"对话框的【标签位置】中勾选相应的复选框。

（2）同时选中【首行】和【最左列】复选项时，所生成的合并结果表会缺失第一列的列标题。

（3）合并结果的数据项排列顺序是按第一个数据源区域的数据项顺序排列的。

2.按位置合并计算

打开"合并计算2"工作表，在H3单元格开始的区域，得到合并计算结果。

将光标放在H3单元格，单击【数据】→单击【数据工具】中的【合并计算】按钮，打开【合并计算】对话框。

【函数类别】选择"求和"，点击【引用位置】后面的区域选择按钮 ，选取区域B3：D10，点击按钮 回到对话框中，点击【添加】按钮将此区域添加到"所有引用位置："下面；用同样的方法添加区域B15：D22和B27：D34，不要勾选"首行"或"最左列"，设置如图10-19所示。

合并计算后的结果如图10-20所示。

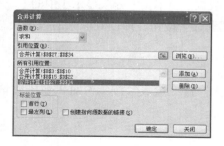

图10-19 合并计算设置对话框

G	H	I	J
我国大气污染物总排放量（万吨）			
年份	工业排放	生活排放	合计
2006	5043.7	966.1	6009.8
2007	4871.1	925.6	5796.7
2008	4497.4	934.8	5432.2
2009	4278.9	999.5	5278.4
2010	4381.9	933.4	5315.3
2011	4847.8	1052.8	5900.6
2012	4599.1	1090.4	5689.5
2013	4475.4	1073.7	5549.1

图10-20 合并计算结果

任务2　数据综合分析

一、数据透视表

将各个区域按省、自治区统计2013年的二氧化硫排放最高值，透视表显示在工作表中A35开始的区域。

1. 创建数据透视表

打开"数据透视表1"工作表，在A35单元格开始的区域，显示数据透视表。

将光标放在A35单元格，单击【插入】→【表格】中的【数据透视表】按钮 ，在弹出菜单中选择【数据透视表】，打开【创建数据透视表】对话框。

在【请选择要分析的数据】组中选中【选择一个表或区域】，单击 按钮选择区域A2：O33；在【选择放置数据透视表的位置】组中选中【现有作表】，单击 按钮选择单元格A35，如图10-21所示。

单击【确定】后，在A35开始的区域插入了数据透视表的占位符，并在窗口右边出现【数据透视表字段列表】窗格，如图10-22所示。

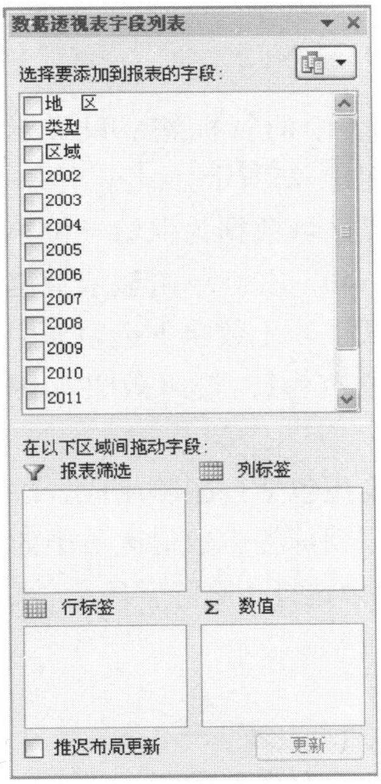

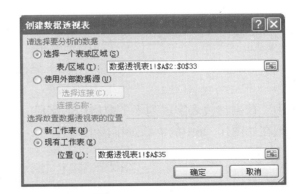

图10-21 【数据透视表
字段列表】窗格

图10-22 【创建数据透视表】对话框

在【选择要添加到报表的字段】列表中选中"类型""区域"和"2013"复选框，"类型"和"区域"同时加入了窗格下方的【行标签】中。将【行标签】中的"区域"拖曳至【列标签】中，"2013"复选框默认在【数值】中，统计方式默认为"求和"。此时，在区域A35：I40显示了数据透视表。

单击"求和项：2013"字段按钮，从弹出菜单中选择【值字段设置】命令，如图10-23所示。将【值字段设置】对话框中的【值汇总方式】修改为"最大值"，如图10-24所示。

图10-23 数据透视表值字段设置

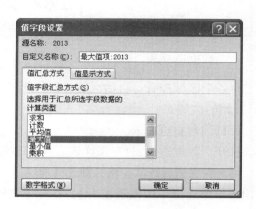

图10-24 "值字段设置"对话框

图10-25 修改行标签的显示

2. 修改数据透视表

（1）修改数据透视表中的行标签，只显示"省"和"自治区"，如图10-25所示。

（2）修改数据透视表区域数据为保留一位小数位数。选中区域B37：I40，右键单击显示弹出菜单→【设置单元格格式】→【数字】选项卡中的"数值"，设置小数位数为1，最终效果如图10-25所示。

（3）修改数据透视表还包括：删除字段、添加字段等。删除行标签、列标签、数值区域中的字段，单击【数据透视表字段列表】窗格中的字段，在弹出菜单中选择【删除字段】。添加字段，则在如图10-26中的需添加字段上勾选。

	A	B	C	D	E	F	G	H	I
34									
35	最大值项：2013	列标签							
36	行标签	东北	华北	华东	华南	华中	西北	西南	总计
37	省		128.5	164.5	76.2	125.4	80.6	98.6	164.5
38	自治区		135.9		47.2		82.9	0.4	135.9
39	总计	102.7	135.9	164.5	76.2	125.4	82.9	98.6	164.5

图10-26 数据透视表结果

二、图表

1. 创建图表

（1）制作2006—2013年氮氧化物生活排放量的三维簇状柱形图。

在"图表1"工作表中，同时选中区域A2：A10和C2：C10，单击【插入】→【图表】中的【柱形图】下拉按钮→【三维簇状柱形图】，如图10-27所示。

将生成的图表移动到单元格E3开始的区域中，图表如图10-28所示。

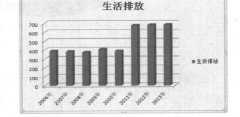

图10-27 选择三维簇状柱形图类型   图10-28 氮氧化物生活排放量图表

（2）制作2012年各项排放量的分离型三维饼图。

在"图表2"工作表中，同时选中区域A2：G2和A9：G9，单击【插入】→【图表】中的【饼图】下拉按钮→【分离型三维饼图】，如图10-29所示。

修改图表标题，在图表标题上两次单击，变为编辑状态时，修改为"2012年大气污染各项排放量对比图（万吨）"，单击其他位置即确认修改。

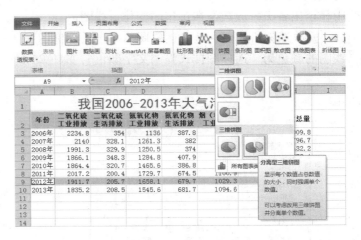

图10-29 选择分离型三维饼图类型

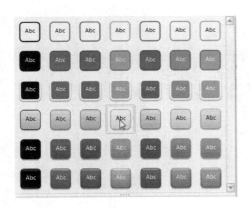

图10-30 设置图表的形状样式

显示数据标签，单击【图表工具】下的【布局】→【数据标签】下拉按钮→【数据标签内】，将在饼图中的每个元素上显示具体数据。

单击【图表工具】下的【格式】→【形状样式】中的样式下拉按钮 ，选择"细微效果——橄榄色，强调颜色3"，如图10-30所示。

修改数据标签，单击任一个数据标签时，所有标签将被选中，可在【开始】选项卡中修改标签的字体、颜色等，将标签颜色修改为白色。

最终生成的图表如图10-31所示。

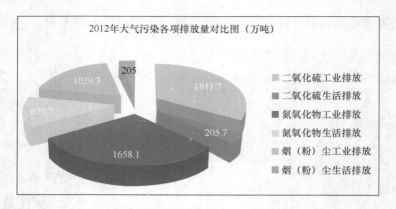

图10-31　2012年排放量的分离型三维饼图

（3）制作各项排放量在2006—2013年变化的迷你折线图。

在"图表2"工作表的数据区下面，制作每年的污染排放量迷你折线图。

选中区域B11：H11，单击【插入】→【迷你图】中的折线图，弹出如图10-32所示的对话框，【数据范围】选择区域B3：H10，单击【确定】后，将在B11：H11的每个单元格中显示出各类排放数据在每年的变化折线图。

修改迷你折线图，选中迷你图，单击【迷你图工具】中的样式下拉按钮 □ ，修改折线图的颜色为"迷你图样式强调文字颜色6，深色25%"，如图10-33所示。

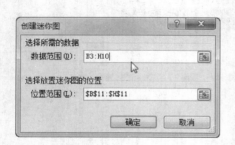

图10-32　创建迷你折线图对话框

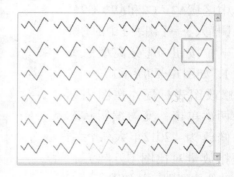

图10-33　修改迷你图样式

制作的迷你折线图效果如图10-34所示。

我国2006-2013年大气污染情况（万吨）							
年份	二氧化硫工业排放	二氧化硫生活排放	氮氧化物工业排放	氮氧化物生活排放	烟（粉）尘工业排放	烟（粉）尘生活排放	排放总量
2006年	2234.8	354	1136	387.8	1672.9	224.3	6009.8
2007年	2140	328.1	1261.3	382	1469.8	215.5	5796.7
2008年	1991.3	329.9	1250.5	374	1255.6	230.9	5432.2
2009年	1866.1	348.3	1284.8	407.9	1128	243.3	5278.4
2010年	1864.4	320.7	1465.6	386.8	1051.9	225.9	5315.3
2011年	2017.2	200.4	1729.7	674.5	1100.9	177.9	5900.6
2012年	1911.7	205.7	1658.1	679.7	1029.3	205	5689.5
2013年	1835.2	208.5	1545.6	681.7	1094.6	183.5	5549.1

图10-34　迷你折线图

除折线图外，还可以制作迷你柱形图和迷你亏盈图，或单击【迷你图工具】→【类型】中的几种按钮，进行互相转换。

2. 修改图表

（1）将图表1的图表类型修改为"簇状水平圆柱图"。

在"图表1"工作表中，将"生活排放"图表复制一份，粘贴在单元格A20开始的区域，对复制的图表进行如下操作：

选中图表后，单击【图表工具】下的【设计】→【更改图表类型】，弹出如图10-35所示对话框，选择【条形图】中的【簇状水平圆柱图】。

修改后的图表如图10-36所示。

图10-35 更改图表类型

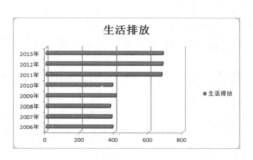

图10-36 簇状水平圆柱图

（2）修改数据区域。

图表若改为显示2008—2013年的生活排放情况。选中图表，单击【图表工具】下的【设计】→【选择数据】，弹出如图10-37所示的对话框，删除【图表数据区域】中原来的内容，按住【Ctrl】键重新选择A2、A5：A10、C2和C5：C10区域，如图10-38所示。

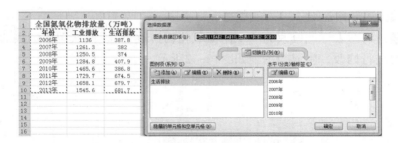

图10-37 选择数据源对话框

图10-38 修改后的数据源区域

修改后的图表如图10-39所示。

继续修改数据区域：若在图10-39基础上，添加"工业排放"的数据。

方法一：单击【图表工具】下的【设计】→【选择数据】，弹出如图10-37所示对话框，单击【添加】，弹出如图10-40所示对话框，在【系列名称】中选择B2单元格，删除【系列值】中原来的内容，重新选择B5：B10区域，如图10-41所示，【确定】。

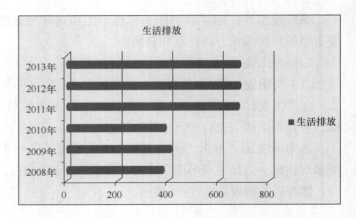

图10-39　修改数据区后的图表

图10-40　编辑数据系列

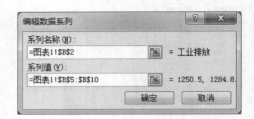

图10-41　修改后的数据系列

方法二：单击【图表工具】下的【设计】→【选择数据】，弹出如图10-37所示对话框，删除【图表数据区域】中原来的内容，按住【Ctrl】键重新选择A2：C2和A5：C10区域，【确定】。

（3）修改图表元素。

修改标题：将图表标题修改为"全国氮氧化物排放量"。两次单击图表的标题位置，在编辑状态时进行修改，生成的图表如图10-42所示。

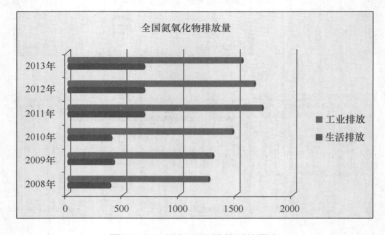

图10-42　添加工业排放后的图表

修改图表样式：改为"样式11"。单击【图表工具】下的【设计】→【图表样式】中的下拉按钮，选择"样式11"，如图10-43所示。

图10-43　修改图表样式

添加数据标签：单击【图表工具】下的【布局】→【数据标签】→【显示】。

修改图表布局：改为"布局2"。单击【图表工具】下的【设计】→【图表布局】中的"布局2"。

最后生成的图表如图10-44所示。

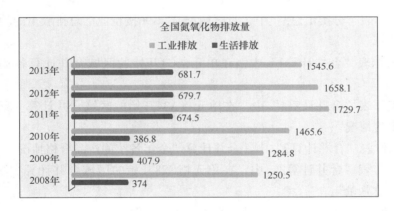

图10-44　修改后的图表

实践训练10

打开工作簿"项目三-练习1.xlsx"，完成下面的操作：

1. 排序

（1）在工作表"排序1"中，按各行业排放量合计的降序进行排序；

（2）在工作表"排序2"中，对区域A1：D11按住址的升序和房屋面积的升序进行排序；

（3）在工作表"排序2"中，对区域A14：G24按部门的升序和实发工资的降序进行排序。

2. 自动筛选

（1）在工作表"自动筛选1"中，自动筛选出二氧化硫排放量超过50万吨的行业数据；

（2）在工作表"自动筛选2"中，自动筛选出二氧化硫、烟尘、粉尘的排放量都超过10万吨的行业数据；

（3）在工作表"自动筛选2"中，自动筛选出粉尘排放量在0.1万吨以下和14万吨以上的行业数据。

3. 高级筛选

（1）在工作表"高级筛选"中，对区域A1：D11高级筛选出年龄在45岁以上且住房面积60平方米以下的人员信息，条件放置在F1开始的区域，筛选结果放置在H4开始的区域；

（2）在工作表"高级筛选"中，对区域A14：G24高级筛选出基本工资或实发工资在3000以上的人员信息，条件放置在I14开始的区域，在原有区域显示筛选结果。

4. 分类汇总

（1）在工作表"分类汇总1"中，按性别汇总基本工资和实发工资的平均值；

（2）在工作表"分类汇总2"中，汇总出每支基金的最低净值增长率；

（3）在工作表"分类汇总3"中，对区域A2：G47按时间汇总烟尘和粉尘排放量的总和；

（4）在工作表"分类汇总3"中，对区域A51：G96按行业汇总排放量的均值。

5. 合并计算

（1）在工作表"合并计算1"中，在单元格G1开始的区域合并计算各部门综合评分均值；

（2）在工作表"合并计算1"中，在单元格A34开始的区域合并计算"家家惠超市全年各连锁店销售情况"；

（3）在工作表"合并计算2"中，合并计算"全年各车间产品合格情况"；

（4）在工作表"合并计算3"中，在单元格G28开始的区域合并计算"2006—2010年各污染行业排放总量"。

打开工作簿"项目三-练习2.xlsx"，完成下面的操作：

6. 数据透视表

（1）在工作表"数据透视表1"中，制作数据透视表统计2006—2010年的"非金属矿物制品业"等4个行业的粉尘排放均值和各项排放总量，结果保留1位小数，如图10-45所示：

行标签	平均值项:粉尘	求和项:合计
非金属矿物制品业	369.7	3244.7
黑色金属冶炼及压延加工业	96.4	1607.1
煤炭开采和洗选业	15.8	209.6
石油加工、炼焦及核燃料加工业	19.1	563.5
总计	125.2	5625.0

图10-45　数据透视表1效果

（2）在工作表"数据透视表2"中，统计出各班的男、女生的总分平均值，把所创建的透视表放在当前工作表中A30开始的区域；

（3）在工作表"数据透视表2"中，统计出各班的男、女生的高数、英语最高分，所创建的透视表放在当前工作表中G31开始的区域。

7. 图表

（1）在工作表"图表1"中，先分类汇总每年排放量合计的和，再根据汇总的数据生成簇状圆柱图；图表大小为高12厘米、宽18厘米，图表布局为"布局5"，图表样式设置"样式39"，输入图表标题"重污染行业排放量汇总"，并设为隶书、22磅、深蓝色，修改垂直轴标题为"万吨"，最终效果如图10-46所示。

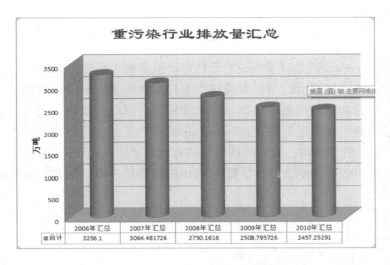

图10-46　"重污染行业排放量汇总"图表

（2）在工作表"图表2"中，根据样图10-47选择合适的数据区域，生成三维饼图"蛋白质含量图"；显示图表标签包括类别名称、百分比，位置在数据标签外，图表样式为"彩色轮廓-蓝色，强调颜色1"，图表标题为"蛋白质含量图"，方正书体、20磅、颜色"蓝色-强调文字颜色1，深色25%"，并设置图表标题阴影预设"向下偏移"。

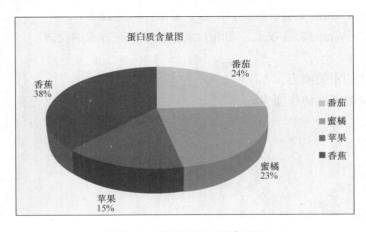

图10-47　"蛋白质含量图"图表

PowerPoint 2010演示文稿设计与制作

模块介绍

Microsoft PowerPoint就是日常所说的幻灯片，通常被人们称为"PPT"，是微软公司办公软件套件中一个功能强大的演示文稿制作工具。利用 PowerPoint 我们可以制作出包含文字、图像、声音和各种视频的多媒体演示文稿，更可以创建高度交互式的演示文稿，并且可以通过计算机网络进行演示。PowerPoint在工作汇报、企业宣传、产品推介、婚礼庆典、项目竞标、管理咨询、教育培训等领域有着举足轻重的地位。

本模块通过两个项目使学习者掌握PowerPoint软件的基本功能和演示文稿制作流程及技巧。

【知识目标】

1. 了解PowerPoint软件的应用领域和软件特点。

2. 熟悉幻灯片设计制作的一般步骤。

3. 掌握幻灯片美化的关键要素。

4. 掌握幻灯片动画创设逻辑。

【技能目标】

1. 实现PowerPoint的打开，关闭，新建，保存，修改等基础操作。

2. 实现PowerPoint的文字编辑，图片编辑，表格编辑，艺术字编辑和修改。

3. 实现PowerPoint的主题，版式，配色，背景，母版设置。

4. 实现PowerPoint的切换效果、动画效果、基本放映方式的设置。

【素质目标】

1. 培养学生的审美能力。

2. 培养学生的团队协作能力。

项目11 幻灯片的制作

项目背景

在PowerPoint 2010中，将这种制作出的图片叫作幻灯片，而一张张幻灯片组成一个演示文稿文件，其默认文件扩展名为.pptx。PowerPoint 2010提供的多媒体技术使得展示效果声形俱佳、图文并茂，它还可以通过多种途径展示创作的内容。

知识储备

一、PowerPoint 2010的操作界面

PowerPoint 2010的操作界面主要分为4个区域，分别是"功能区""幻灯片/大纲窗格""幻灯片编辑区"和"状态栏"，如图11-1所示。

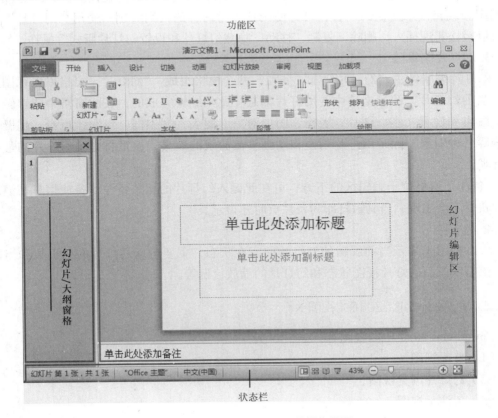

图11-1 PowerPoint 2010的操作界面

1. 功能区

PowerPoint 2010 的功能区就相当于2003版本中的菜单栏和工具栏，是用户对幻灯片进行设置、编辑和查看效果的命令区。功能区上的9个选项卡中存放了经常使用的一些命令，9个选项卡分别为"文件""开始""插入""设计""切换""动画""幻灯片放映""审阅""视图"选项卡，主要用途如下：

（1）"文件"用于打开或保存现有文件、创建新文件和打印演示文稿。

（2）"开始"用于插入新幻灯片、设置幻灯片上的文本的格式以及将对象组合在一起。

（3）"插入"用于将形状、表、图表、页眉、页脚等插入到演示文稿中。

（4）"设计"用于主题设计、自定义演示文稿的背景和颜色或页面设置。

（5）"切换"用于对幻灯片的应用、更改或删除切换效果。

（6）"动画"用于对幻灯片上的对象应用、更改或删除动画。

（7）"幻灯片放映"用于开始放映幻灯片、设置自定义幻灯片放映和隐藏幻灯片。

（8）"审阅"用于比较当前演示文稿与其他演示文稿的差异或检查拼写、更改演示文稿中的语言。

（9）"视图"用于查看幻灯片母版、幻灯片浏览、备注母版，还可以在这里打开或关闭标尺、网格线等。

2. 幻灯片/大纲窗格

幻灯片/大纲窗格由"大纲"和"幻灯片"两个选项卡组成。使用"大纲"选项卡可以组织和编辑演示文稿的内容，可方便调整项目内容的大纲级别；使用"幻灯片"选项卡可以轻松实现插入、删除、复制、移动、隐藏幻灯片和设置幻灯片版式等操作。

3. 幻灯片编辑区

幻灯片编辑区由"幻灯片"和"备注"两个窗格组成，"幻灯片"窗格以大视图形式显示当前幻灯片，演示文稿中的幻灯片都是在此处编辑完成的，在此窗格中能够轻松添加、编辑和设置文本、图片、表格、图形对象、图表、文本框、电影、声音、超链接和动画等各种对象。除了幻灯片切换和动画等需放映的效果，这里将显示幻灯片的最终设计外观。

"备注"窗格位于编辑区的下方，可在此键入幻灯片的相关备注，备注信息在演示文稿放映时不会出现，当其被打印为备注页时才显示。

4. 状态栏

状态栏用于显示当前编辑的幻灯片的所在状态，主要包括幻灯片的总页数和当前页码、语言状态、幻灯片视图状态和幻灯片的缩放比例等。

二、PowerPoint 2010的视图

PowerPoint 2010 中的视图有：

（1）普通视图。

（2）幻灯片浏览视图。

（3）备注页视图。

（4）幻灯片放映视图。

（5）阅读视图。

（6）母版视图。

在功能区"视图"选项卡中的"演示文稿视图"组和"母版视图"组可以方便地切换各种视图。在这些视图中，最常用的视图为："普通视图""幻灯片浏览视图""阅读视图"和"幻灯片放映视图"。切换到这几个视图的方法除了使用上述的功能区的方法外，也可以通过状态栏的视图按钮来实现，如图11-2所示。

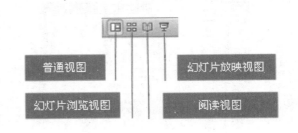

图11-2　状态栏的视图按钮

1. 普通视图

普通视图是主要的编辑视图，也是 PowerPoint 的默认视图，其用于撰写或设计演示文稿。该视图有3个工作区域：

（1）左侧为可在幻灯片文本大纲（"大纲"选项卡）和幻灯片缩略图（"幻灯片"选项卡）之间切换的选项卡。"大纲"选项卡的区域是撰写、组织内容的理想场所；"幻灯片"选项卡以缩略图显示演示文稿中的幻灯片，方便编辑演示文稿和重新排列、添加或删除幻灯片。

（2）右侧为"幻灯片"窗格，显示当前幻灯片的大视图，可以添加文本，插入图片、表格、图表、图形对象、文本框、电影、声音、超链接和动画等。

（3）底部为"备注"窗格，主要应用于当前幻灯片的备注。

2. 幻灯片浏览视图

幻灯片浏览视图以缩略图形式显示幻灯片，在结束创建或编辑演示文稿后，通过幻灯片浏览视图以图片的形式来显示整个演示文稿，便于实现重新排列、添加或删除幻灯片以及预览切换和动画效果。

3. 阅读视图

在阅读视图中看到的效果就是观众将来看到的效果，如果只想审阅演示文稿，但又不想使用全屏的幻灯片放映视图，那么就可以使用阅读视图。这种视图通常用于只是个人查看演示文稿的场合，而非通过大屏幕向观众放映演示文稿的场合。

4. 幻灯片放映视图

幻灯片放映视图主要用于向观众放映演示文稿。在这种视图下，幻灯片会占据整个计算机屏幕，且可以看到图形、时间、影片、动画元素以及幻灯片切换效果。若要退出幻灯片放映视图，可以按Esc键。

5. 幻灯片母版视图

存储有关应用的设计模板信息的幻灯片，包括字形、占位符大小或位置、背景设计和配色方案。设定幻灯片母版：幻灯片母版用于设置幻灯片的样式，可供用户设定各种标题文字、背景、属性等，只需更改一项内容就可更改所有幻灯片的设计，如图11-7所示。

6. 备注页视图

该视图下用户可以输入或编辑备注页的内容，如图11-8所示。

图11-3 普通视图

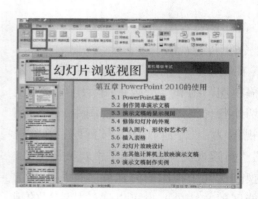

图11-4 幻灯片浏览视图

图11-5 阅读视图

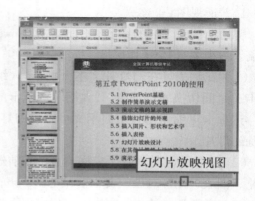

图11-6 幻灯片放映视图

图11-7 幻灯片模板视图

图11-8 备注页视图

三、幻灯片版式

版式是指幻灯片内容在幻灯片上的排列方式和布局。幻灯片上要显示的内容主要通过占位符来排列和布局，占位符是版式中的容器，可容纳如文本（包括正文文本、项目符号列表和标题）、表格、图表、影片、声音、图片及剪贴画等内容。除了内容布局，版式中还包含有幻灯片的主题。图11-9显示了幻灯片中可以包含的所有版式元素。

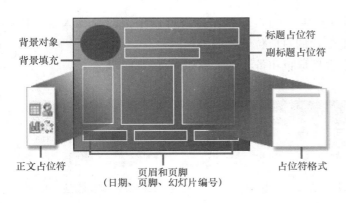

图11-9　幻灯片的所有版式元素

通过在幻灯片中巧妙地安排多个对象的位置，能够更好地达到吸引观众注意力的目的。因此，版式设计是幻灯片制作的重要环节，一个好的布局常常能够产生良好的演示效果。要对幻灯片应用版式，可采用下列步骤：

（1）切换到"普通"视图，在幻灯片/大纲窗格中单击"幻灯片"选项卡。

（2）选中要应用版式的幻灯片。

（3）在"开始"选项卡上的"幻灯片"组中单击"版式"，然后选择所需的版式，如图11-10所示。或者，右击选中的幻灯片，在弹出的快捷菜单中选择"版式"，再在列出的版式组中选择所需的版式。

PowerPoint 中包含9种内置幻灯片版式，分别为"标题幻灯片""标题和内容""节标题""两栏内容""比较""仅标题""空白""内容与标题"和"图片与标题"。也可以创建满足特定需求的自定义版式，自定义版式可以通过"视图"选项卡的"母版视图"组中的"幻灯片母版"来实现。

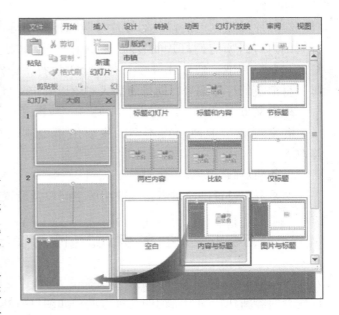

图11-10　应用版式

四、幻灯片母版

幻灯片母版就是一种套用格式，通过插入占位符来设置格式。母版的主要作用是统一地控制每张幻灯片、讲义或者备注中的文字格式、页眉页脚、图片等内容。当幻灯片应用了一种版式后，幻灯片母版中的文本框、占位符和实际幻灯片中的文本框、占位符是一一对应的。它有两个优点：一个是节约设置格式的时间，另一个是便于整体风格的修改。

例如，如果在幻灯片母版中把标题文本框的字体大小改为30，那么该演示文稿中的每张幻灯片的标题文本框的字体大小都会变成30，可以免去一张张修改的重复劳动。如果用户不希望某些幻灯片的格式跟随母版，需要在设置母版后对这些幻灯片进行单独设置。

此外，如果用户希望在每张幻灯片中都插入一张图片，可以把该图片插入在母版中，插入后这张图片会显示在每张幻灯片的对应位置。

母版可分为三类：幻灯片母版、讲义母版和备注母版，如图11-11所示。

图11-11　选择母版

1. 幻灯片母版

幻灯片母版也包括普通幻灯片母版和标题幻灯片母版，普通幻灯片母版控制的是除标题幻灯片外所有幻灯片的外观。"视图"→"母版视图"→"幻灯片母版"，进入"幻灯片母版"视图。幻灯片母版上有五个占位符，分别用来更改文本格式、设置页眉、页脚、日期及幻灯片编号、向母版插入对象以确定幻灯片母版的版式。

2. 讲义母版

讲义母版一般使用得不多，主要用于控制幻灯片以讲义形式打印，方便预览和修改。

3. 备注母版

主要用于设置供演讲者备注使用的空间以及设置备注幻灯片的格式。

任务1　创建"环保型绿色植被混凝土技术简介"演示文稿

PowerPoint提供了多种创建演示文稿的方法，"空白演示文稿""样本模板""主题""根据现有内容新建"均为常用的几种方法。如图11-12所示的操作区域。

以下以创建"环保型绿色植被混凝土技术简介"演示文稿为例讲述如何进行操作，其中演示文稿内容包括首页、主要内容、背景分析、主要研究过程、绿色植被混凝土基本性能、研究结论共10页演示文稿，如图11-13所示。

1. 创建首页幻灯片

新建空白文档创建演示文稿，并将演示文稿命名为"环保型绿色植被混凝土技术简介"，通过设计菜单中的浏览主题，导入已定义好的主题green，基

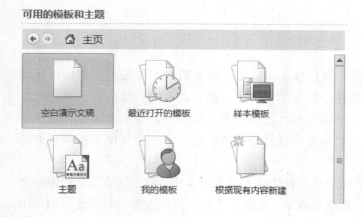

图11-12　演示文稿创建方法

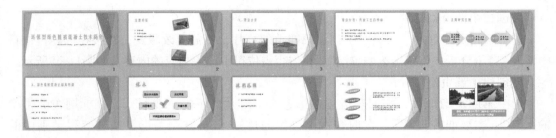

图11-13　环保型绿色植被混凝土技术简介演示文稿

于green主题创建演示文稿。在设计菜单面板中选择"页面设置"选项，在幻灯片大小下拉选项卡中选择全屏显示（16：9），设置幻灯片方向为横向。

在首页标题占位符中输入"环保型绿色植被混凝土技术简介"，副标题占位符中输入"Environment-friendly green vegetation concrete"，创建如图11-14所示的首页。

2. 创建第二页幻灯片

选中第一页幻灯片，按回车键创建新幻灯片，在开始菜单幻灯片选项卡中版式选项中选择"两栏内容"的版式类型，创建第二页幻灯片。在标题占位符中输入"主要内容"，在左侧内容占位符中输入"背景分析、主要研究过程、绿色植被混凝土基本性能、结论"，右侧内容占位符号中插入图片1、图片2、图片3，安排好图片位置，效果如图11-15所示。

图11-14　首页幻灯片　　　　　　　　　　图11-15　第二页幻灯片

3. 创建第三页幻灯片

选中第二页幻灯片，按回车键创建第三页幻灯片，更改幻灯片的版式为"标题和内容版式"，在标题占位符中输入"1、背景分析"，在内容占位符中输入内容"环保型绿色植被混凝土—— 也就是能长草的混凝土研究被提出"，并插入图片4、图片5，同时选中两张图片，通过格式菜单中的排列面板中的对齐选项卡，选择顶端对齐，使得两张图片按图片顶端对齐，效果如图11-16所示。

图11-16　第三页幻灯片

4. 创建第四页幻灯片

选中第三页幻灯片，按回车键创建第四页幻灯片，不需更改版式，直接在标题占位符中输入"背景分析：传统工艺的弊端"，在内容占位符中输入相应的内容，如图11-17所示。

5. 创建第五页幻灯片

选中第四页幻灯片，按回车键创建第五页幻灯片，不需更改版式，在标题占位符中输入"2、主要研究过程"，在内容占位符中通过插入SmartArt图形，通过流程类别中的"流程箭头"创建流程图。在流程图中输入相应的时间节点及事件内容。确定输入完成后，选中SmartArt图形整体，调整其位置，切换到设计菜单选项卡，在重置选项中选择"转化"，将SmartArt图形转换为图形，使得流程图作为一个整体，效果如图11-18所示。

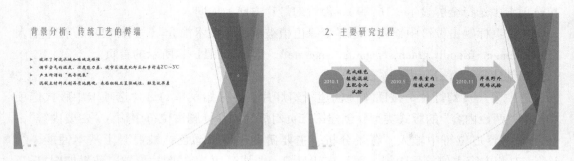

图11-17　第四页幻灯片　　　　　　　　图11-18　第五页幻灯片

6. 创建第六页幻灯片

选中第五页幻灯片，按回车键创建第六页幻灯片，不需更改版式，在标题占位符中输入"3、绿色植被混凝土基本性能"，在内容占位符中输入相应内容。选中内容，在项目符号选项卡中自定义项目符号，将原来的项目符号更改为黑色"▲"作为内容的项目符号，以示强调，效果如图11-19所示。

7. 创建第七页幻灯片

选中第六页幻灯片，按回车键创建第七页幻灯片，将原有版式更改为"空白"版式。插入艺术字（填充-绿色，强调文字颜色1，金属棱台，映像）的文字样式，在艺术字文本框中输入"优点"。在插入面板中选择"形状"选项，通过形状选项中的"圆角矩形"来创建圆角图形，在圆角矩形上通过右键添加文字，将"防止水土流失、美化环境、改善水质、加固堤坝、环保型绿色植被混凝土"分别添加到圆角矩形中。调整各个圆角矩形框的位置，设置填充颜色，在中心位置插入图片6，效果如图11-20所示。

图11-19　第六页幻灯片　　　　　　　　图11-20　第七页幻灯片

8. 创建第八页幻灯片

选中第七页幻灯片，按回车键创建第八页幻灯片，将原有版式更改为"标题和内容"版式。去掉标题占位符，插入艺术字（填充-绿色，强调文字颜色1，金属棱台，映像）的文字样式，在艺术字文本框中输入"适用范围"。在内容占位符中输入相应的文本内容，效果如图11-21所示。

9. 创建第九页幻灯片

选中第八页幻灯片，按回车键创建第九页幻灯片，将原有版式更改为"标题和内容"版式。在标题占位符中输入"4、结论"。删除文本占位符，通过插入形状选项中的椭圆形状图形，在椭圆形状图形中右键输入"社会发展要求"文本，并在格式菜单面板中将椭圆形状图形填充颜色更改为标准色橙色，设置形状效果为"预设9"，同样的方法创建另外三个椭圆形状图形，并输入相应的文本，填充标准色"浅绿、深蓝和深红色"。

将椭圆形状图形全部选中，通过格式菜单面板中的排列对齐工具，选择左对齐，将所有椭圆图形左对齐。在椭圆图形左侧插入形状选项中的直线形状，按住Shift键，从上往下拖出一条竖直线。

在右侧插入两个横排文本框，将文本输入到文本框中。整体效果如图11-22所示。

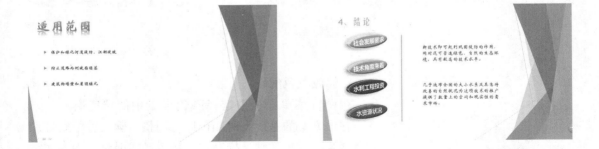

图11-21　第八页幻灯片　　　　　　　　　　　图11-22　第九页幻灯片

10. 创建第十页幻灯片

选中第九页幻灯片，按回车键创建第十页幻灯片，将原有版式更改为"空白"版式。在幻灯片上面部分插入图片6、图片7，调整好位置。在图片下方插入横排文本框，输入相应内容，选择文本框设置格式菜单面板中的形状样式为"强烈效果-绿色，强调演示1"，效果如图11-23所示。

图11-23　第十页幻灯片

任务2 "环保型绿色植被混凝土技术简介"幻灯片的美化

一、修改幻灯片的颜色配置

为了让幻灯片更加生动活泼，需要注重幻灯片整体颜色的搭配，先确定主色调后，可以选用互补色与主色调搭配，要做到整个演示文稿颜色是统一的，每张幻灯片中颜色不能太杂，一般不超过4种颜色。通过幻灯片主题颜色修改，自定义幻灯片颜色方案，在每张幻灯片中设置具体元素的色彩，使得整体页面统一、和谐。对环保型绿色混凝土技术简介演示文稿颜色设置后的效果如图11-24所示。

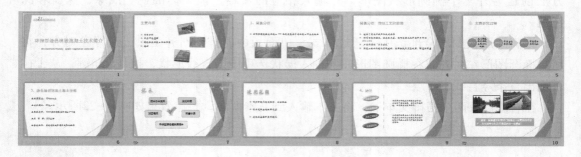

图11-24　颜色配置后的幻灯片整体效果

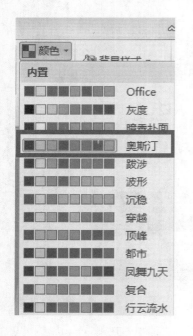

图11-25　设置奥斯汀颜色方案

1. 修改颜色配置

在设置菜单面板中选择颜色配置中的"奥斯汀"方案，在该方案的基础上对颜色进行调整，确定整个幻灯片的色调为浅绿色，默认标题字体颜色是浅绿色，内容文字颜色是黑色。

2. 修改具体元素颜色搭配

对第5页"主要研究过程"幻灯片，设置SmartArt流程图颜色搭配。通过设计菜单面板中更改颜色，选择彩色样式中"色彩范围，强调文字颜色3至4"，对流程图应用"白色轮廓的"SmartArt样式。

将第3页和第6页中重要的数据用倾斜效果修饰并修改字体颜色为红色，如图11-27所示。

图11-26 设置SmartArt流程图颜色方案 　　图11-27 对数据的修饰

二、设置幻灯片母版

　　幻灯片母版是幻灯片层次结构中的顶层幻灯片，用于存储有关演示文稿的主题和幻灯片版式的信息，包括背景、颜色、字体、效果、占位符大小和位置，母版可分为三类：幻灯片母版、讲义母版和备注母版，如图11-28所示。

图11-28 幻灯片母版视图

　　每个演示文稿至少包含一个幻灯片母版。修改和使用幻灯片母版的主要优点是可以对演示文稿中的每张幻灯片（包括以后添加到演示文稿中的幻灯片）进行统一的样式更改。使用幻灯片母版的好处是无须在多张幻灯片上输入相同的信息，因此可以大大节省幻灯片的设计时间，特别在演示文稿包含大量幻灯片时，幻灯片母版使用起来特别方便。

1. 在母版中添加标语

　　选择视图菜单面板中的母版视图，点击幻灯片母版进入到幻灯片母版中，在第一张母版中插入艺术字，并输入标语"主导21世纪的环保产品"，设置艺术字格式为"填充-绿色，强调文字颜色1，塑料棱台，映像"，并为艺术字设置18号华文细黑字体，添加倾斜、下划线修饰效果，将"21"用字体颜色改为红色，并将字号改为24号，放到第一页母版的左上角适当位置如图11-29所示，关闭母版返回幻灯片，查看效果。

　　再次进入母版，将第一页母版中已经设置好的标语"主导21世纪的环保产品"复制到母版第二页标题母版中，拖动标语到合适的位置，如图11-30所示。

图11-29 在母版中设置标语

图11-30　在标题母版中设置标语

2. 在母版设置字体

在第一页母版页中，选中母版标题样式占位符，设置其字体为"华文细黑"，选中内容文本样式占位符，用"Ctrl+}"组合键，放大字体到"16+"，退出母版查看幻灯片，整体效果如图11-31所示。

图11-31　退出幻灯片母版

将标题页幻灯片的主标题文本、副标题文本都设置为居中对齐，效果如图11-32所示。

3. 插入页码及日期

打开插入菜单面板中的页眉页脚，选中日期和时间、幻灯片编号复选框，将页眉页脚在页面中显示出来，设置标题幻灯片中不显示，并全部应用，如图11-33所示。

图11-32　设置好字体后的标题页效果

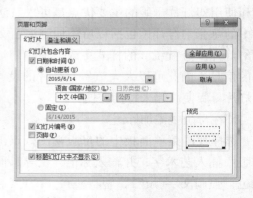

图11-33　页眉页脚显示设置

图11-34　在母版中设置页脚

再次进入母版对页眉页脚进行设置，选中第一张母版页，将页码拖放到左下脚，日期拖放到右下角。设置页码的字体大小为16号，艺术字样式为"填充-白色，投影"，设置日期字体大小为16号，如图11-34所示，退出母版查看页脚效果。

实践训练11

应用PowerPoint 2010创建一个"个人电子相册"。

以自己的成长经历为线索，用照片的方式来展示个人成长历程的点滴，做到生动感人，能恰当表达曾经的各种印象深刻的欢愉和不悦。具体要求如表11-1所示。

表11-1　　　　　　　　　　　　个人电子相册制作要求

项　　目	要　　求
内　　容	主题性原则强
	重点突出、详略得当
	内容的记载和呈现顺序合理
页　　面	用色合理、配色美观
	一致性原则强
	内容布局合理
技　　术	动画效果应用合理
	各种链接合理正确
	操作方便，便于浏览

✦项目12　幻灯片的修饰与播放

📖 项目背景

　　幻灯片中的动画效果是使得幻灯片更活泼、生动，而且更具有逻辑性，演讲者利用幻灯片动画可以控制幻灯片的播放先后，达到控制演讲节奏的目的，设置幻灯片动画效果时，需根据观看者的视觉习惯和视觉逻辑来设置。

　　制作好环保型绿色植被混凝土技术简介演示文稿后，不添加任何动画整个幻灯片的切换显得生硬，演示效果大打折扣，需要用动画使得演示文稿更生动活泼，使得演讲时更具逻辑性，需要对幻灯片添加相应的切换效果和自定义具体元素的动画方式。

知识储备

一、动画效果

1. 动画效果类型与设置

"进入"类动画：使对象从外部飞入幻灯片播放画面的动画效果，如：飞入、旋转、弹跳等。

"强调"类动画：对播放画面中的对象进行突出显示、起强调作用的动画效果。如：放大/缩小、加粗闪烁等。

"退出"类动画：使播放画面中的对象离开播放画面的动画效果。如：飞出、消失、淡出等。

"动作路径"类动画：使播放画面中的对象按指定路径移动的动画效果。如：弧形、直线、循环等。

设置"进入"动画的方法为：

在幻灯片中选择需要设置动画效果的对象，单击"动画/动画/其他"按钮，出现各种动画效果的下拉列表，如图12-1所示。其中有"进入""强调""退出"和"动作路径"四类动画。

在"进入"类中选择一种动画效果，例如"飞入"，则所选对象被赋予该动画效果。

如果对所列动画效果仍不满意，还可以单击动画样式的下拉列表的下方"更多进入效果"命令，打开"更改进入效果"对话框，列出更多动画效果供选择，如图12-2所示。

图12-1　选择动画图

图12-2　选择进入效果动画

"强调"动画

"强调"动画设置方法类似于"进入"动画：

在幻灯片中选择需要设置动画效果的对象，单击"动画/动画/其他"按钮，出现各种动画效果的下拉列表。

在"强调"类中选择一种动画效果，例如"陀螺旋"，则所选对象被赋予该动画效果。

"退出"动画

"退出"动画的设置方法：

在幻灯片中选择需要设置动画效果的对象，单击"动画/动画/其他"按钮，出现各种动画效果的下拉列表。

在"退出"类中选择一种动画效果，例如"飞出"，则所选对象被赋予该动画效果。

2. 动画开始方式、持续时间和延迟时间设置

动画开始方式是指开始播放动画的方式，动画持续时间是指动画开始后整个播放时间，动画延迟时间是指播放操作开始后延迟播放的时间。

设置动画开始方式：选择设置动画的对象，单击"动画/计时/开始"下拉按钮，在出现的下拉列表中选择动画开始方式。

设置动画持续时间和延迟时间：在"动画"选项卡的"计时"组左侧"持续时间"栏调整动画持续时间；在"延迟"栏调整动画延迟时间。

3. 动画音效设置

设置动画时，默认动画无音效，需要音效时可以自行设置。以"陀螺旋"动画对象设置音效为例，说明设置音效的方法：

选择设置动画音效的对象（该对象已设置"陀螺旋"动画），单击"动画/动画/显示其他效果选项"按钮，弹出"陀螺旋"动画效果选项对话框。在对话框的"效果"选项卡中单击"声音"栏的下拉按钮，在出现的下拉列表中选择一种音效，如"打字机"。

4. 调整动画播放顺序

调整对象动画播放顺序方法如下：

单击"动画/高级动画/动画窗格"按钮，调出动画窗格。动画窗格显示所有动画对象，它左侧的数字表示该对象动画播放的顺序号，与幻灯片中的动画对象旁边显示的序号一致。选择动画对象，并单击底部的"?"或"?"，即可改变该动画对象播放顺序。

5. 预览动画效果

动画设置完成后，可以预览动画的播放效果。

单击"动画"选项卡"预览"组的"预览"按钮或单击动画窗格上方的"播放"按钮，即可预览动画。

二、切换效果设置

1. 设置幻灯片切换样式

打开演示文稿，选择要设置幻灯片切换效果的幻灯片（组）。单击"切换/切换到此幻灯片/其他"按钮，弹出包括"细微型""华丽型"和"动态内容型"等各类切换效果列表，如图12-3所示。

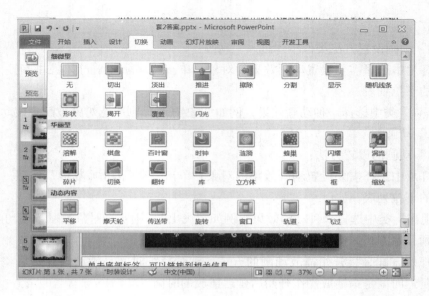

图12-3 切换效果选择

在切换效果列表中选择一种切换样式（如"覆盖"）即可。

设置的切换效果对所选幻灯片（组）有效，如果希望全部幻灯片均采用该切换效果，可以单击"计时"组的"全部应用"按钮。

2. 设置切换属性

幻灯片切换属性包括效果选项（如"自左侧"）、换片方式（如"单击鼠标时"）、持续时间（如"2秒"）和声音效果（如"打字机"）。

如果对已有的切换属性不满意，可以自行设置：

单击"切换/切换到此幻灯片/效果选项"按钮，在出现的下拉列表中选择一种切换效果（如"自底部"）。

3. 预览切换效果

在设置切换效果时，当时就会预览所设置的切换效果。也可以单击"预览"组的"预览"按钮，随时预览切换效果。

三、放映方式设置

PowerPoint 提供了3种放映类型：演讲者放映、观众自行浏览和在展台浏览。

1. 演讲者放映（全屏幕）

该放映方式可运行全屏显示的演示文稿，这是最常用的幻灯片播放方式，也是系统默认的放映方式。演讲者具有自主控制权，可以采用自动或人工的方式放映演示文稿，能够将演示文稿暂停，添加会议细节或者使用绘图笔在幻灯片上涂写，还可以在播放过程中录制旁白进行讲解。

2. 观众自行浏览（窗口）

该放映方式，将幻灯片在标准窗口中放映，其实是将幻灯片以阅读视图放映，这种方式适用于小规模的演示。右击窗口时能弹出快捷菜单，提供幻灯片定位、编辑、复制

和打印等命令，方便观众
自己浏览和控制文稿。

3. 在展台浏览（全屏幕）

该放映方式，是幻灯
片以自动的方式运行，这
种方式适用于展览会场
等。观众可以更换幻灯片
或单击超级链接对象和动
作按钮，但不能更改演示
文稿，幻灯片的放映只能
按照预先计时的设置进行
放映，右击屏幕不会弹出
快捷菜单，需要时可按Esc键停止放映。

图12-4　放映幻灯片

放映当前演示文稿必须先进入幻灯片放映视图，用如下方法之一可以进入幻灯片放映视图，如图12-4所示。

方法一：单击"幻灯片放映"选项卡"开始放映幻灯片"组的"从头开始"或"从当前幻灯片开始"按钮。

方法二：单击窗口右下角视图按钮中的"幻灯片放映"按钮，则从当前幻灯片开始放映。

方法三：使用快捷方式播放，按F5键，从第一页开始播放，按Shift+F5是选择从当前页开始播放。

四、自定义放映设置

1. 改变放映顺序

一般，幻灯片放映是按顺序依次放映。

若需要改变放映顺序，可以右击鼠标，弹出放映控制菜单。单击"上一张"或"下一张"命令，即可放映当前幻灯片的上一张或下一张幻灯片。

若要放映特定幻灯片，将鼠标指针指向放映控制菜单的"定位至幻灯片"，就会弹出所有幻灯片标题，单击目标幻灯片标题，即可从该幻灯片开始放映。

2. 放映中即兴标注和擦除墨迹

放映过程中，可能要强调或勾画某些重点内容，也可能临时即兴勾画标注。

为了从放映状态转换到标注状态，可以将鼠标指针放在放映控制菜单的"指针选项"，在出现的子菜单中单击"笔"命令（或"荧光笔"命令），鼠标指针呈圆点状，按住鼠标左键即可在幻灯片上勾画书写。

如果希望删除已标注的墨迹，可以单击放映控制菜单"指针选项"子菜单的"橡皮擦"命令，鼠标指针呈橡皮擦状，在需要删除的墨迹上单击即可清除该墨迹。

3. 使用激光笔

为指明重要内容，可以使用激光笔功能。按住Ctrl键的同时，按鼠标左键，屏幕出现十分醒目的红色圆圈的激光笔，移动激光笔，可以明确指示重要内容的位置。

改变激光笔颜色的方法：单击"幻灯片放映/设置/设置幻灯片放映"按钮，出现"设置放映方式"对话框，单击"激光笔颜色"下拉按钮，即可设置激光笔的颜色（红、绿和蓝之一）。

4. 中断放映

有时希望在放映过程中退出放映，可以右击鼠标，调出放映控制菜单，从中选择"结束放映"命令即可。

还可以通过屏幕左下角的控制按钮实现放映控制菜单的全部功能。左箭头、右箭头按钮相当于放映控制菜单的"上一张"或"下一张"功能；笔状按钮相当于放映控制菜单的"指针选项"功能。

五、超链接的插入与设置

超链接就是当我们在演示文稿上阅读文章或知识点的时候，看到文章中有些特定的词、句或图片带有超链接，点击以后就会跳到与这些特定的词、句、图片相关的页面中，这样都是非常便于我们阅读的。在 PowerPoint 中，超链接可以是从一张幻灯片到同一演示文稿中另一张幻灯片的链接，也可以是从一张幻灯片到不同演示文稿中另一张幻灯片、到电子邮件地址、网页或文件的链接。可以从文本或对象（如图片、图形、形状或艺术字）创建超链接，如图12-5所示。

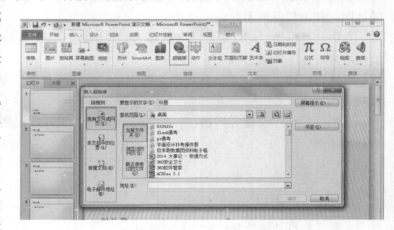

图12-5　插入超链接

1. 链接现有文件或网页

（1）在"普通"视图中，选择要用作超链接的文本或对象。

（2）在"插入"选项卡上的"链接"组中，单击"超链接"。

（3）在"链接到"下单击"现有文件或网页"，然后单击"浏览 Web"。

（4）找到并选择要链接到的页面或文件，然后单击"确定"。

2. 链接到本文档中的位置

（1）在"普通"视图中，选择要用作超链接的文本或对象。

（2）在"插入"选项卡上的"链接"组中，单击"超链接"。

（3）在"链接到"下，单击"本文档中的位置"。

（4）根据需要作出对应选择。

3. 链接到新建文档

（1）在"普通"视图中，选择要用作超链接的文本或对象。

（2）在"插入"选项卡上的"链接"组中，单击"超链接"。

（3）在"链接到"下，单击"新建文档"。

（4）在"新建文档名称"框中，键入要创建并链接到的文件的名称。如果要在另一位置创建文档，请在"完整路径"下单击"更改"，浏览到要创建文件的位置，然后单击"确定"。

（5）在何时编辑下，单击相应选项以确定是现在更改文件还是稍后更改文件。

4. 链接到电子邮件地址

（1）在"普通"视图中，选择要用作超链接的文本或对象。

（2）在"插入"选项卡上的"链接"组中，单击"超链接"。

（3）在"链接到"下单击"电子邮件地址"。

（4）在"电子邮件地址"框中，键入要链接到的电子邮件地址，或在"最近用过的电子邮件地址"框中，单击电子邮件地址。

（5）在"主题"框中，键入电子邮件的主题。

任务1 设置幻灯片切换效果

1. 设置第一张幻灯片切换效果

选择第一张幻灯片，根据幻灯片画面效果和视觉习惯设置其切换效果，在切换菜单面板中设置切换效果为分割，设置持续时间为0.5秒，点击鼠标是换片，如图12-6所示，设置好切换动画的幻灯片在普通视图中幻灯片左上角会出现" ☆ "标记，如图12-7所示。

图12-6 幻灯片切换效果设置

图12-7 设置了切换效果的标记

2. 设置第七页、第八页幻灯片切换效果

因第七页和第八页幻灯片所介绍的内容属于同一个范畴（环保型绿色植被混凝土的优点和适用范围），所以可以加上同样的切换效果符合视觉习惯。

选中第七页幻灯片，设置其切换效果为"揭开"，持续时间为1秒。为第八页幻灯片设置同样的切换效果，如图12-8所示。

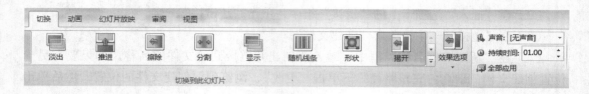

图12-8　设置第七页幻灯片切换效果

任务2　设置幻灯片动画效果

幻灯片动画是只为幻灯片中具体元素添加动作，其动画效果包括进入、退出、强调和动作路径四大类，如图12-9所示。选中具体元素后在动画菜单面板中为其添加具体动画效果，若没有合适的效果，可在进入下方更多效果中选择更多效果。在设置动画属性时，可调出动画窗格，进行详细设置和管理，如图12-10所示。

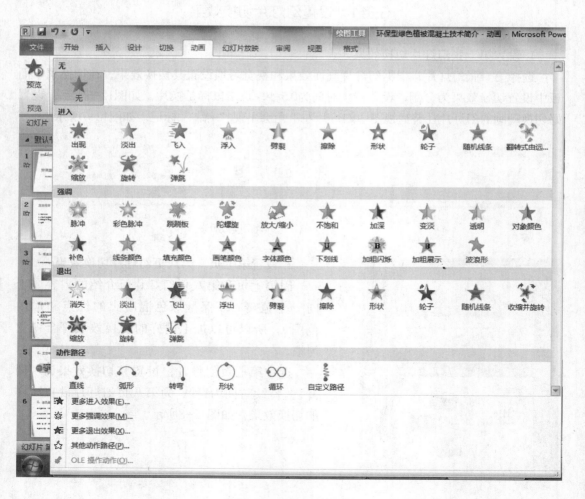

图12-9　查看动画效果栏

1. 设置第二页幻灯片的动画效果

选中幻灯片中的文本占位符，在动画菜单面板中选择"淡出"的动画效果，设置效果选项是"按段落"，设置如图12-11所示。

选中图片4，先设置"淡出"的动画效果，设置好淡出效果后，添加动画效果，为其添加动作路径，如图12-12所示，在其他动作路径中选择"对角线向下"添加动作路径效果，设置其起始位置，如图12-13所示。

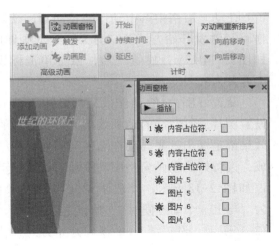

图12-10　查看动画窗格栏

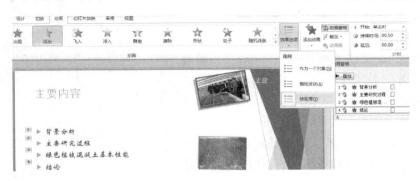

图12-11　文本动画效果的设置

图12-12　为元素添加第二个动画效果

图12-13　设置动作路径的起始位置

在动画窗格中选中动作路径动画，设置其动作路径触发开始方式为"与上一个动画同时"，如图12-14所示，设置完后，鼠标单击标识5、6会合并为5。

设置好图片1的动作效果后，按照以上方法设置图片5及图片6的动画效果，每张图片的动画效果都是淡出效果与动作路径动画效果相结合而成，设置好的动画窗格中动画及幻灯片上动画标识如图12-15所示。设置图片5的淡出开始方式为"与上一个动画同时"，动作延迟0.06秒，如图12-16所示。设置图片6的淡出开始方式为"与上一个动画同时"，动作延迟0.09秒。

2. 设置第五页幻灯片的动画效果

设置SmartArt流程图的动画效果。先选中SmartArt整体，设置其动画效果为"切入"，效果选项中设置方向为"自左侧"，序列为"逐个"，开始方式为"单击时"，如图12-17所示。

3. 设置第七页幻灯片的动画效果

本页幻灯片主要是展示环保型绿色混凝土的五大优点，设置动画效果让五大优点按照先后顺序自动显示出来。

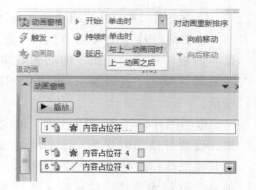

图12-14 设置路径动画开始触发方式

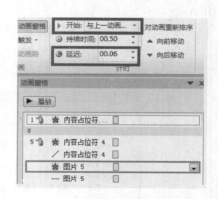

图12-16 设置图片5的开始方式及延迟时间

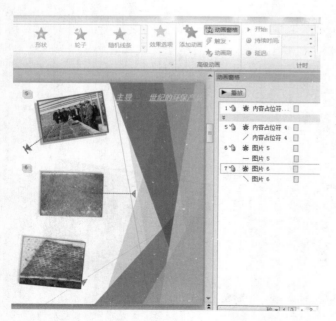

图12-15 为所有图片加动画后的动画窗格状态

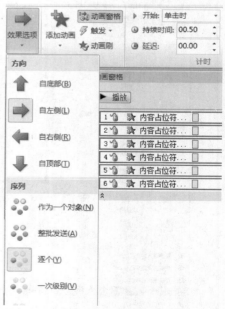

图12-17 SmartArt 动画效果设置

　　先选中"防止水土流失"文本框，动画效果是"浮入"，方向是"上浮"，开始方式为"上一个动画之后"，将其余四个文本框也添加同样的动画效果，如图12-18所示。

　　4. 设置第九页幻灯片的动画效果

　　第九页幻灯片中的内容主要是从四个角度来总结研究情况。四个角度用椭圆三维形状图形做成按钮的样式，添加触发器可以实现点击左边的按钮，右边对应的文本出现，构成幻灯片中的响应式动画。

　　选中第一个文本框，设置其动画效果为"淡出"，在"触发"选项里选择"单击"，在单击的列表选项中选择对应的内容（Oval 5），如图12-19所示。

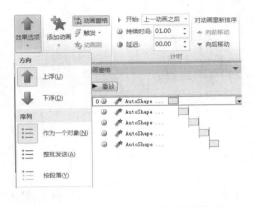

图12-18　"五大优点"动画效果设置

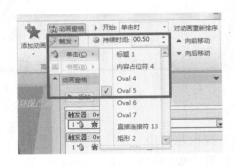

图12-19　响应式动画设置

　　选中第二个文本框，设置其动画效果为"淡出"，在"触发"选项里选择"单击"，在单击的列表选项中选择对应的内容（Oval 4），整个动画窗格中的动画安排如图12-20所示。

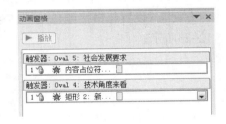

图12-20　第九页幻灯片动画窗格

任务3　设置幻灯片超链接

　　1. 设置超链接

　　将环保型绿色植被混凝土技术简介演示文稿的主要内容目录页（第二页）建立对应的超链接。如建立"背景分析"对应的超链接，先选中背景分析，插入超链接，在弹出的对话框中选择"本文档中的位置"，在文档位置中选择"1、背景分析"页面，预览该页面，确定之后单击确定按钮，设置完成。如图12-21所示，按照此步骤设置其他三项内容的超链接。

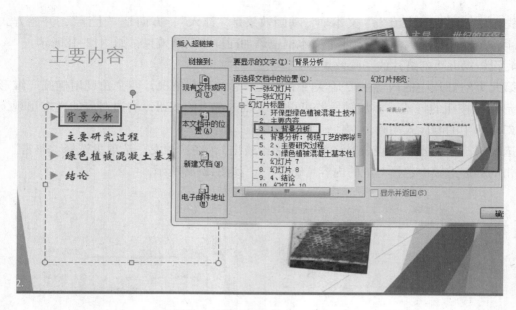

图12-21 设置"背景分析"的超链接

2. 修改超链接文字样式

设置完成的超链接如图12-22所示,所有超链接默认有下划线,文字颜色有默认状态和访问过超链接的文字状态两种状态。

通过"设计"菜单面板中的颜色方案设置,通过新建主题颜色,命名该方案为"我的方案",设置超链接颜色是标准色"浅绿",已访问的超链接文字颜色为"深蓝",如图12-23所示。

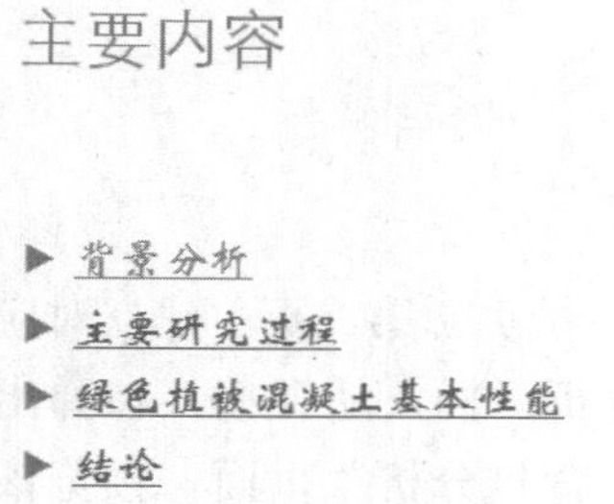

图12-22 默认超链接

图12-23 超链接文本颜色的修改

任务4　设置放映方式

　　制作幻灯片的目的是要放映或展示给观众。所有的设计都完毕后，最后还要对演示文稿进行发布，PowerPoint 2010为其提供了多种输出方式。

　　1. 设置放映方式

　　设置演示文稿的放映方式，在"幻灯片放映"选项卡中的"设置"组中点击"设置幻灯片放映"，选择演讲者放映模式，全部放映，设置绘笔颜色为红色，激光笔颜色为蓝色，如图12-24所示。

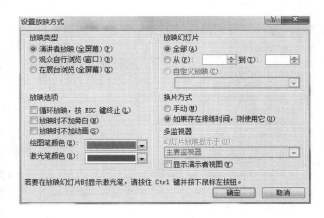

图12-24　"设置放映方式"对话框

　　2. 输出演示文稿

　　在 PowerPoint 2010 中，可以将演示文稿保存为 Windows Media 视频文件（.wmv）。操作步骤如下：

　　在功能区"文件"选项卡中选择"保存并发送"，然后点击"创建视频"，如图12-25所示。

　　根据需要选择视频质量和大小。点击"创建视频"下的"计算机和HD显示"下箭头，然后执行下列操作之一：

　　要创建质量很高的视频，选择"计算机和HD显示"，所创建的文件比较大。

　　要创建中等质量的视频，则选择"Internet和DVD"，文件大小中等。

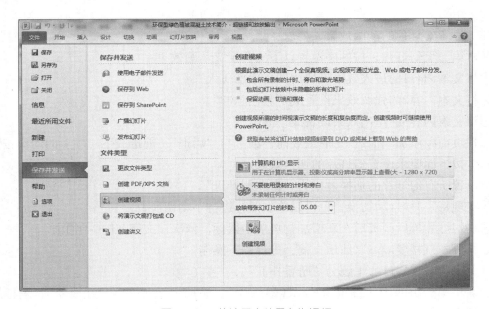

图12-25　将演示文稿另存为视频

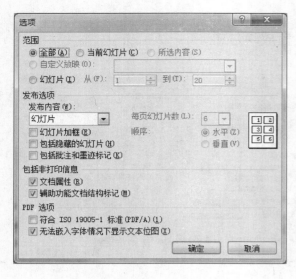

图12-26　发布为PDF或XPS文档的选项

要创建质量低的视频，则选择"便携式设备"，文件最小。

点击"创建视频"按钮，在"另存为"对话框中，选择存储路径并输入视频名称，点击"保存"按钮。

3. 将演示文稿保存为 PDF/XPS 文档

将演示文稿保存为 PDF 或 XPS 文档的目的是在于，这些文档在大多数计算机上的字体、格式和图像是一致的，不会受到操作系统版本的影响，而且文档内容不容易被修改。操作步骤如下：

在功能区"文件"选项卡中选择"保存并发送"，然后点击"创建 PDF/XPS 文档"，再点击"创建 PDF/XPS"按钮。

在"发布为 PDF 或 XPS"对话框的"保存类型"列表框中选择 PDF 或 XPS 文件类型。

若要对发布的文件作相应的设置，点击"发布为PDF或XPS"对话框的"选项"按钮，如图12-26所示。

选择保存路径并输入文档名称，点击"发布"按钮。

实践训练12

1. 打开"练习.pptx"演示文稿，进行以下操作：

（1）幻灯片的设计模板设置为"暗香扑面"。

（2）给幻灯片插入日期（自动更新，格式为×年×月×日）。

（3）设置幻灯片的动画效果，要求：

针对第二页幻灯片，按顺序设置以下的自定义动画效果：

①将文本内容1的进入效果设置成"自顶部飞入"。

②将文本内容2的强调效果设置成"彩色脉冲"。

③将文本内容3的退出效果设置成"淡出"。

④在页面中添加"前进"（后退或前一项）与"后退"（前进或下一项）的动作按钮。

（4）按下面要求设置幻灯片的切换效果：

①设置所有幻灯片的切换效果为"自左侧推进"。

②实现每隔3秒自动切换，也可以单击鼠标进行手动切换。

③在幻灯片最后一页后，新增加一页单击鼠标，依次让文字A B C D消失。

2. 打开"红楼梦.pptx"演示文稿，进行以下操作：

（1）设置所有幻灯片主题为"暗香扑面"。

（2）将第一页的版式设置为"标题幻灯片"，添加主标题文字"红楼梦"，副标题文字"曹雪芹"。

（3）在"曹雪芹"3个字上添加超链接，点击后可以打开第3张幻灯片。

（4）设置第一页的背景为图片"背景.jpg"。

（5）为第二页中的文本内容添加项目符号：带填充效果的大圆形。

（6）设置所有幻灯片的切换效果为水平随机线条。

（7）通过幻灯片母版，将第2到第7页幻灯片的标题颜色均设置为红色，并在页脚处插入自动更新的日期，日期格式默认（注意：第1张不需要日期）。

（8）在最后插入一张新幻灯片，版式为空白，插入艺术字"谢谢观看"，效果如图12-27所示。

谢谢观看

图12-27　艺术字效果

（9）为该艺术字添加进入动画"旋转"，持续时间1秒，自动播放。

参 考 文 献

[1] 赖利君，张朝清，谢宇. 信息技术基础项目式教程 [M]. 北京：人民邮电出版社，2013.

[2] 廖克顺，李秋梅. 计算机应用基础项目教程 [M]. 北京：中国人民大学出版社，2014.

[3] 李少林. 计算机应用基础 [M]. 北京：高等教育出版社，2013.

[4] 顾翠芬，周胜安，梁武. 计算机应用基础（第5版）[M]. 北京：清华大学出版社，2014.

[5] 赵丽. 计算机应用基础实训与习题 [M]. 北京：高等教育出版社，2014.

[6] 高林. 计算机应用基础Windows7+Office2010 [M]. 北京：高等教育出版社，2015.